大学物理实验

全国电力行业"十四五"规划教材

主编 陆世杰

副主编 栾照辉 王军军 张秋佳 魏佳

编写 赵磊 刘欣 常皓 李敬然 刘威 张铖瑶 王飞

中国电力出版社
CHINA ELECTRIC POWER PRESS

U0643099

内 容 提 要

本书主要内容包括测量误差及数据处理的基础知识，实验预备知识，实验项目 48 个，涉及力学、热学、电磁学、光学及近代物理内容。在内容编排上体现了新形势下基础实验教学，由传统的基础能力培养，向创新意识和创新能力培养的转变。

本书可作为理工科非物理专业大学物理实验课程的教材，也可供其他专业学生和社会读者阅读、参考。

图书在版编目（CIP）数据

大学物理实验 / 陆世杰主编；栾照辉等副主编.

北京：中国电力出版社，2024. 7. -- ISBN 978-7-5198-9103-9

Ⅰ. 04-33

中国国家版本馆 CIP 数据核字第 2024YC4973 号

出版发行：中国电力出版社

地　　址：北京市东城区北京站西街 19 号（邮政编码 100005）

网　　址：http://www.cepp.sgcc.com.cn

责任编辑：张　旻（010-63412536）

责任校对：黄　蓓　朱丽芳

装帧设计：王红柳

责任印制：吴　迪

印　　刷：廊坊市文峰档案印务有限公司

版　　次：2024 年 7 月第一版

印　　次：2024 年 7 月北京第一次印刷

开　　本：787 毫米×1092 毫米　16 开本

印　　张：13.75

字　　数：339 千字

定　　价：42.00 元

前　言

物理实验是理工科院校的必修实验基础课，它对于培养学生实验技能和分析问题解决问题的能力有着非常重要的作用。本教材是为高校理工科学生"大学物理实验"课程编写的，是根据教育部高等学校大学物理课程教学指导委员会编制的《理工科类大学物理实验课程教学基本要求（2023 年版）》，并结合哈尔滨理工大学多年物理实验课的教学实践和设备情况，在历年来所用物理实验教材的基础上编写的大学物理实验教材。

本书精选了 48 个实验，涉及力学、热学、电磁学、光学、声学及近代物理内容，在内容编排上体现了新形势下基础实验教学，由传统的基础能力培养，向创新意识和创新能力培养的转变。

参加本教材编写工作的有：陆世杰（测量误差及数据处理的基础知识、实验 1～实验 3、实验 5、实验 6、实验 8～实验 10、实验 33、实验 42、实验 43，共计 6.2 万字），栾照辉（电磁学实验预备知识、实验 13、实验 14、实验 32、实验 39～实验 41、实验 45～实验 48，共计 6.1 万字），王军军（概述、实验 22～实验 31，共计 6.1 万字），张秋佳（光学实验预备知识、实验 16～实验 20，共计 3 万字），魏佳（实验 34～实验 38、附录，共计 3 万字），赵磊（实验 15，共计 0.8 万字），刘欣（实验 21，共计 0.7 万字），常皓（实验 7，共计 0.6 万字），李敬然（实验 4，共计 0.6 万字），刘威（实验 12，共计 0.6 万字），张铖瑶（实验 44，共计 0.6 万字），王飞（实验 11，共计 0.6 万字）。

本教材的编写也凝聚了哈尔滨理工大学其他物理实验课任课教师和实验技术人员的劳动心血，这些同志对教材的充实和实验教学设备的完善与改进付出了大量的劳动，我们对此表示衷心的感谢。另外在本教材的编写过程中我们也参考了一些其他兄弟院校成熟实验教材的部分内容和实验设备厂家有关仪器设备方面的内容，我们对此也表示衷心的感谢。

限于编者水平和经验，书中不足和疏漏之处在所难免，诚恳欢迎读者对教材批评指正。

编　者
2024 年 4 月

目　　录

第一章 概　　述

第一节　普通物理实验课的目的和任务

物理学的研究工作有实验的方法和理论的方法。实验的方法是以实验结果为依据，归纳出一定的规律。理论研究工作虽然不进行实验，但研究课题的提出和结论的检验，也必须通过物理实验。"实践是检验真理的唯一标准"，任何理论的诞生都是从实践到认识的不断循环，例如，牛顿通过棱镜色散实验，证明了日光是复色光，在实践的基础上得出了与亚里士多德截然相反的实验结论。物理实验在物理科学的创立和发展中占有十分重要的地位。因此学习物理学时，物理实验就是一门重要的必修科目。

普通物理实验课的主要目的是：

（1）通过观察、测量和分析，加强对物理概念和理论的理解。

（2）学习物理实验的基本知识、基本方法，培养基本的实验技能。做好一个实验除了要了解有关的理论外，还必须能运用恰当的方法，合理地选取符合实验要求的仪器，懂得怎样装配、调整及正确使用这些装置。在取得必要的数据后，能从中得出合乎实际的结论，并能分析、判断实验结果的可靠程度和存在的问题。

（3）培养一个科学工作者的基本素质。在实验教学过程中让学生树立正确的人生观、价值观和世界观，成为有社会责任感和使命感的人，即通过整个实验教学环节，培养学生勤于观察、勤于思考、能用物理的思想和方法解决实际问题的能力；培养学生实事求是、一切从实际出发的、理论联系实际的物理精神；培养学生不断探索、勇攀高峰、持之以恒、勇于创新的科学素养。

物理实验课是实践性很强的教学环节，在实验过程中，虽然有教师指导，但是学生的活动有较大的独立性，实验者应当自觉地以一个研究者的态度去组装仪器、调试仪器、进行观察、测量和分析，同时探讨最佳的实验方案，从中积累经验、锻炼技巧和机智，这将为以后独立地设计实验方案，选择并使用新的仪器设备和解决新的实验课题打下一定的基础。

第二节　实验课的教学程序及要求

物理实验课的全过程应包括三个步骤：①实验前的准备；②实验中的操作与记录；③实验后的数据整理和实验报告。

一、实验前的准备（预习）

实验前的准备是保证实验顺利进行，并能取得满意结果的重要步骤，包括以下内容：

（1）理论的准备。从实验教材和有关参考书中充分了解实验的理论依据和条件，了解本次实验要研究什么问题，要测量哪些物理量，清楚实验的具体过程和大致步骤。

（2）实验数据的准备。根据测量需要，设计出数据记录表格，记录表格既要便于记录，又要便于数据的整理。

（3）写出实验预习报告。实验预习报告分以下三部分内容：

1）写出实验的题目及实验者的姓名、班级、学号等。

2）实验原理要求写出实验主要的公式，画出实验所需的电路、光路等简图，并且要有简要的文字说明。

3）清楚要测量的物理量哪些是单次测量量，哪些是多次测量量。单次测量量要做测量准备，多次测量量要设计出原始记录表格。

二、课堂中的操作

（1）仪器的安装与调整。使用仪器进行测量时，必须注意要满足仪器的正常工作条件（水平、铅直、工作电压、光照等），必须按照仪器的操作规程进行。不注意耐心细致地调试仪器而忙于测量数据是初学者容易出现的毛病，以下列举几点共同性的注意事项。

1）安排仪器时，应尽量做到便于观察、读数和记录。

2）灵敏度高的仪器（例如分析天平、灵敏电流计等）都有制动器，不进行测量时，应使仪器处于制动状态。

3）拧动仪器上的旋钮或转动部分时，动作要轻，不要用力过猛。

4）测量前要注意仪器的零点，必要时需进行调零。

5）砝码、透镜、表面镀膜反射镜等器件，为了保持测量精度和光洁不允许用手摸，也不应随便用布擦。

6）使用电学仪器要注意电源的电压、极性。

（2）实验中的观察。在明确了实验目的和测量内容、步骤，并能正确使用仪器之后，可以进行正式观测。观测时必须精神集中，尽量排除干扰。不要急于记录数据，要多试几次，多观察几次，直至确信无问题后再开始记录实验数据。在实验过程中遇到疑难问题，实验者应该尽量独立思考自行解决，如自己无法解决时应及时请教指导教师。

（3）实验记录包括实验过程、现象和数据的记录。实验记录是以后计算与分析问题的依据，在实际工作中则是宝贵的资料。记录应记在专用的记录纸上，原始数据要正确记录，不要涂改。初学者往往觉得自己的实验经验少，记得乱，总想要在一张随便的纸上先记录下来，以后再整理抄到正式记录纸上，这样做是不对的，因为经过抄录后实际上已经不是原始记录了。另外原始记录尽量要工整，如果零乱在整理数据时就容易出错误。

记录就是如实地记下各观察数据，简单的过程及观察到的现象。要记得简单整洁、清楚，使自己和别人都能看懂记录的内容，数值一定要记在表格中，要注意写明物理量和单位。

1）记录的内容包括：日期、时间、地点、合作者、室温、气压、仪器及其编号、简图、简单的过程、原始数据及实验中有关的现象、发现的问题等。

2）原始数据：原始数据是指从仪器上直接读出来的，未经任何运算的数值。

3）观测时，在仪器上读出数值后，要立即进行记录（不要先记忆数据以后补记），这样可减少差错。

4）除有明确理由，肯定某一数据有错误而不予记录外，其他数据（包括可疑的）一律记录，出现异常数据时，应增加测量次数。

（4）实验操作完成后，要将记录的实验数据交指导教师审阅，待教师签字后，再将仪器整理复原到实验前的状态，方可离开实验室。

三、数据的整理和实验报告

（1）测量结束后要尽快整理好数据，计算出结果并绘出必要的图表。

（2）实验操作完成后要在规定的时间内完成实验报告。实验报告要力求简单明了、用语确切、字迹清楚。实验报告的基本内容应包括以下几个方面：

1）实验题目：写明实验题目及实验者的姓名、学号。

2）实验目的：记录实验所要达到的目的。

3）实验原理：用简短的文字扼要地阐述实验原理，写出实验所用的公式及公式适用的条件等。

4）实验仪器：记录所使用仪器的规格、型号及其编号等。

5）实验内容：写明实验的实际步骤、实验方法、测量条件等。

6）数据处理：用表格的形式整理出测量的全部数据，写出完整的数据处理过程及完整的测量结果。

7）分析讨论：对实验结果进行分析和讨论，主要包括对实验结果的评价、误差的分析、实验中发现现象的解释、实验装置和实验方法存在的问题以及对实验的改进意见等。实验的分析讨论是培养学生分析能力的重要部分，应指导学生们努力去做。实验后可供讨论的问题是多方面的，以下提示几点供参考：

① 实验的原理、方法、仪器给你留下什么印象？实验目的完成得如何？

② 实验的误差表现在哪些地方？怎样改进测量方法和装置可以减少误差？对实验的改进有何好的设想？

③ 实验步骤怎样安排更好？

④ 观察到什么反常现象？遇到过什么困难？能否提出可供今后实验人员借鉴的经验？

⑤ 对测量结果是否满意？如果未达到预期结果，是何缘故？

⑥ 对实验的安排（目的、要求、方法和仪器的配置等）和教师的指导有何希望、要求等。

四、实验守则

（1）实验前应做好预习，撰写预习实验报告。

（2）按照预约的时间，携带教材、预习实验报告和有效证件进入实验室。

（3）迟到 15min 不允许操作实验。

（4）在实验过程中应保障人身安全和器材安全。

（5）爱护实验器材，如有损坏应立即报告实验教师。

（6）电学实验必须经过教师检查线路，确定无误后方可接通电源。

（7）实验操作期间擅自离开实验室超过 15min 不允许继续操作实验。

（8）撰写实验报告要求使用物理实验报告纸，需要画图的要使用坐标纸。

（9）实验报告应在实验室规定的时间内递交。

第二章 测量误差及数据处理的基础知识

第一节 测量与测量误差

一、测量

在物理实验中，要用实验的方法研究各种物理规律，因此要定量测出有关物理量的大小。所谓测量就是借助仪器用某一标准计量单位将待测量的大小表示出来，即待测量是该计量单位的多少倍。对待测量的测量一般可分为直接测量和间接测量两类。

1. 直接测量

直接测量是用计量仪器直接和待测量进行比较，并获得测量结果。例如，用米尺和某单摆摆线长相比较，读出摆线长为 0.9986m。

2. 间接测量

间接测量是不能直接用计量仪器将待测量大小测出来，而需依据待测量和某几个直接测量值的函数关系来求得待测量的。例如，重力加速度可以通过测量单摆的摆长和周期根据单摆周期的公式算出。

二、测量误差

每一个物理量都是客观存在，在一定条件下具有不依人的意志为转移的固定大小，这个客观大小称为该物理量的真值。进行测量是想要获得待测量的真值。但是由于测量是依据一定的理论或方法，使用一定的仪器，在一定的环境中，由一定的人来进行的，且由于实验理论的近似性、实验仪器灵敏度和分辨能力的局限性以及环境的不稳定性等因素的影响，测量的结果只能称为测量值而不是真值。根据误差公理，真值是不可能测得的。测量值和被测量真值之间总会存在或多或少的差异，这种差异就称为测量值的误差。

设被测量的真值为 x_0，测量值为 x，误差为 ε，则

$$\varepsilon = x - x_0 \tag{2-1}$$

测量所得的一切数据都毫无例外地包含一定量的误差，因而没有误差的测量结果是不存在的。在误差必然存在的情况下，测量的任务是：

（1）设法将测量值的误差减至最小。

（2）求出在测量条件下被测量的最佳测量值（最佳估计值）。

（3）估计最佳测量值的可靠程度（接近真值的程度）。为此必须研究误差的性质、来源，以便采取适当的措施，以期达到最好的结果。

三、测量误差的分类

按照对测量值影响的性质，误差可分为系统误差、偶然误差和粗大误差三类。实验数据中，三类误差是混杂在一起的，但必须分别讨论其规律，以便采取相应的措施去减少误差。

1. 系统误差

（1）系统误差的概念。同一条件下（方法、仪器、环境和观测人不变）多次测量同一量时，符号和绝对值保持不变的误差，或按某一确定的规律变化的误差称为系统误差。

例如用天平称衡物体的质量时，由于砝码的标称质量（或名义质量，即标刻在砝码上的质量数值）不准引入的误差；由于天平臂不等长引入的误差；由于空气浮力的影响引入的误差，所有这些误差在多次反复测量称衡同一物体的质量时是恒定不变的，这就是系统误差。又例如在一电路中电池的电压随放电时间的延长而降低时将给电路中电流强度的测量引入系统误差。

系统误差又可按其产生的原因分为以下四种：

1）仪器误差：这是所用量具或装置不完善而产生的误差。

2）方法误差（理论误差）：这是由于实验方法本身或理论不完善导致的误差。

3）装置误差：这是由于对测量装置和电路布置、安装、调整不当而产生的误差。

4）环境误差：这是因外界环境（如光照、温度、湿度、电磁场等）的影响而产生的误差。

系统误差的出现一般都有较明确的原因，因此可以采取适当措施使之降低到可忽略的程度，但是怎样找到产生系统误差的原因，从而采取恰当的对策，又没有一定的规律可遵循，因此分析系统误差应当是实验讨论的问题之一。为了发现系统误差必须仔细研究测量理论和方法的每一步推导，检验和校准每一件仪器，分析每一个实验条件，考虑每一步调整和测量，注意每一个因素对实验的影响等。

（2）*几种常用的发现系统误差的方法

1）对比的方法。

① 实验对比。用不同方法测同一个量，观察结果是否一致。如用单摆测得 $g=(982\pm1)\mathrm{cm/s^2}$，用一复摆测得 $g=(981.1\pm0.3)\mathrm{cm/s^2}$，用自由落体测得 $g=(978.68\pm0.05)\mathrm{cm/s^2}$，三者结果不一致，即它们在误差允许范围内不重合，说明其中至少有两个存在系统误差。

② 仪器对比。如用两个电流表接入同一电路，读数不一致，则说明至少有一个存在系统误差。

③ 改变测量方法，观察结果是否一致。如将电流反向进行读数；增加砝码过程与减小砝码过程读数；度盘转 $180°$ 读数等。

④ 改变实验条件。如将电路中某元件的位置变一下；将一个热源移开观察对结果是否有影响等。

⑤ 两人对比观测，可发现个人误差。

2）理论分析的方法

① 分析测量所依据的理论公式所要求的条件与实际情况有无差异。如单摆实验中，使用了公式

$$T = 2\pi\sqrt{\frac{l}{g}} \tag{2-2}$$

这是作了摆角 $\theta\approx0$ 的近似，实际上 $\theta\neq0$；公式将摆球看作质点，忽略摆线质量，实际上摆球体积 $V\neq0$，是一个复摆；公式忽略了浮力和阻力，实际上浮力和阻力都是存在的，等等。

② 分析仪器所要求的条件是否满足。例如用测高仪测高，要求支架铅直，望远镜平移，

否则测出的结果不反映实际。又如标准电池给出的电动势数值是工作温度为 20℃ 条件下的，检查室温是否与要求一致等。

3）分析数据的方法。这种发现系统误差方法的理论依据是：偶然误差服从一定的统计分布规律，如测量结果不服从这一规律，则说明存在系统误差。在相同的条件下得到大量数据时，可以用这种方法。如测量数据呈单向或周期性变化，则说明存在固定的或变化的系统误差，因按照偶然误差的统计分布理论，测量值的散布在时间上和空间上均应是随机的。

2. 偶然误差（随机误差）

在同一条件下多次测量同一物理量时，测得值总是有稍许差异并且是变化不定的，在消除系统误差之后依然如此，这部分绝对值和符号经常变化的误差称为偶然误差。

产生偶然误差的原因很多，比如观测时目的物对得不准、平衡点确定得不准、读数不准确以及实验仪器由于环境温度、湿度、电源电压的起伏而引起的微小变化和振动的影响等。这些因素的影响一般是微小的，并且是混杂出现的，因此难以确定某个因素产生的具体影响的大小，所以对待偶然误差不同于系统误差，找出原因并加以排除，只能尽量设法减小。但是偶然误差并非完全无规律，它的规律性在大量观测数据中才显现出来。在大多数物理实验中，当测量次数足够多时，偶然误差表现为正态分布（也称为高斯分布），如图 2-1 曲线所示。图中横坐标为误差 ε，纵坐标为误差的概率密度分布函数 $f(\varepsilon)$，曲线下阴影部分就是误差出现在 ε 至 $\varepsilon+\mathrm{d}\varepsilon$ 区间内的概率。根据统计理论可以证明

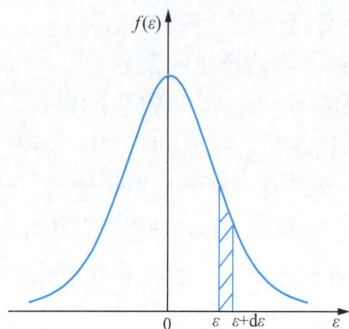

图 2-1 偶然误差的正态分布曲线

$$f(\varepsilon) = \frac{1}{\sqrt{2\pi}\sigma} \mathrm{e}^{-\frac{\varepsilon^2}{2\sigma^2}}$$ (2-3)

式中，σ 是一个取决于具体测量条件的常数，称为标准误差。由正态分布曲线可知，偶然误差具有以下的规律性：

（1）有界性：测量误差不会超出一定的范围，即过大的正误差或负误差出现的机会趋近于零。

（2）单峰性：误差的概率密度分布只有一个峰值，并出现在零附近，即绝对值小的误差比绝对值大的误差出现的机会多。

（3）对称性：绝对值相等的正和负的误差出现的机会相同。

根据偶然误差的性质，我们可以在确定的测量条件下，利用增加测量次数的方法，取其算术平均值作为直接测量真值的最佳测量值（最佳估计值），以减小测量结果的偶然误差。

实际测量中，当系统误差为恒定时，一般不是从一个一个数据中消除它，而是在求出算术平均值后再将系统误差取反号作为修正值加入其中。

测量次数的增加对于提高算术平均值的可靠性是有利的，但不是测量次数越多越好。因为增加测量次数必定要延长测量时间，这将给保持稳定的测量条件增加困难，同时延长时间也会给观察者带来疲劳，这又可能引起较大的测量误差。增加测量次数与系统误差的减小无关，所以实际测量次数不必过多，一般在科学研究中取 10～20 次，而在物理实验课的教学中

则只取 5～10 次。

3. 粗大误差（过失误差）

凡是用测量时的客观条件不能解释为合理的突出误差，可称为粗大误差。这是观测者在观测、记录和整理数据过程中，由于缺乏经验、粗心大意、疲劳等原因引起的。初学者在实验过程中常常会产生粗大误差，应在教师的指导下，不断总结经验，提高实验的素养，努力防止出现粗大误差。

粗大误差的出现将会明显地歪曲测量结果，应当努力将其剔除。但是什么样的数据可以认为是带有粗大误差的坏数据而必须剔除，则必须慎重处理。在测量当时若肯定是测错或测量条件有明显变化的数据，可以在注明原因后废弃；若不是测量当时，则必须经过物理规律的分析，认为不合理的或经过偶然误差的分析认为不可能是由偶然误差产生的异常数据才可以舍弃。

第二节　测量不确定度

一、测量不确定度的基本概念

测量误差是测量值与真值之差，但由式（2-1）可知，真值 x_0 是无法确定的，所以误差 ε 也是不可能确定的，我们不能准确地用数值来表示误差的大小，只能按某种方法估算出 ε 可能处于某一范围之内。不确定度就是对误差可能处于某一范围的一种评定，能对测量的不确定程度作出定量的描述，用符号 U 表示。它的大小决定于偶然误差和系统误差的综合。

二、测量不确定度的分类

1. A 类不确定度

A 类不确定度是由观测到的信息通过统计分析评定的不确定度。它主要涉及随机误差，用统计学的方法来计算，它的分量用符号 s_i 来表示。在普通物理实验中，一般采用标准差作为 A 类标准不确定度分量，其置信概率为 68.3%。

2. B 类不确定度

B 类不确定度是不同于统计分析评定的不确定度。它主要涉及系统误差，用非统计学的方法来评定，它的分量用符号 u_j 来表示。在普通物理实验中，一般采用估计的方法来确定其近似标准差作为 B 类不确定度分量，置信概率也近似地认为是 68.3%。

3. 合成不确定度

在一般情况下，A、B 两类不确定度都有若干分量，当这些分量互相独立时，它们的合成不确定度用符号 U 表示，则

$$U = \sqrt{\sum s_i^2 + \sum u_j^2} \tag{2-4}$$

当用式（2-4）合成不确定度时，各分量必须具有相同的置信概率。

三、测量结果的最终正确表达形式

假设对某一物理量 x 进行了测量，其测量值为 $\bar{x}$，测量不确定度为 U，则测量结果的最终正确表达形式为

$$x = \bar{x} \pm U \tag{2-5}$$

这是利用绝对不确定度的表达方法，U 与 $\bar{x}$ 有相同的单位，它反映出测量值偏离真值的

大小，主要用于评价同一物理量测量结果的好坏。在普通物理实验中，如不作说明的话一般认为其置信概率为 68.3%，绝对不确定度一般只取一位有效数字，而测量值的末位要与不确定度所在的那一位对齐。

式（2-5）的物理意义是：被测量真值 x_0 的最佳估计置信区间为（$\bar{x}-U$，$\bar{x}+U$），置信概率为 68.3%，即表明真值落在（$\bar{x}-U$，$\bar{x}+U$）区间之内的可能性是 68.3%。

此外，还可以用相对不确定度的方法把测量结果表达为

$$x = \bar{x}(1 \pm E_x)$$

$$E_x = \frac{U}{\bar{x}} \times 100\% \tag{2-6}$$

这里的 E_x 就叫做相对不确定度，是一个没有单位的百分数，反映的是不确定度与测量值之比，主要用于评价不同物理量测量结果的好坏。相对不确定度一般最多只取两位有效数字，要用百分数来表示。

应当指出的是，误差与不确定度是两个不同的概念，有着根本的区别，不能混淆，但它们之间又有一定的联系。误差只是一个理论概念，但不能准确获得，因此只能用于定性地描述理论和概念的场合。而不确定度是有一定置信概率的误差限绝对值，因此可用于给出测量结果或进行定量运算、分析的场合。不确定度评定是否合理、全面，与实验者本身的素质有很大的关系。对于初学者来说，可简化不确定度评定的内容，只考虑一些主要的因素。

第三节　直接测量的数据处理

一、测量列的最佳值

测量列是指一组在同一条件下进行测量（称为等精度测量）后所得的测量值。假设对某一物理量进行了 n 次测量，得到一测量列

$$x_1, \quad x_2, \cdots, \quad x_n$$

由于测量的随机离散性，使得测量列中的每一个测量值 x_i 偏离真值 x_0，产生测量误差

$$\varepsilon_i = x_i - x_0$$

两端求和，可得

$$\sum_{i=1}^{n} \varepsilon_i = \sum_{i=1}^{n}(x_i - x_0) = \sum_{i=1}^{n} x_i - nx_0$$

由误差分布的对称性，当 $n \to \infty$ 时

$$\sum_{i=1}^{n} \varepsilon_i = 0$$

所以

$$x_0 = \frac{1}{n} \sum_{i=1}^{n} x_i$$

此式说明，当 $n \to \infty$ 时，测量列的算术平均值就是真值。但是在实际测量中 n 不能为无限大，所以实际上真值是无法得到的。当 n 为有限时，测量列的算术平均值为

$$\bar{x} = \frac{1}{n} \sum_{i=1}^{n} x_i \tag{2-7}$$

这样算术平均值就可以作为真值的最佳估计值。因此在多次测量时，总是取测量列的算术平均值作为测量的最终测量值。

二、测量列的标准差

任何实验中的测量值都包含一定的误差，它们都不是完全可靠的。如果在两种不同的条件下，对同一物理量测得两组数据，它们的可靠性将是不同的。要评价一组数据（一个测量列）的好坏，一般采用测量列的标准差来定量地描述，它的几何意义可以从图 2-2 清楚看出，公式为

$$\sigma = \sqrt{\frac{\sum(x_i - x_0)^2}{n}} \tag{2-8}$$

由图 2-2 可以看到，$+\sigma$ 刚好位于该曲线右侧拐点的横坐标上，而 $-\sigma$ 刚好位于该曲线左侧拐点的横坐标上。在区间 $(-\sigma, +\sigma)$ 内，曲线向下弯，在这区间之外，曲线向上弯。假设整个曲线与横轴所包围的面积为 1，则积分运算表明，在曲线下 $(-\sigma, +\sigma)$ 区间的面积占 68.3%。这表明，若测量列共有 n 个测量数据，则有 68.3% 的测量值的误差处于 $(-\sigma, +\sigma)$ 区间内，即测量列中的任一测量值的误差小于 σ 的可能性为 68.3%，所以 σ 不仅是对一个测量列的测量精度的定量描述，还是对该测量列中任一测量值的测量精度的定量描述。

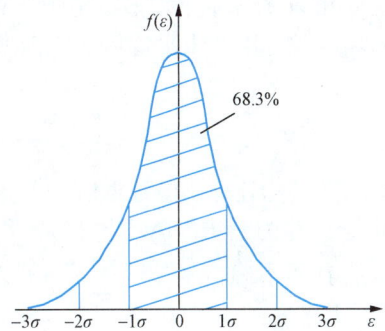

图 2-2 σ 的几何意义

积分运算还表明，曲线下 $(-2\sigma, +2\sigma)$ 区间内的面积占总面积的 95%，曲线下 $(-3\sigma, +3\sigma)$ 区间内的面积占总面积的 99.7%。这表明若测量列共有 n 个测量数据，则有 95% 的测量值的误差处于 $(-2\sigma, +2\sigma)$ 区间之内，有 99.7% 的测量值的误差处于 $(-3\sigma, +3\sigma)$ 区间之内，只有 0.3% 的测量值的误差处于 $(-3\sigma, +3\sigma)$ 区间之外。在有限次的测量中，大于 3σ 的测量误差实际上可以认为是不可能出现的，所以 3σ 也叫极限误差，公式为

$$\Delta = 3\sigma \tag{2-9}$$

由于式（2-8）中的真值 x_0 是未知数，各测量值的误差也无从知晓，因此不能按此定义式求得其标准差。测量时可能得出的是真值的最佳估计值即算术平均值 $\bar{x}$，以及测量值与算术平均值之差，叫做残余误差，简称残差 v_i，公式为

$$v_i = x_i - \bar{x} \tag{2-10}$$

正态分布的统计学理论可以证明，统计学量标准估计差 S 可以作为 σ 的最佳估计值

$$S = \sqrt{\frac{\sum(x_i - \bar{x})^2}{n-1}} = \sqrt{\frac{\sum v_i^2}{n-1}} \tag{2-11}$$

在实际实验中，一般将 S 和 σ 不加区别，统称为测量列的标准差。

由式（2-11）可知，当测量次数 n 增加时，分母增大，但同时残余误差的个数也增加，因而分子也相应增大。统计理论可以证明，增加测量次数不能减小测量列的标准差，但当 n 小时，S 的起伏较大；当 n 增大时，S 将趋于一个稳定的值。

三、测量列中异常数据的取舍

在一组数据中有时会出现个别与其余各测量值差异特别大，但又找不出确切的理由说明

它是测错的数据。这时，应该将此数据照常记录下来，保留在原始记录中，而在数据处理时可以根据偶然误差分布的规律来决定它的取舍。由于误差大于 3σ 的测量值实际上是不可能出现的，为此可采用 3σ 作为极限来判断粗大误差，将残差大于 3σ 的测量数据剔除。这种剔除异常数据的方法叫做拉依达准则。

应当说明的是，剔除异常数据的方法不只是拉依达准则一种，其他还有多种方法。在普通物理实验中只要求采用拉依达准则作为异常数据取舍的准则。

四、算术平均值的标准差

假设对某量进行了 n 次测量，得到一个有 n 个测量值的测量列和一个算术平均值，接着在同样的条件下对同一量又进行了第 2 个，第 3 个，…，直至第 m 个 n 次测量，得到 m 个测量列和 m 个算术平均值，由于 n 和 m 都是有限的，所以这 m 个算术平均值也是离散的，它的离散程度用算术平均值 $\bar{x}$ 的标准差 $S_{\bar{x}}$ 来描述，公式为

$$S_{\bar{x}} = \frac{1}{\sqrt{n}} S = \sqrt{\frac{\sum (x_i - \bar{x})^2}{n(n-1)}} \tag{2-12}$$

在实际处理实验数据时，总是用平均值 $\bar{x}$ 作为测量的最终测量值，而用算术平均值的标准差 $S_{\bar{x}}$ 作为测量的 A 类不确定度分量。当进行多次测量时，如果系统误差已被消除，一般测量的 B 类不确定度分量 $\sum u_j^2 = 0$，由式（2-4）则有

$$U = \sqrt{\sum S_i^2}$$

当 S_i 中只含有一个分量，且满足式（2-12）时，有

$$U = S_{\bar{x}} = \frac{1}{\sqrt{n}} S \tag{2-13}$$

此时，测量不确定度决定于测量列的离散性，它的大小就等于算术平均值的标准差。

五、单次直接测量的数据处理

在实际测量过程中，有些量是随时间而变化的，无法进行重复测量；有些量因为对它的测量精度要求不高，没有必要进行重复测量；还有些量由于所用仪表的精密度较差，不能反映测量值的随机离散性，n 次测量值都相同。这些都可按单次测量来处理。

单次测量的不确定度分量为 B 类不确定度分量，要估计其大小，首先应估算出所用仪器的极限误差 Δ，它是仪器示值与真值间可能的最大误差，置信概率为 99.7%（也可看成是100%）。在正确使用仪器的条件下，任一测量值的误差均不大于 Δ。为使 u 的置信概率与 S 一致（68.3%），则相应的不确定度为

$$u = \frac{1}{c} \Delta \tag{2-14}$$

这里 c 为置信系数，它的取值与测量误差的分布状态有关。在普通物理实验中，最常用的分布为正态分布，c 值取 3，则不确定度为

$$u = \frac{1}{3} \Delta \tag{2-15}$$

而在有些情况下误差服从均匀分布，如数字式仪表的读数误差、普通仪表计数的截尾误差都服从均匀分布。这时 c 值取 $\sqrt{3}$，则不确定度为

$$u = \frac{1}{\sqrt{3}} \Delta \tag{2-16}$$

一般在实验时若一时无法判断其误差的分布状态，都可按正态分布来处理。应当指出的是，在很多情况下，测量值的极限误差与实验者的素质有关。因此下面给出的一些常用仪器单次测量时不确定度的评定方法，考虑到本书的读者主要是初学者，所给出的极限误差的估计比较宽松，一般取仪器的最小刻度为极限误差 Δ，所以给出的某些结论，并不一定适合所有实验者。

1. 用毫米刻尺测长度

用毫米刻尺测长度时，主要误差来源是刻度不准和估读能力有限，极限误差是这两项误差的总和，取 $\Delta=1.0$mm，其误差服从正态分布，因此不确定度为

$$u = \frac{1}{3} \Delta = 0.3\text{mm} \tag{2-17}$$

2. 用游标卡尺测长度

卡尺的极限误差可取其精度值，它是截尾误差，服从均匀分布。例如用精度为 0.02mm 的卡尺测长，示值为 5.78mm，则真值在 5.76～5.80mm 之间，最大误差不会超过 0.02mm，$\Delta=0.02$mm，且误差在 ±0.02mm 之间的概率相等，所以是均匀分布。其不确定度为

$$u = \frac{1}{\sqrt{3}} \times \Delta = 0.01\text{mm} \tag{2-18}$$

3. 用秒表测时间

用秒表测时间间隔的不确定度由两项误差合成：一项是启、制动的方法误差；另一项是秒表本身的仪器误差。当用手动控制时以前者为主，后者可忽略，$\Delta=0.2$s，且服从正态分布。其不确定度为

$$u = \frac{1}{3} \times \Delta = 0.07\text{s} \tag{2-19}$$

当用光电控制时，以后者为主，前者可忽略，它的极限误差是该秒表的精度或指示数值的最末位一个单位。因数字仪表的误差属于截尾误差，服从均匀分布，若 $\Delta=0.001$s，则其不确定度为

$$u = \frac{1}{\sqrt{3}} \times \Delta = 0.0006\text{s} \tag{2-20}$$

4. 用天平测质量

用天平测质量时，可将天平的感量 E 作为极限误差，服从正态分布，若 $\Delta=E=0.1$g，则其不确定度为

$$u = \frac{1}{3} \times \Delta = 0.03\text{g} \tag{2-21}$$

5. 用磁电式电表测电流、电压

磁电式电表的测量误差主要是由电表结构上的缺陷造成的，它的极限误差取决于电表的准确度等级 K 和所用的量程 M，$\Delta=M \times K\%$，其分布可按正态分布处理，则其不确定度为

$$u = \frac{1}{3} \Delta = \frac{1}{3} M \times K\% \tag{2-22}$$

如果电流表的量程为 M=10mA，电表的准确度等级为 K=0.5，则其不确定度为 0.02mA。

六、直接测量的数据处理举例

例 1 利用某测量仪器来测量长度约为 98mm 的棒长度 l。该仪器检定书上指出，在这一范围内的修正量为 k=0.03mm。对该棒进行了 n=8 次的多次测量，测量数据如下：

98.28   98.26   98.24   98.29   98.21   98.26   98.17   98.25（mm）

写出测量结果。

答：第一步求出测量列的算术平均值、测量列的标准差

$$\bar{l} = \frac{1}{8}\sum_{i=1}^{8} l_i = 98.25 \text{ mm}$$

$$S_l = \sigma_l = \sqrt{\frac{\sum\limits_{i=1}^{8}(l_i - \bar{l})^2}{8-1}} = 0.04 \text{ mm}$$

第二步判断测量列中有无异常数据。

因为 $3\sigma_l = 0.12 \text{ mm}$，根据拉依达准则，$\bar{l} - 3\sigma_l = 98.13 \text{ mm}$，$\bar{l} + 3\sigma_l = 98.37 \text{ mm}$ 所以没有异常数据需要剔除。

第三步求出算术平均值的标准差

$$S_{\bar{l}} = \sigma_{\bar{l}} = \frac{1}{\sqrt{8}}\sigma_l = 0.01 \text{ mm}$$

最后修正测量值，写出测量结果的最后表达式。修正后的最佳值为 98.25＋0.03=98.28mm，测量结果为

$$l = (98.28 \pm 0.01) \text{mm} \qquad E = 0.01\%$$

例 2 利用准确度等级为 0.5 级、量程为 10A 的电流表，单次测量测得电流值为 5.02A，写出测量结果。

答：因为 $u = \frac{1}{3}\Delta = \frac{1}{3}M \times K\% = 0.02 \text{ A}$

所以 $I = (5.02 \pm 0.02) \text{ A} \qquad E = 0.4\%$

第四节   间接测量的数据处理

一、间接测量的最佳值

大多数物理实验是经过间接测量获得最终结果的，而间接测量结果是由若干个直接测量得到的参数，按照一定的函数关系（测量公式）求出的。即当对 n 个相互独立的物理量进行直接测量后，求出各物理量的最佳值 $\overline{x_1}, \overline{x_2}, \cdots, \overline{x_n}$，间接测量值 Y 可由各物理量的函数关系式 $Y = f(\overline{x_1}, \overline{x_2}, \cdots, \overline{x_n})$ 求出。

例如，测量圆柱体的体积 V 时，要先对其直径 d 和柱长 l 进行直接测量，分别求出两者的算术平均值 $\bar{d}$ 和 $\bar{l}$ 后，按 $V = 1/4\pi d^2 l$ 函数关系求出间接测量结果 V。

计算间接测量结果时，是将各直接测量值的最佳值（注意不是真值）代入公式后求出的。此时所得的结果为

$$\overline{Y} = f(\overline{x_1}, \overline{x_2}, \cdots, \overline{x_n})$$

可以证明，该结果必为该间接测量值的最佳测量值。但是由于直接测量值的最佳值都有一定的偏差，因此求得的间接测量结果也必然具有一定的偏差，其偏差的大小取决于各直接测量值偏差的大小，以及函数的具体形式。

二、间接测量值的不确定度传递公式

表达直接测量值不确定度与各间接测量值不确定度之间关系的公式，称为不确定度传递公式。

设间接测量量 Y 是 n 个直接测量量 $x_1, x_2, \cdots, x_n$ 的函数

$$Y = f(x_1, x_2, \cdots, x_n)$$

则 Y 的绝对不确定度为

$$U = \sqrt{\left(\frac{\partial f}{\partial x_1}\right)^2 U_1^2 + \left(\frac{\partial f}{\partial x_2}\right)^2 U_2^2 + \cdots + \left(\frac{\partial f}{\partial x_n}\right)^2 U_n^2} \tag{2-23}$$

Y 的相对不确定度为

$$\frac{U}{Y} = \sqrt{\left(\frac{\partial \ln f}{\partial x_1}\right)^2 U_1^2 + \left(\frac{\partial \ln f}{\partial x_2}\right)^2 U_2^2 + \cdots + \left(\frac{\partial \ln f}{\partial x_n}\right)^2 U_n^2} \tag{2-24}$$

关于以上两个不确定度传递公式的使用条件和方法，需作以下说明：

（1）上两式成立的条件是：各直接测量量 $x_1, x_2, \cdots, x_n$ 彼此之间完全独立或者完全不相关。

（2）各直接测量量的不确定度 $U_1, U_2, \cdots, U_n$，具有相同的置信概率，合成的结果 U 与各 U_i 具有相同的置信概率。如不特别说明，置信概率总是取 68.3%。

（3）两式中 $\frac{\partial f}{\partial x_1}, \frac{\partial f}{\partial x_2}, \cdots, \frac{\partial f}{\partial x_n}$ 以及 $\frac{\partial \ln f}{\partial x_1}, \frac{\partial \ln f}{\partial x_2}, \cdots, \frac{\partial \ln f}{\partial x_n}$，叫做不确定度传递系数。可以看出，一个间接测量量的不确定度对总不确定度的影响，不但与其大小有关，而且还与其传递系数有关。一般说来，对于函数关系是和、差形式的，先用式（2-23）求绝对不确定度比较方便。对于函数关系是积、商形式的，先用式（2-24）求相对不确定度更方便些。

表 2-1 列出了常用函数的不确定度传递公式，供读者使用参考。

表 2-1　　　　　　　　　　常用函数的不确定度传递公式

函　数　形　式	不　确　定　度　传　递　公　式
$y = x_1 + x_2$	$U = \sqrt{U_1^2 + U_2^2}$
$y = x_1 - x_2$	$U = \sqrt{U_1^2 + U_2^2}$
$y = x_1 x_2$	$\dfrac{U}{y} = \sqrt{\left(\dfrac{U_1}{x_1}\right)^2 + \left(\dfrac{U_2}{x_2}\right)^2}$
$y = \dfrac{x_1}{x_2}$	$\dfrac{U}{y} = \sqrt{\left(\dfrac{U_1}{x_1}\right)^2 + \left(\dfrac{U_2}{x_2}\right)^2}$

函 数 形 式	不 确 定 度 传 递 公 式
$y = x_1^k x_2^m x_3^n$	$\dfrac{U}{y} = \sqrt{k^2\left(\dfrac{U_1}{x_1}\right)^2 + m^2\left(\dfrac{U_2}{x_2}\right)^2 + n^2\left(\dfrac{U_3}{x_3}\right)^2}$
$y = kx$	$U = kU_x,\ \dfrac{U}{y} = \dfrac{U_x}{x}$
$y = \sqrt[k]{x}$	$\dfrac{U}{y} = \dfrac{1}{k} \times \dfrac{U_x}{x}$
$y = \sin x$	$U = \lvert\cos x\rvert U_x$
$y = \ln x$	$U = \dfrac{U_x}{x}$

三*、不确定度传递公式的推导

设直接测量值 x_1, x_2 的不确定度为 U_1, U_2，用它们求出的间接测量值为 $Y = f(x_1, x_2)$，不确定度为 U，对 $Y = f(x_1, x_2)$ 式求全微分得

$$\mathrm{d}Y = \frac{\partial f}{\partial x_1}\mathrm{d}x_1 + \frac{\partial f}{\partial x_2}\mathrm{d}x_2 \qquad (2\text{-}25)$$

式（2-25）表示，当 x_1, x_2 有微小改变 $\mathrm{d}x_1, \mathrm{d}x_2$ 时，Y 改变了 $\mathrm{d}Y$。由于通常不确定度远小于测量值，所以可把 $\mathrm{d}x_1, \mathrm{d}x_2$ 看作是 x_1, x_2 的不确定度 U_1, U_2，$\mathrm{d}Y$ 就是 Y 的不确定度 U，于是有

$$U = \frac{\partial f}{\partial x_1}U_1 + \frac{\partial f}{\partial x_2}U_2 \qquad (2\text{-}26)$$

若测量 n 次，则有

$$U_1' = \frac{\partial f}{\partial x_1}U_{11} + \frac{\partial f}{\partial x_2}U_{21}$$

$$U_2' = \frac{\partial f}{\partial x_1}U_{12} + \frac{\partial f}{\partial x_2}U_{22}$$

$$\vdots$$

$$U_n' = \frac{\partial f}{\partial x_1}U_{1n} + \frac{\partial f}{\partial x_2}U_{2n}$$

将上列各式取平方后相加，并除以 n，可得

$$\frac{1}{n}\sum_{i=1}^{n}U_i'^2 = \frac{1}{n}\left(\frac{\partial f}{\partial x_1}\right)^2\sum_{i=1}^{n}U_{1i}^2 + \frac{1}{n}\left(\frac{\partial f}{\partial x_2}\right)^2\sum_{i=1}^{n}U_{2i}^2 + \frac{2}{n}\frac{\partial f}{\partial x_1}\frac{\partial f}{\partial x_2}\sum_{i=1}^{n}U_{1i}U_{2i}$$

式中最后一项包括有 $\sum_{i=1}^{n}U_{1i}U_{2i}$，因为偶然误差有正有负，在求总和时要抵消去一部分，

并且在 $n \to \infty$ 时，这一项趋近于零，因此可略去这一项。由于 $\dfrac{1}{n}\sum_{i=1}^{n}U_i'^2 = U^2$，$\dfrac{1}{n}\sum_{i=1}^{n}U_{1i}^2 = U_1^2$，

$\dfrac{1}{n}\sum_{i=1}^{n}U_{2i}^2 = U_2^2$，因此

$$U^2 = \left(\frac{\partial f}{\partial x_1}\right)^2 U_1^2 + \left(\frac{\partial f}{\partial x_2}\right)^2 U_2^2$$

即间接测量量 Y 的绝对不确定度为

$$U = \sqrt{\left(\frac{\partial f}{\partial x_1}\right)^2 U_1^2 + \left(\frac{\partial f}{\partial x_2}\right)^2 U_2^2} \tag{2-27}$$

相对不确定度为

$$\frac{U}{Y} = \sqrt{\left(\frac{\partial f}{\partial x_1}\right)^2 \left(\frac{U_1}{Y}\right)^2 + \left(\frac{\partial f}{\partial x_2}\right)^2 \left(\frac{U_2}{Y}\right)^2} \tag{2-28}$$

当直接测量值为 m 个时，其一般函数式为 $Y = f(x_1, x_2, \cdots, x_m)$，参照以上两式可写出绝对不确定度为

$$U = \sqrt{\left(\frac{\partial f}{\partial x_1}\right)^2 U_1^2 + \left(\frac{\partial f}{\partial x_2}\right)^2 U_2^2 + \cdots + \left(\frac{\partial f}{\partial x_m}\right)^2 U_m^2} \tag{2-29}$$

相对不确定度为

$$\frac{U}{Y} = \sqrt{\left(\frac{\partial f}{\partial x_1}\right)^2 \left(\frac{U_1}{Y}\right)^2 + \left(\frac{\partial f}{\partial x_2}\right)^2 \left(\frac{U_2}{Y}\right)^2 + \cdots + \left(\frac{\partial f}{\partial x_m}\right)^2 \left(\frac{U_m}{Y}\right)^2}$$

$$= \sqrt{\left(\frac{\partial \ln f}{\partial x_1}\right)^2 U_1^2 + \left(\frac{\partial \ln f}{\partial x_2}\right)^2 U_2^2 + \cdots + \left(\frac{\partial \ln f}{\partial x_m}\right)^2 U_m^2} \tag{2-30}$$

对于函数形式为 $Y = x_1^a x_2^b \cdots x_m^p$ 的间接测量量，则其相对不确定度为

$$\frac{U}{Y} = \sqrt{\left(a\frac{U_1}{x_1}\right)^2 + \left(b\frac{U_2}{x_2}\right)^2 + \cdots + \left(p\frac{U_m}{x_m}\right)^2} \tag{2-31}$$

四、间接测量的数据处理举例

例 1　已知：$A=(71.3\pm0.5)$cm，$B=(6.262\pm0.002)$cm，$C=(0.753\pm0.001)$cm，$D=(271\pm1)$cm，求间接测量量的最佳值和不确定度。（1）N=A+B−C+2D，（2）$N = \dfrac{AC}{BD}$。

答：（1）因为　$N = 71.3 + 6.262 - 0.753 + 2 \times 271 = 618.8$cm（这里暂多取一位）

$$U = \sqrt{U_A^2 + U_B^2 + U_C^2 + 4U_D^2} = 2\text{cm}$$

所以　$N = (619 \pm 2)$cm

（2）因为　$N = \dfrac{71.3 \times 0.753}{6.262 \times 271} = 0.03164$cm

$$E_N = \frac{U}{N} = \sqrt{\left(\frac{U_A}{A}\right)^2 + \left(\frac{U_B}{B}\right)^2 + \left(\frac{U_C}{C}\right)^2 + \left(\frac{U_D}{D}\right)^2} = 0.008 = 0.8\%$$

所以　$N = 0.0316 \times (1 \pm 0.8\%) = 0.0316 \pm 0.0003$

例 2　测量圆柱体密度公式为 $\rho = \dfrac{4m}{\pi d^2 h}$，其中：$m=(16.89\pm0.05)$g，$h=(2.354\pm0.005)$cm，

d(cm)：1.039，1.048，1.046，1.042，1.049，1.047，1.052，1.045。

答：先求出测量列 d 的算术平均值

$$\bar{d} = \frac{1}{8}\sum_{i=1}^{8} d_i = 1.046\,\text{cm}$$

再求出测量列的标准差

$$\sigma_d = \sqrt{\frac{\sum_{i=1}^{8}(d_i - \bar{d})^2}{8-1}} = 0.004\,\text{cm}$$

由于 $3\sigma_d = 0.012\,\text{cm}$，没有异常数据需要剔除。再求出平均值的标准差

$$\sigma_{\bar{d}} = \frac{1}{\sqrt{8}}\sigma_d = 0.001\,\text{cm}$$

$$\rho = \frac{4m}{\pi d^2 h} = \frac{4 \times 16.89}{3.1416 \times 1.046^2 \times 2.354} = 8.350\,\text{g/cm}^3$$

在进行乘、除运算时，先计算相对不确定度较为方便

$$E_\rho = \frac{U_\rho}{\rho} = \sqrt{\left(\frac{U_m}{m}\right)^2 + \left(\frac{U_h}{h}\right)^2 + 2^2\left(\frac{U_d}{d}\right)^2}$$

$$= \sqrt{(0.3\%)^2 + (0.2\%)^2 + 4 \times (0.1\%)^2}$$

$$= 0.41\%$$

$$U_\rho = \rho E_\rho = 8.350 \times 0.41\% = 0.03\,\text{g/cm}^3$$

最后的测量结果为

$$\rho = (8.35 \pm 0.03)\,\text{g/cm}^3，\quad E_\rho = 0.41\%$$

五*、测量仪器精度的选择

在实际测量中，常常会对被测间接测量量的精确度提出一定的要求，也就是要求被测量的不确定度在一定的范围之内。这就是需要考虑如何确定各直接测量量的精确度，如何选择测量仪器的问题。

假定间接测量量 Y 是由 $x_1, x_2, \cdots, x_m$ 各直接测量量通过函数 $Y = x_1^a x_2^b \cdots x_m^p$ 而获得的，则有

$$\left(\frac{U_Y}{Y}\right)^2 = \left(a\frac{U_{x_1}}{x_1}\right)^2 + \left(b\frac{U_{x_2}}{x_2}\right)^2 + \cdots + \left(p\frac{U_{x_m}}{x_m}\right)^2$$

其中，$\dfrac{U_Y}{Y}$ 是待测间接测量量的相对不确定度，$\dfrac{U_{x_1}}{x_1}, \dfrac{U_{x_2}}{x_2}, \cdots, \dfrac{U_{x_m}}{x_m}$ 是各直接测量量的不确定度。当事先对测量提出的精确度要求为 $K\%$ 时，通常采用等分配方案，即取

$$\frac{1}{m}\left(\frac{U_Y}{Y}\right)^2 = \left(a\frac{U_{x_1}}{x_1}\right)^2 = \left(b\frac{U_{x_2}}{x_2}\right)^2 = \cdots = \left(p\frac{U_{x_m}}{x_m}\right)^2 \leqslant \frac{1}{m}(K\%)^2 \tag{2-32}$$

然后根据 $\dfrac{1}{m}K\%$ 去选择各直接测量量 $x_1, x_2, \cdots, x_m$ 的测量仪器。当然也可按照各量的测量难易程度适当地进行误差分配的调整。

例如：使用单摆测量某地的重力加速度 g，要求测量结果的相对不确定度为

$$\frac{U_{\mathrm{g}}}{g} \leqslant 0.2\%$$

则可按如下的方法来确定测量摆长 l 和周期 T 的仪器精度。根据 $\left(\dfrac{U_{\mathrm{g}}}{g}\right)^{2} = \left(\dfrac{U_{l}}{l}\right)^{2} + \left(2\dfrac{U_{\mathrm{T}}}{T}\right)^{2} \leqslant$

0.002^{2} 的要求，可确定

$$\left(\frac{U_{l}}{l}\right)^{2} \leqslant \frac{0.002^{2}}{2}, \left(2\frac{U_{\mathrm{T}}}{T}\right)^{2} \leqslant \frac{0.002^{2}}{2}$$

因为已知 $l \approx 100\,\mathrm{cm}$，所以 $U_{l} \leqslant 0.014\,\mathrm{cm}$。使用最小分度为毫米的米尺去测量是可以满足此要求的。又已知 $T \approx 2\,\mathrm{s}$，所以 $U_{\mathrm{T}} \leqslant 0.0014\,\mathrm{s}$。这表示如果测一个完全周期，则要用毫秒仪去测量，才能满足要求，但是周期可以连续测许多个，比如连续测 n 个周期的时间 $t = nT$，有 $\dfrac{U_{\mathrm{t}}}{t} = \dfrac{U_{\mathrm{T}}}{T}$ 即 $U_{\mathrm{t}} = \dfrac{U_{\mathrm{T}}}{T} t = nU_{\mathrm{T}}$，若取 $n = 100$，则 $U_{\mathrm{t}} \leqslant 100 \times 0.0014 = 0.14\,\mathrm{s}$，即用最小分度为 0.1s 的秒表去测量就可以满足要求。

总之，测量仪器精度的选择，可以以测量时所选仪器的极限误差不应大于被测量的极限误差为依据，两者不应相差过多。一般使用仪器的原则是：在仪器精度满足要求的条件下，尽量使用精度低的仪器。因为精度越高，在操作上的要求和环境条件等要求也越高，如使用不当，反而不一定能得到理想的结果。另外，尽量减少精密仪器的使用次数，以保持其精度，这是实验室的工作原则之一。

第五节　有效数字及其运算

一、仪器读数及记录时有效数字的取位

实验中总要记录很多数值，并进行计算，但是记录时应取几位，运算后应保留几位，这是实验数据处理的重要问题，对此必须有明确的认识。实验时处理的数值应能反映出被测量的实际大小，也就是记录和运算保留的数字应是能传递出被测量实际大小的全部信息的数字，这样的数字称为有效数字。

在使用仪器直接测量某物理量时，读数可由两部分组成：一部分是按仪器的刻度可读到最小分度，因为这部分读数有刻度为依据，故是准确的，称为准确数字；另一部分是在最小分度值的后一位估读出来的，只有一位数，因是估读故不够准确，称为可疑数字。例如，用一最小分度为毫米的尺，测一物体的长度，可从尺上读到 76.2mm，如图 2-3 所示。它有三位有效数字，其中 76 是准确读出的，而最后一位数字 2 是估计的，并且仪器本身也将在这一位出现误差，所以它存在一定的可疑成分，但还是近似

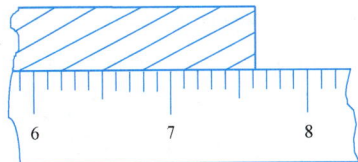

图 2-3　普通米尺的有效数字

地反映出了这一位大小的信息，因此也是有效数字。所有的测量结果都是由几位准确数字和一位可疑数字组成的，它们总称为有效数字。

测量同一物理量所得有效数字越多，说明所用测量仪器越精密，测量误差越小。例如测量一物体长度，用千分尺测量结果为 13.515mm，是五位有效数字，用米尺测量结果为 13.5mm，

是三位有效数字。

在记录数据时，应注意以下问题：

（1）有效数字位数与小数点位置无关。例如 13.5mm、1.35cm、0.0135m 都是三位有效数字，它们都表示测量工具最小分度是毫米，其下一位为估计值。为记录方便，通常采用科学记数法，如上述测量结果分别写成：1.35×10mm、1.35cm、1.35×10^{-2}m。

（2）数字中部与后部的"0"是有意义的，例如 2.0085 是五位有效数字；1.000 是四位有效数字。作为测量量来说，1.0cm 和 1.00cm 是不同的，须注意数据尾部的"0"既不能随便增加，又不可随便去掉。

二、运算后的有效数字

在具体讨论运算后有效数字的规则之前，先分析一个例子：测得一长方形的长为 15.74cm，宽为 5.37cm，求其面积，按一般算术计算得面积为 84.5238cm^2，这个数据的 6 个数字并非都是有效数字。可以肯定这两个直接测量值都是有误差的，而且误差不小于最后一个数的一个单位，假定它们较准确的值是 15.73cm 和 5.36cm，则算出的面积为 84.3128cm^2。这两个值明显不同，而且小数点后第一位就出现差异，相比之下可以考虑只有前三位数字是传递出实际面积大小的信息的，而后三位则无意义，因此所求面积的有效数字的位数只能取 3 位。下面讨论运算后判断有效数字位数的一般规则。

（1）实验后计算不确定度，根据不确定度判定有效数字是正确决定有效数字的基本依据。不确定度一般只取一位有效数字，测量值的有效数字到不确定度所在的位为止，即测量值有效数字末位的可疑数字位和不确定度所在的位取齐。例如，用单摆测某地重力加速度为 $g=(981.2 \pm 0.8)$cm/s^2，不确定度只取一位，测量值的有效数字末位是和不确定度同一位的 2。

（2）实验后不计算不确定度时，测量结果有效数字的位数，只能按以下的规则粗略地确定：

1）加减运算后的有效数字。根据不确定度讨论，已知加减后的绝对不确定度的平方等于参与运算各值绝对不确定度的平方之和，因此运算后的绝对不确定度大于参与运算各数中任何一个值的绝对不确定度，所以加减运算后小数点后有效数字的位数可估计为和参加运算各数中小数点后位数最少的相同。

2）乘除运算后的有效数字。根据不确定度讨论，已知乘除后的相对不确定度的平方等于参与运算各值相对不确定度的平方之和，因此运算结果的相对不确定度应大于参加运算各值中任何一个值的相对不确定度。一般说来有效数字位数越少，其相对不确定度越大，所以乘除运算后的有效数字的位数可估计为和参加运算各数中有效数字位数最少的相同。

按照以上讨论，判断运算后有效数字位数的举例如下：

①126.7+35.05+76.213+0.16=238.1

②325.7−16.78+125.66=434.6

③27.13÷$(3.1416 \times 0.561^2 \times 10.085)$=2.72

④$3.144 \times (3.615^2 - 2.684^2) \times 12.39 = 3.144 \times 5.87 \times 12.39 = 229$

（3）在按有效数字运算时，还应注意以下几点：

1）物理公式中有些数值不是由实验测量出的，例如：测量圆柱体的直径 d 和长度 l，求其体积的公式 $V = 1/4 \pi d^2 l$ 中的 1/4 不是测量值，在确定 V 的有效数字时不必考虑 1/4 的位数。

2）对数运算时，首数不算有效数字。

3）首位数是 8 或 9 的 m 位数值的相对不确定度和首位数是 1 的 $m+1$ 位数值的相对不确定度相似，因此在乘除运算中，计数有效数字位数时，对首位数是 8 或 9 的可多算一位。

例如：$9.81×16.24=159.3$，按 9.81 是三位有效数字，结果应取 159，但因 9.81 的首位数是 9，可将 9.81 算作四位数，所以结果取 159.3。

4）有多个值参加运算时，在运算中途应比按有效数字运算规则规定多保留一位有效数字，以防止多次取舍引入计算误差，但运算最后仍应舍去。例如前述的运算举例中的 4），按此规则应是

$$3.144×(3.615^2-2.684^2)×12.39=3.144×(13.068-7.2037)×12.39$$
$$=3.144×5.864×12.39$$
$$=228$$

第六节　实验数据的其他表示和处理方法

一、列表法

在记录和处理实验数据时常常将数据列成表，数据列表可以简单明确地表示出有关物理量之间的对应关系，便于检查测量结果是否合理，及时发现问题和分析问题，有助于找出有关量之间规律性的联系，求出经验公式。

数据列表还可以提高处理数据的效率，减少和避免错误。根据需要将计算的某些中间项列出来，可以随时从对比中发现运算是否有错，随时进行有效数字的简化。避免不必要的重复计算，利于计算和分析误差，以后必要时可对数据随时查对。

列表的要求是简单明了，便于看出有关量的关系，便于处理数据。必须交待清楚表中各符号所代表的物理量的意义，并且写明单位。单位写在标题栏中，不要重复地写在数据上。表中的数据要正确反映测量结果的有效数字。例如电阻 R 的伏安关系列成表格见表 2-2。

表 2-2　　　　　　　　　　　　　电阻 R 的伏安关系

电压（V）	0.00	1.00	2.00	3.00	4.00	5.00	6.00	7.00	8.00
电流（mA）	0.00	0.50	1.02	1.49	2.05	2.51	2.98	3.52	4.00

二、作图法

1. 作图的作用和优点

（1）可以将一系列数据之间的关系或其变化情况用图线直观地表示出来。作图法是研究物理量之间变化规律及找出对应的函数关系、求经验公式的最常用的方法之一。

（2）如果图线是依据许多数据点描出的平滑曲线，则作图法有多次测量取其平均效果的作用。

（3）能简便地从图线中求出实验需要的某些结果。例如直线 $y=ax+b$，就可以从图线上求出 a 和 b 值；从图上求出函数值等。

（4）可以作出仪器的校正曲线。

（5）在图线上可以直接读出没有进行观测的对应于某 x 的 y 值（内插法）；在一定的条件下，也可从图线的延伸部分读到测量数据以外的点（外推法）。

（6）可将较复杂的函数关系用直线表示出来（变量置换法）。因为当函数为非线性关系

时，不仅求值困难，而且也很难从图中判断结果是否正确，所以常置换变数处理。如 $PV=C$，可将 P-V 图改为以 P 和 $1/V$ 为轴的图线就变成直线了。

2. 作图规则

（1）作图须用坐标纸。当确定了作图的参量后，根据情况选用直角坐标纸、对数坐标纸、极坐标纸等。

（2）坐标纸的大小及坐标轴的比例，应根据所测得的有效数字和结果的需要而定。原则上数据中的可靠数字在图中应为可靠的，数据中不可靠的一位在图中应是估计的，即图上实际可能读出的有效数字位数与测量的读数相当。图纸也不要过大，防止在本来的测量误差范围内连成光滑曲线（如直线）后看起来偏离过大，要适当选取 x 轴与 y 轴的比例和坐标的起点，使图线比较对称地充满整个图纸，避免缩在一边或一角。除特殊需要外，坐标轴的起点一般不一定取为零值。

（3）标明坐标轴和图名。画出坐标轴的方向，标明其所代表的物理量（或符号）及单位；在轴上等间隔标明该物理量的数值，在图纸明显的位置写清图的名称（包括必要说明的条件等）。

（4）标点。根据测量数据，用"+"标出各点的坐标。"+"用直尺或尖笔清楚地画出，使与实验数据对应的坐标准确落在"+"的交点上，一张图上要同时画几条曲线时，每条曲线可用不同标记如"×""○""△""□"等。

（5）连线。用直尺、曲线板等仪器，根据不同情况，将点连成直线、光滑曲线时，曲线并不一定通过所有的点，而是要求线的两旁偏差点有较均匀的分布。画线时，个别偏离过大的点应当舍去或重新测量核对。

三、逐差法

当自变量等间距变化、函数关系为直线关系时，常采用逐差法进行数据处理，下面以弹簧弹性系数的测量来说明。

测量弹簧的弹性系数时，每次加一定量的砝码 M，记下弹簧伸长的位置 $L_1,L_2,\cdots,L_n$（n 为偶数）。要想计算弹性系数，就必须先算出每增加 M 的砝码，弹簧的伸长量 ΔL。如果采用公式

$$\Delta L = \frac{1}{n-1}\Big[(L_2-L_1)+(L_3-L_2)+\cdots+(L_n-L_{n-1})\Big]$$
$$= \frac{L_n-L_1}{n-1}$$

则 ΔL 为 M 作用下的弹簧伸长量。但是由于在计算过程中，中间测量的数据都被消掉了，只有首尾两个数据参与了运算，显然这样的结果就失去了多次测量的意义。因此我们采用下述方法进行数据处理：

将实验数据分为两大组，$L_1,L_2,\cdots,L_{\frac{n}{2}}$ 为一组，$L_{\frac{n}{2}+1},L_{\frac{n}{2}+2},\cdots,L_n$ 为另一组，计算每组相应的差值

$$\Delta L = \frac{2}{n}\bigg[\Big(L_{\frac{n}{2}+1}-L_1\Big)+\Big(L_{\frac{n}{2}+2}-L_2\Big)+\cdots+\Big(L_n-L_{\frac{n}{2}}\Big)\bigg] \tag{2-33}$$

此时 ΔL 表示的是增加 $nM/2$ 砝码时弹簧的伸长量。显然用这种方法处理测量数据时，所

有的数据都能用上，并且任一数据都没有被重复使用。这种方法就叫做逐差法。用这种方法来处理数据计算不确定度时，可将 ΔL 作为多次测量量来处理，仍按多次测量的方法去计算 ΔL 的测量不确定度。

四*、最小二乘法

用作图法进行数据处理，虽然比较方便和直观，但准确性较差，即使用同样的数据绘制直线或曲线，不同的人会得到不同的结果，这样由图所得到的经验方程必然产生较大的误差。用最小二乘法进行数据处理就可避免上述问题的发生。

下面以最简单的线性函数关系为例来说明最小二乘法的原理。假定物理量 y 和 x 满足线性关系，则函数形式应为

$$y = b_0 + b_1 x \tag{2-34}$$

实验得到的数据为：当 $x = x_1, x_2, \cdots, x_n$ 时，对应得到 $y = y_1, y_2, \cdots, y_n$。

如果没有测量误差，则 $(x_1, y_1), (x_2, y_2), \cdots, (x_n, y_n)$，均应满足式（2-34），但由于存在测量误差，因而每组数据均不满足方程（2-34），假定每组数据的测量误差为 $\varepsilon_1, \varepsilon_2, \cdots, \varepsilon_n$，将数据和误差代入方程式（2-34），可得

$$\left.\begin{array}{l} y_1 - b_0 - b_1 x_1 = \varepsilon_1 \\ y_2 - b_0 - b_1 x_2 = \varepsilon_2 \\ \quad\vdots \qquad\qquad \vdots \\ y_n - b_0 - b_1 x_n = \varepsilon_n \end{array}\right\} \tag{2-35}$$

根据最小二乘原理，测量结果的最佳值应使测量误差的平方和为最小，即 $\sum_{i=1}^{n} \varepsilon_i^2$ 最小。将式（2-35）中各式取平方后相加得

$$\sum_{i=1}^{n}(y_i - b_0 - b_1 x_i)^2 = \sum_{i=1}^{n} \varepsilon_i^2 \tag{2-36}$$

为求 $\sum_{i=1}^{n} \varepsilon_i^2$ 的最小值，把式（2-36）对 b_0, b_1 求偏微分得

$$\left.\begin{array}{l} \dfrac{\partial \sum_{i=1}^{n} \varepsilon_i^2}{\partial b_0} = -2\sum_{i=1}^{n}(y_i - b_0 - b_1 x_i) \\[4mm] \dfrac{\partial \sum_{i=1}^{n} \varepsilon_i^2}{\partial b_1} = -2\sum_{i=1}^{n}(y_i - b_0 - b_1 x_i)x_i \end{array}\right\} \tag{2-37}$$

当式（2-37）中两式为零时，$\sum_{i=1}^{n} \varepsilon_i^2$ 有极值，于是有

$$\left.\begin{array}{l} \sum_{i=1}^{n}(y_i - b_0 - b_1 x_i) = 0 \\[2mm] \sum_{i=1}^{n}(y_i - b_0 - b_1 x_i)x_i = 0 \end{array}\right\} \tag{2-38}$$

即

$$\left.\begin{array}{l} \sum_{i=1}^{n} y_i - n b_0 - b_1 \sum_{i=1}^{n} x_i = 0 \\ \sum_{i=1}^{n} x_i y_i - b_0 \sum_{i=1}^{n} x_i - b_1 \sum_{i=1}^{n} x_i^2 = 0 \end{array}\right\} \quad (2\text{-}39)$$

令 $\bar{x}$ 表示 x 的平均值，即 $n\bar{x} = \sum_{i=1}^{n} x_i$ ，$\bar{y}$ 表示 y 的平均值，即 $n\bar{y} = \sum_{i=1}^{n} y_i$ ，$\overline{x^2}$ 表示 x^2 的平均值，即 $n\overline{x^2} = \sum_{i=1}^{n} x_i^2$ ，$\overline{xy}$ 表示 xy 的平均值，即 $n\overline{xy} = \sum_{i=1}^{n} x_i y_i$ 。

将上述结果代入式（2-39）中得

$$\left.\begin{array}{l} \bar{y} - b_0 - b_1 \bar{x} = 0 \\ \overline{xy} - b_0 \bar{x} - b_1 \overline{x^2} = 0 \end{array}\right\} \quad (2\text{-}40)$$

解方程组得

$$\left.\begin{array}{l} b_1 = \dfrac{\overline{xy} - \bar{x}\,\bar{y}}{\bar{x}^2 - \overline{x^2}} \\ b_0 = \bar{y} - b_1 \bar{x} \end{array}\right\} \quad (2\text{-}41)$$

由式（2-41）给出的 b_0, b_1 所对应的 $\sum_{i=1}^{n} \varepsilon_i^2$ 就是最小值，因而用最小二乘法得到的结果是可靠的。

习　　题

（1）计算以下测量列的算术平均值 $\bar{x}$ 、测量列的标准差 σ_x 及平均值的标准差 $\sigma_{\bar{x}}$ ，并写出测量值的绝对不确定度和相对不确定度，写出结果的正确表达形式（只考虑 A 类不确定度）。

1）52.126　　52.117　　52.122　　52.123　　52.122　　52.121　　单位：cm

2）31.38　　　31.37　　31.37　　31.37　　31.39　　31.40　　单位：s

（2）某电阻的测量值为

191.2　　191.9　　191.3　　191.0　　191.3　　191.3　　191.2

191.4　　191.3　　191.1　　单位：Ω

试对该测量列进行数据处理，得出正确的测量结果（只考虑 A 类不确定度）。

（3）写出下列函数的不确定度传递公式（绝对不确定度或相对不确定度只要求写出一种）。

1）$N = x_1 + x_2 - 2x_3$

2）$Q = \dfrac{k}{2}(A^2 + B^2)$ 　　　　k 为常量

3）$I_2 = I_1 \dfrac{r_2^2}{r_1^2}$

4）$f = \dfrac{d^2 - l^2}{4d}$

（4）某圆直径的测量结果是（0.786±0.002）cm，求圆的面积及测量不确定度。

（5）将毛细管中注入一段水银，测水银的长度 l 和水银的质量 m，可由下式求毛细管半径 r

$$r = \sqrt{\frac{m}{\pi \rho l}}$$

式中，ρ 为水银密度。已测得 m，l 的值：$m=(72.5\pm0.6)$mg；$l=(1.765\pm0.002)$cm；$\rho=(13.56\pm0.01)$g/cm^3。求毛细管半径 r 及其不确定度。

（6）指出下列各量是几位有效数字。

1）$l=0.0009$m

2）$E=2.7\times10^{+25}$J

3）$g=980.61203$cm/s^2

4）$T=1.0001$s

（7）按有效数字的要求，指出下列记录中哪些有错误？

1）用米尺（最小分度为毫米）测物体的长度。

3.2cm　50cm　78.86cm　60.00cm

2）用温度计（最小分度为 0.5℃）测温度。

68.50℃　31.4℃　100℃　14.73℃

3）用最小分度为 0.05A 的安培计测电流。

2.0A　　1.45A　1.785A　　0.601A

（8）单位换算

1）$m=(1.750\pm0.001)$kg，写成以 g、mg、t（吨）为单位。

2）$h=(8.45\pm0.02)$cm，写成以 μm、mm、m、km 为单位。

3）$t=(1.8\pm0.1)$min，写成以 s 为单位。

（9）写成科学表达式，即标准式。

1）$\Delta=(17000\pm100)$km

2）$C=(0.001730\pm0.0005)$g

（10）按有效数字的运算规则，求出下列各式的运算结果。

1）$\dfrac{99.3}{2.000^3}=$

2）$\dfrac{6.87+8.43}{133.75-109.85}=$

3）$\dfrac{25^2+943.0}{479.0}=$

4）$\dfrac{1}{751.2}\times\left(\dfrac{1.36^2\times8.75\times480.0}{23.25-14.78}-93.25\times0.385-50.13\times4.187-17.0\right)=$

（11）有一单摆，线长 $l=(94.8\pm0.1)$cm，小球直径 $d=(3.355\pm0.001)$cm，已知 $g=(981\pm1)$cm/s^2，求此单摆的周期及其不确定度。

（12）现对某金属丝的电阻进行测量，测得一组数据见表 2-3。

表 2-3　　　　　　　　　　　　　**不同温度下的金属丝电阻**

t（℃）	20.0	25.0	30.0	35.0	40.0	45.0	50.0	55.0
R_t（Ω）	42.8	45.7	48.8	52.0	55.1	58.3	61.3	64.1

如金属丝的电阻和温度关系服从定律 $R_t = R_0（1 + \alpha t）$，试作电阻和温度的关系曲线，并求出 α 值，确定它的有效数字。

（13）测得某一凸透镜的物距 a 和像距 b 的数据见表 2-4。

表 2-4　　　　　　　　　　**某一凸透镜的物距 a 和像距 b 的数据**

a（cm）	100.0	80.0	60.0	55.0	45.0	40.0	35.0	32.0
b（cm）	33.3	36.2	42.9	45.8	56.2	66.7	87.5	113.5

试作 b-a 图线，并从图线上求出透镜焦距 f。

（14）一定质量的空气在一定温度下，其压强 P 和体积 V 的数据见表 2-5。

表 2-5　　　　　　　　　　**一定质量的空气在一定温度下压强 P 和体积 V 的数据**

P（mmHg）	650	670	700	725	750	800	835	850	900	950
V（cm^3）	1495	1437	1388	1342	1290	1213	1158	1142	1078	1021

试分别作 V-P 图线和 $\lg V$-$\lg P$ 图线。

第三章 实验预备知识

第一节 电磁学实验预备知识

电磁测量是现代生产和科学研究中应用很广的一种实验方法和实用技术。它除了测量电磁量外，还可以通过换能器将非电量转变为电量来进行测量。开设电磁学实验的目的是学习和掌握电磁学中常用的测量方法（如伏安法、电桥法、电位差计法、冲击法、模拟法等），培养识图、连线及分析判断排除线路故障的能力。

一、电磁学实验常用基本仪器简介

电磁学实验离不开电源和各种电测仪表，为此，必须先了解常用电学仪器的性能，掌握仪器布置和使用的要领。

1. 电源

电源是把其他形式的能转变为电能的装置。电源分为直流电源和交流电源两种。

（1）直流电源（DC）。常用的直流电源有各种干电池和蓄电池以及晶体管直流稳压电源。稳压电源的型号很多，但在结构上都是由变压器、晶体管、电阻及电容等电子元件按一定的线路组装而成的。它具有电压稳定性好、内阻小、功率较大、使用方便等优点。使用时要注意不能过载，即不要超出允许输出的最大电压和电流。如实验室常用的 WJY-30 型直流稳压电源，最大允许输出电压为 30V，最大允许输出电流为 3A。当超过负荷时，自动保护电路使输出电压自动降为零。继续使用时，应将外接电路调整好，再利用启动开关，才有电压输出。

干电池是使用方便的直流电源，它的电动势为 1.5V，用在功率小、稳定度要求不高的场合。使用一段时间后，电动势下降，内阻增大，最后不再提供电流，则不能再使用了。现在已有高功率且可充电的干电池。

铅蓄电池虽然可以充电重复使用，但维护比较麻烦，所以实验室使用不多，多用在汽车启动和照明电源上。

（2）交流电源（AC）。我国电源为单相 220V、50Hz 和三相 380V、50Hz 交流电。220V 及 380V 为交流电的有效值，即交流电表的读数，实际峰值为有效值的 $\sqrt{2}$ 倍，如 220V 的峰值为 $\sqrt{2} \times 220V = 310V$。所以使用交流电时应注意人身和仪器的安全。

2. 电阻

为了改变电路中的电流和电压或作为特定电路的组成部分，在电路中经常接入大小不同的电阻。电阻分为固定和可变两种，在使用时除考虑阻值外，还应注意其额定功率 P_0，即允许通过的电流（$I = \sqrt{P_0/R}$）。在额定功率条件下，固定电阻可接入电路中。但可变电阻因接法不同，其功用也不同。下面介绍两种可变电阻——滑动变阻器和旋转式电阻箱的结构和用法。

（1）滑动变阻器。滑动变阻器的外形如图 3-1 所示。将电阻丝（如镍铬丝）绕在瓷筒上，电阻丝两端与接线柱 A、B 相连，A、B 间电阻为总电阻。在瓷筒上有滑动接头 C，可在粗铜棒上滑动，它的下端夹片始终与电阻丝接触，铜棒一端（或两端）装有接线柱 C′和 C″，用来代替接头 C，以便于接线。改变滑动接头 C，就可以改变 AC 和 BC 之间的电阻。

滑动变阻器在电路中通常有两种接法：变流接法和分压接法，如图 3-2 和图 3-3 所示。

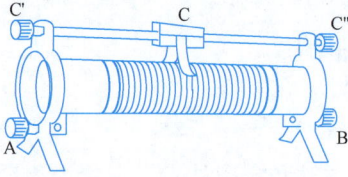

图 3-1　滑动变阻器的外形　　　图 3-2　滑动变阻器的　　图 3-3　滑动变阻器的分压接法
变流接法

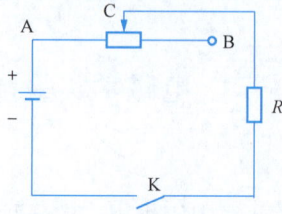

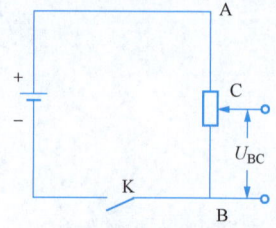

1）变流接法（作"限流器"用）。将变阻器一固定端 A（或 B）与滑动端 C 串联在电路中，见图 3-2，当滑动接头 C 向左移动时，AC 间的电阻减小；反之，AC 间电阻增大。可见，移动 C 就可改变电路中的总电阻，从而使电路中电流发生变化。

2）分压接法（作"分压器"用）。将变阻器两固定端 A、B 与电源相连，由滑动端 C 和任一固定端 A（或 B）将电压引出来，参见图 3-3。由于电流通过变阻器的全部电阻丝，故 A、B 之间任意两点都有电位差。当滑动接头 C 向 A 方向移动时，BC 间的分压 U_{BC} 增大；反之，BC 间的分压 U_{BC} 减小。可见，改变滑动头 C 的位置，可改变 BC 间的分压 U_{BC}。

应注意，滑动变阻器用作"限流器"和"分压器"的接法是不同的，一定不能弄混。还应注意，在实验前，变流接法中，变阻器滑动端应放在使电阻最大的位置上；而在分压接法中，变阻器的滑动端应放在使分压最小的位置上。

（2）旋转式电阻箱。电阻箱是由若干个电阻经准确测量及选择后，用变换开关串联组合在箱中。利用电阻箱可以准确调节电路中的电阻值。图 3-4 表示电阻箱的内部线路和板面图。

在电阻箱板面上有六个旋钮和四个接线柱，每个旋钮周边上都标有 0，1，2，…，9，并在每个旋钮下方标有倍率数×0.1，×1，…，×10000 等。当某一旋钮对准某倍率时，则对应电阻值为 $R=$ 倍率×数字。如图 3-4 中各个旋钮所对应的电阻值之和为 7×0.1+7×1+7×10+7×100+7×1000+7×10000＝77777.7Ω。四个接线柱上标有 0、0.9、9.9、99999.9Ω 字样，表示接线柱之间阻值调整的范围。在低电阻时，只使用"0"和"0.9Ω"或"9.9Ω"挡，可减小接触电阻和导线本身电阻带来的误差。但在高电阻时，就应接"0"与"99999.9Ω"挡。电阻箱各挡允许通过的电流是不同的，在使用时可参照表 3-1 进行选择。

表 3-1　　　　　　　　　　　　电阻箱中各挡允许通过的电流

旋钮倍率	×0.1	×1	×10	×100	×1000	×10000
允许负载电流（A）	1.5	0.5	0.15	0.05	0.015	0.005

3. 电表

电表的种类很多，按原理划分有磁电式、电动式、静电式、热电式和整流式等。磁电式电表具有准确度高、稳定性好、受外界磁场和温度变化影响小等优点，所以在物理实验中常用这种电表。下面对磁电式仪表作一简单介绍。

（1）电流计（俗称"表头"）。磁电式电表表头结构如图 3-5 所示。它是利用通电线圈在永久磁铁的磁场中受到力偶作用而发生偏转的原理制成的。

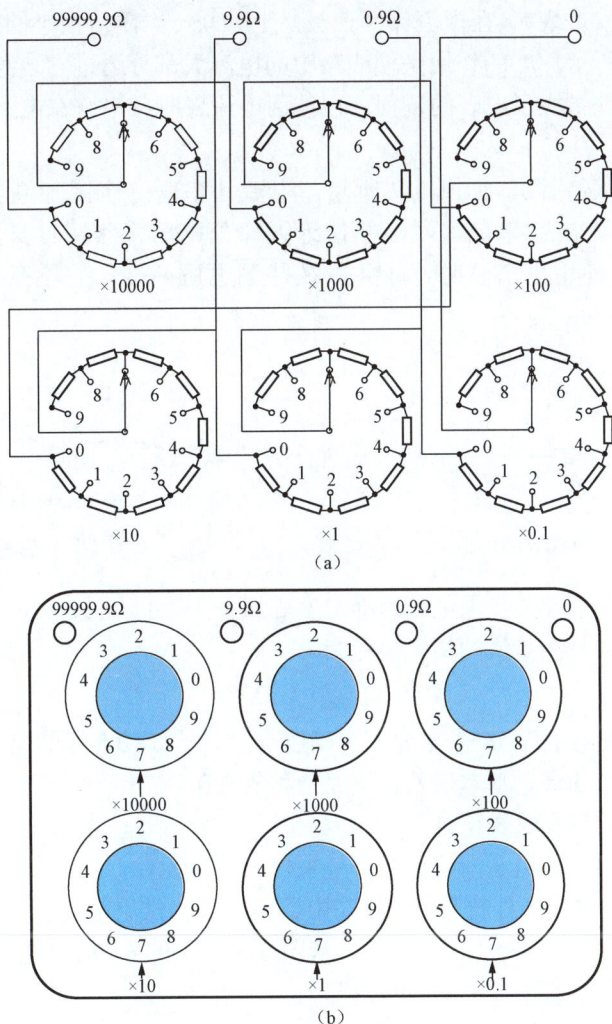

（a）

（b）

图 3-4　旋转式电阻箱
（a）内部线路示意图；（b）板面图

电流计能直接测量的电流在几十微安到几十毫安之间，如果用它来测量较大的电流则必须加分流器（见"实验 12 电表的改装及校准"的实验原理）。

专门用来检验电路中有无电流的电流计称为检流计。它分为按钮式和光点反射式两类。

1）按钮式检流计的特点是零点位于刻度盘中央，未通电时指针对零点；通电后随电流方向不同左右偏转。检流计经常处于断开状态，仅在按下按钮时才接入电路中。因此，用它来检验电路中有无电流十分方便。

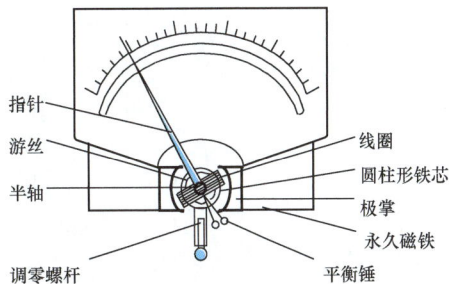

图 3-5　磁电式电表表头结构

2）光点反射式检流计分为墙式和便携式两种，便携式检流计使用方便，常用作桥、电位差计等指零仪器，或用来测量小电流和小电压。

（2）电流表（安培表）。在电流计（表头）上并联一个阻值很小的分流电阻 R_p，就成了电流表，如图 3-6 所示。R_p 的作用是使线路中的电流大部分通过它自身，只有少量电流才通过表头线圈，这样就扩大了电表的量程。在使用电流表时应串联在电路中，并注意正、负极及量程和等级等。

（3）电压表（伏特计）。如图 3-7 所示，电流计串联一个附加高电阻 R_s，就成了电压表。当测量电压时，R_s 起限流作用，并使绝大部分电压降落在自身，只有很小部分电压降落在表头上。在使用电压表时，应并联在待测电压两端，并注意正、负极及量程和等级等。

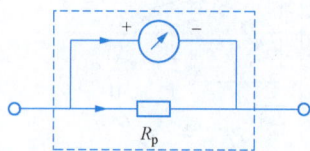

图 3-6　电流表的构造

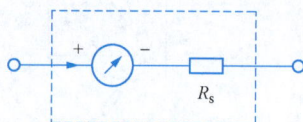

图 3-7　电压表的构造

根据相关规程的规定，我国电表的准确度等级分为 0.1、0.2、0.5、1.0、1.5、2.5、5.0 七级。电表指针指示任一测量值的最大误差为

$$\Delta_{max}=M \times K\% \tag{3-1}$$

式中，M 为电表的量程，K 是电表的准确度等级。例如，0.5 级的电表在规定条件下使用，其所示数值可能包含的最大基本误差是该表量程的 ±0.5%。

二、常用电气元件及仪表符号

在电气原理图中，常用不同的图形符号来代表各个元件，用线条表示它们之间的联系。表 3-2 列举了常用的电气元件符号，表 3-3 中给出了一些常用电气仪表面板上的标记。

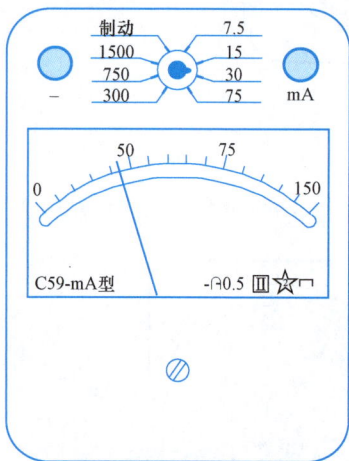

图 3-8　C59-mA 型电表面板图

例如：从图 3-8 所示的 C59-mA 型电表面板图上和各种符号可以得知：

（1）"mA"——毫安表。

（2）"—"——直流。

（3）"∩"——磁电式仪表。

（4）"0.5"——准确度等级为 0.5 级，一般简称为 0.5 级电表。

（5）"Ⅱ"——Ⅱ级防外磁场。

（6）"☆"——绝缘强度实验电压是 2kV。

（7）"⊓"——电表应水平放置使用。

电表顶部左边的端钮标有"—"符号，表示电流从此端钮流出；右边的端钮标有"mA"字样（也有标"+"的），表示电流从此流入；中间的旋钮边缘的色点"·"旋到对准某一数值时，此数值即表示电表测量的量程。

表 3-2 常用的电器元件符号

名　称	符　号	名　称	符　号
电池或蓄电池	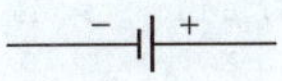	指示灯泡	
固定电阻 可变电阻 滑动变阻器	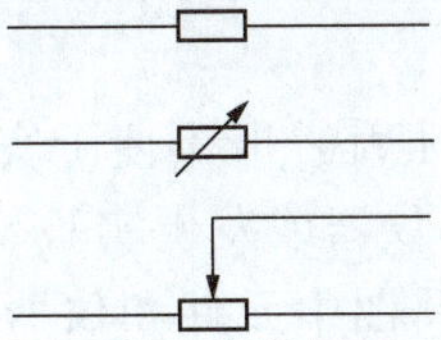	单刀单掷开关 双刀双掷开关	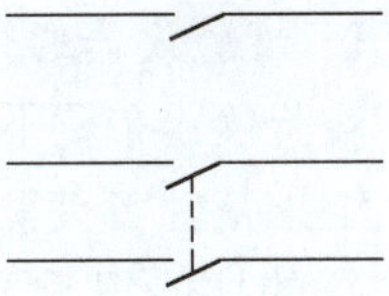
固定电容器 可调电容器	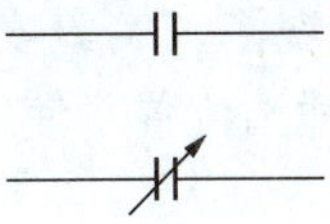	不连接的交叉导线 连接的交叉导线	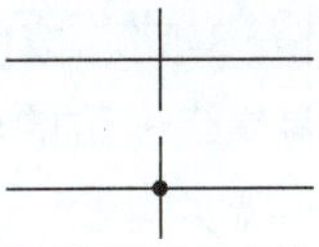
电感线圈 有铁芯的电感线圈	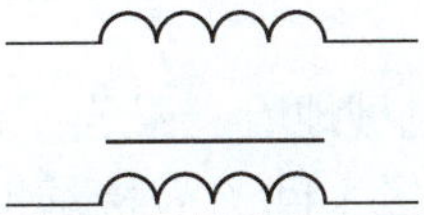	晶体二极管 稳压管	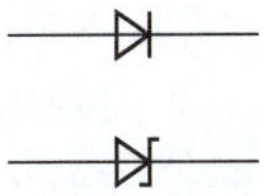
有铁芯的单相 双线变压器	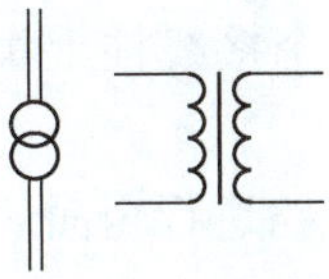	晶体三极管(PNP 型)	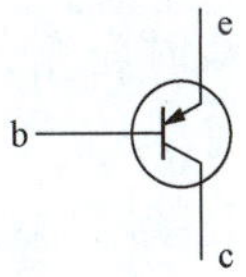

表 3-3 一些常见电气仪表板面上的标记

名　称	符　号	名　称	符　号
检流计	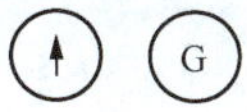	磁电式仪表	
安培表	A	静电式仪表	
毫安表	mA	直流	—
微安表	μA	交流（单相）	∼
伏特表	V	直流和交流	≃
毫伏表	mV	准确度等级	 0.5
千伏表	kV	标度尺垂直使用	⊥
欧姆表	Ω	标度尺水平使用	⊓
兆欧表	MΩ	绝缘耐压 2kV	 ☆2
负端钮	—	接地端钮	
正端钮	+	调零器	
公共端钮	*	II 级防电场及磁场	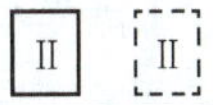 II

三、电磁学实验的基本操作规程

电磁学实验是按照预先设计好的电路，依照一定的程序将电气元件及仪表连接起来构成闭合回路，然后对实验现象及有关物理量进行观测的过程。要想获得正确的实验测量结果，必须严格遵守以下实验操作规程。

1. 实验仪器的布置

实验仪器布置不合理，实验时容易造成接线混乱，既不便于实验操作又不便于检查线路。结果是轻者使测量结果不准确，重者会损坏仪器或发生实验事故。因此，训练实验仪器布置的技能很重要。在接线前，首先熟悉电路图中元件和仪器符号代表的意思（见表3-2 和表 3-3）。按照"走线合理，操作方便，易于观测，实验安全"的原则布置仪器。将经常调整或读数的仪器放在实验者附近，其余放在适当位置。使用几种不同电源时，高压电源要远离实验者。

2. 实验线路连接和操作规程

要求在理解电路原理基础上进行连线，不要机械地看一眼连一根线。在连线中要从电源正极开始按回路对点接线。当线路复杂时，可先接主回路后接辅助回路，或者先串联后并联，接线时应充分利用电路中的等位点，避免在一个接线柱上集中过多的接头（最好不要超过三个）。

接完线路后，不要急于合电闸通电，要对整个线路进行全面认真地检查。如果没有把握，则请指导教师复查后方可通电。在合闸通电时，必须注意各电表的指针和其他不正常的现象，如指针不动、反转或过载以及异常气味等。如有故障，必须重新复查线路，直至电路一切正常，并开始读取数据。总之，电磁学实验操作过程可概括为四句话："手合电闸，眼观全局，先看现象，后读数据。"

3. 实验仪器的整理

测得数据后，用理论分析判断数据是否合理、有无遗漏以及是否达到了预期的目的。在实验者确认无误又经教师复核后，方可拆除线路。但必须遵守"先连线路，后通电源，先断电源，后拆线路"的操作规程，最后应将所有使用的仪器整理好放回原处。

第二节　光学实验预备知识

光学仪器的应用十分广泛，它可将像放大、缩小或记录贮存，可以实现不接触的高精度测量；利用光谱仪器可研究原子、分子和固体的结构，测量各种物质的成分和含量等。特别是由于激光的产生和发展，近代光学和电子技术的密切配合，以及材料和工艺上的革新等，光学仪器在国民经济的各个部门几乎成为不可缺少的工具。

进行光学实验前，学生一般已经受过力学、电学实验等的基本训练，这是做好光学实验的前提。当然，光学实验又具有它自身的特点。

实验与理论紧密联系是光学实验的突出特点。光的本质是电磁波，可见光频率为 10^{14}Hz，即在 10^{-9}s 的时间里，光扰动就有几十万次，而实验只能测定在观察时间内的平均结果，因此，在光学实验中必须应用理论知识来指导实践。如果不掌握基本理论，许多光学实验尤其是偏振、干涉等物理光学实验几乎无从做起，更无法对实验结果作详细的理论分析了。所以，要求实验者在实验前做好理论上的准备，实验过程中要尊重客观事实，详尽地考查各种条件下得到的现象，记录有关数据，认真思考，对实验结果作出理论上的分析和解释。这样不仅丰富了实验内容，也提高了做实验的趣味性，而且有助于巩固理论知识，加深对一些基本原理的探讨。光学仪器的精度一般都比较高，如 JJY 型分光计的角度能读到 1′；干涉仪的最小分度为 0.0001mm，这些仪器在使用前必须进行细致地调整和检验。如各光学元件共轴调节、分光计的调节、迈克尔逊干涉仪的调节等都是光学实验中有代表性的基本训练。

光学实验对实验者的实验素养要求较高。许多光学测量都是实验者通过对仪器的调整和对目标的观察与判断后进行读数的，实验者的理论基础、操作技能的高低都会影响测量结果的可靠性。因此实验者应该在实验中不断总结经验，提高实验素养，尽量排除假象和其他因素的干扰，力求实验结果客观而正确地反映实际。

一、光学仪器的使用与注意事项

光学仪器的核心部件是它的光学元件，如各种透镜、棱镜、反射镜、分划板等，它们的光学性能（表面光洁度、平面度、透过率等）都有一定的要求，而光学元件又是极易损坏的。所以对于初次接触的仪器，必须首先仔细了解它的结构、工作原理及性能等，防止使用不当造成不应有的损坏，以致影响教学工作的正常进行。

光学仪器一般都是比较精密的仪器，在使用时必须遵守下列规则：

（1）轻拿、轻放，勿使仪器受震，更要避免跌落到地面。各种元件使用完毕要放回原处。

（2）在任何时候都不能用手触摸元件的光学表面，只能接触经磨砂的毛面。

（3）不要对着光学元件说话、呵气等。

（4）光学表面有污垢或灰尘时，不要自行处理，应向教师说明，在教师的指导下操作，对未镀膜的光学表面可先用气球吹拂后，再用"镜头纸"擦拭。

（5）光学仪器的机械部分往往也是比较精密的，各旋钮和螺丝的转动要注意不能用力过猛，以免造成仪器的损坏。

二、光学实验中常用的光源

1. 白炽灯

白炽灯是根据热辐射原理制成的。一般照明用的钨丝白炽灯，灯丝通电加热到白炽状态发光，即可见光，同时产生大量的红外辐射和少量的紫外辐射。为了增加使用寿命须向抽成真空的灯泡内充入氩、氮等惰性气体，以抑制钨的蒸发。实验室用的白炽灯电源电压一般有 220V 和 6.3V 两种。

灯泡充入惰性气体后，灯丝温度可大大提高，不但能抑制钨的蒸发，同时还可提高光效、延长使用寿命。常见的碘钨灯、溴钨灯被当作强光光源，广泛用于摄影照明、电影放映机光源、投影仪、幻灯等。

2. 汞灯

汞灯是利用汞蒸气放电、发光而制成的灯的总称。按汞蒸气气压及用途的不同，可分为低压汞灯、低压水银荧光灯、高压汞灯、高压水银荧光灯和超高压汞灯。这里只介绍低压汞灯。

汞蒸气压强在一个大气压以内的汞灯，称为低压汞灯。在这个气压下工作的汞原子其共振辐射输出的波长都集中在 253.7nm 这条谱线上，一般只能作紫外光源用。当汞气压升高，低压汞灯在可见光区也有特征谱线辐射。汞辐射的可见光能量有一半以上集中在四条谱线上，它们是蓝线 435.9nm 和黄双线 577.0、579.1nm 以及绿线 546.1nm，均是实验室常用的复式单色光源。当需要使用其中某一波长的单色光时，可通过适当的滤色片或分光装置而获得。

汞灯从启动到正常工作需要一段预热、点燃时间，通常为 5～10min，而灯熄灭后严禁马上再启动，要待灯管冷却、汞蒸气凝结后才能点燃，冷却过程也需 5～10min。

需要指出的是，无论是低压汞灯还是高压汞灯，使用时都不能直接与电源相连。汞灯在常温下要有很高的电压才能点燃。灯管内充有辅助气体氖、氩等。通电后辅助气体首先被电离而放电，此后灯管温度得以升高，继而产生汞蒸气的弧光放电。在 220V 的电源电路中还要串联一个扼流圈，不同额定电流的灯需不同的扼流圈相匹配，不能混用。汞灯辐射紫外线比较强，使用时应避免直接注视。

3. 钠光灯

钠光灯是一种金属蒸气放电灯，按钠蒸气气压可分为低压钠光灯和高压钠光灯。物理实验多用低压钠光灯，它的光谱在可见光范围内，有两条强谱线 589.0nm 和 589.6nm，通常取它们的中心近似值 589.3nm 作为黄光的标准参考波长，许多光学常数以它作为基准，且其是物理光学实验的重要光源。钠光灯工作时需通电后经 10～15min 预热才能正常工作。

4. 氦-氖激光器

激光是一种亮度高、单色性好、方向性强、相干性好的比较理想的光源。激光是激活物质受激辐射而发光的。

氦-氖激光器的工作物质为氖，辅助气体是氦，输出光的波长主要有 632.8nm、1.15μm 和 3.39μm 三种，它在激光导向、准直、测距和全息照相等许多方面都有应用。普通物理实验所使用的氦-氖激光器多为内腔式，其谐振腔长约 250mm，放电管直径为 1mm 左右，储气套直径约为 45mm，可连续输出波长为 632.8nm 的单色红光。

第四章 实 验 项 目

实验 1 固体密度的测定

一、实验目的
（1）学习并掌握游标卡尺、螺旋测微器、电子天平的使用方法。
（2）掌握一种测定规则形状物体密度的方法。
（3）掌握仪器的读数规则以及数据处理的方法。

二、实验原理

固体密度等于其质量与体积之比，即 $\rho = \dfrac{M}{V}$。对于一直径为 d、高为 h 的固体圆柱来说，其密度为

$$\rho = \frac{4M}{\pi d^2 h} \tag{4-1}$$

由于固体圆柱加工精密程度有限，因而在圆柱的不同位置上其高度及直径都不尽相同，物体形状的不规则性给圆柱的直径和高度的测量带来了较大的误差，为减小直径及高度测量的偶然误差，应对直径和高度进行多次测量。

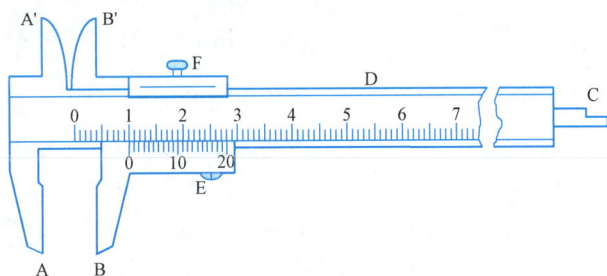

图 4-1 游标卡尺的外形

三、实验仪器
实验仪器包括游标卡尺、螺旋测微器、电子天平、金属圆柱及其他样品。

1. 游标卡尺

为了使米尺的测量更准确，在米尺上附加一个能滑动的有刻度的小尺——游标，这样的装置称为游标卡尺。游标卡尺是常用的长度测量工具，利用它能更精密地测量长度，还能测量圆柱内、外径以及孔深等。

游标卡尺的外形如图 4-1 所示。它主要由两部分构成：与量爪 A、A′相连的主尺 D 和与量爪 B、B′以及深度尺 C 相连的游标 E，游标可紧贴主尺滑动。量爪 A、B 用来测量厚度和外径，量爪 A′、B′用来测量内径，C 用来测量深度。它们的读数值由主尺 0 刻度线与游标 0 刻度线之间的距离表示出来，F 为固定螺钉。

通常游标上标有 10、20、50 三种不同分度。我们以 10 分度的游标（十分游标）为例，说明其测量原理。

如图 4-2 所示，游标上 10 个分度的长度与主尺上 9 个分度的长度相同。这样，主尺每个分度与游标每个分度的长度差为 0.1mm（主尺一个分度长为 1mm）。在测量物体长度时，将物体放在量爪 A、B 之间，并用 A、B 轻轻夹住物体，这时游标上 0 刻度线在主尺上指示的数值即为被测物体长度，如图 4-3 所示。根据游标零线位置，首先可以在主尺上读出毫米长的整数倍，如图 4-3 上所示是 26mm，其余不足一个分度的部分 Δl 借助游标来读，游标上第六条刻线与主尺某条刻线对齐，根据游标分度与主尺分度之间的关系，可以得出：$\Delta l = 6 \times 1/10 = 0.6$mm，被测物体长度为 26.6mm。由于毫米以下这一位是准确的，因此根据游标卡尺读数的一般规则，测量值的不确定度应为最小分度值的 $1/\sqrt{3}$，因而物体长度测量结果应为（26.60 ± 0.06）mm，测量值最后加的"0"是表示读数误差出现在这一位上。如果在测量时无法判定游标上相邻两条刻线中哪一条与主尺刻线更接近些，则最后一位可估读为"5"，而不是"0"。如图 4-4 所示结果为（10.45 ± 0.06）mm。显然，利用游标卡尺进行测量，毫米下一位可准确读出，而不必估计，从而提高了测量精度，减小了测量不确定度。

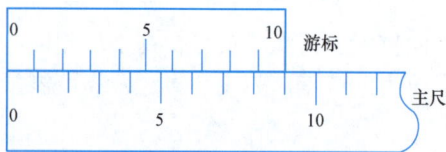

图 4-2   游标与主尺的关系

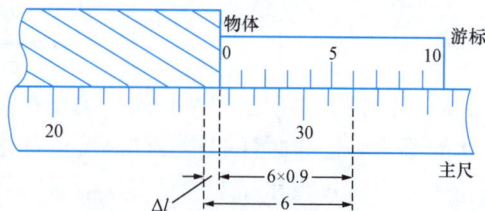

图 4-3   游标的正确读数（一）

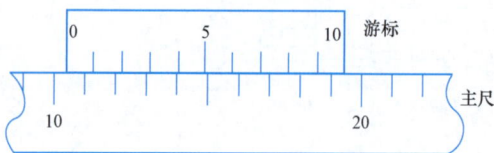

图 4-4   游标的正确读数（二）

其他 20 分度、50 分度游标的测量原理与 10 分度游标大致相同。如果用 m 表示游标上的分度数，用 x 表示主尺上每个分度的长度，用 y 表示游标上每个分度的长度，则有（$m-1)x=my$，这样，主尺上每个分度与游标上每个分度的长度差为

$$x - y = \frac{1}{m}x \qquad (4-2)$$

在测量时，如果游标第 k 条刻度线与主尺上某一刻线对齐，则游标上 0 刻度线与主尺上左边相邻刻线的距离就是

$$\Delta x = kx - ky = k(x-y) = k\frac{x}{m} \qquad (4-3)$$

我们将 x/m 叫做游标卡尺的最小分度值（在尺上都有标定），m 数越大，测量不确定度越小，测量结果越精密。

游标卡尺使用注意事项包括：

（1）用游标卡尺测量之前，应先将爪 A、B 合拢，检查游标 0 刻度线与主尺 0 刻度线是否对齐，如不对齐，应测出零点读数 h_0。h_0 可为正，也可为负。

（2）测量时要注意保护量爪不被磨损，使用时轻轻将物体卡住即可，不允许用游标卡尺测量粗糙物体，切忌将被夹物体在卡内挪动。

（3）当需要将被测物体取下读数时，应先旋紧固定螺丝，而当需要移动游标时，应将固定螺丝放松。

2. 螺旋测微器（千分尺）

螺旋测微器是比游标卡尺更精密的长度测量仪器，其外形如图 4-5 所示。它主要是由一个微动螺杆和螺母套管所组成，螺距是 0.5mm。当螺杆旋转一周时它就会在螺母套管内沿轴线方向前进或后退 0.5mm，螺杆是和螺柄相连的，在柄上沿圆周均匀刻有 50 个刻度（微分筒），当微分筒转过一个分度时，微动螺杆就会前进或后退 $1/50 \times 0.5 = 0.01$mm 。

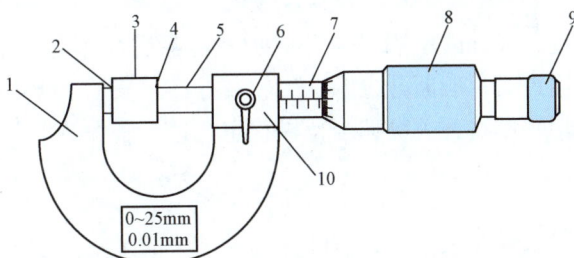

图 4-5 螺旋测微器外形

1—尺架；2、4—测量面；3—待测物体；5—微动螺杆；

6—锁紧装置；7—固定套管；8—微分筒；9—棘轮；10—螺母套管

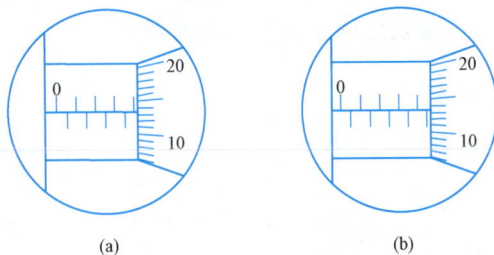

图 4-6 螺旋测微器的读数

测量物体长度时，应先将微动螺杆推开，将待测物体放在两测量工作面 2 与 4 之间，使测量面刚好与物体接触，这时在固定套管标尺上以及微分筒上的读数，即为物体的长度。固定标尺每格是 0.5mm，不足 0.5mm 的部分由微分筒上刻度读出。如图 4-6（a）和图 4-6（b）所示，其读数分别为 4.135mm 和 4.635mm。

使用螺旋测微器测量长度时应注意：

（1）校正零点。零点读数就是指两测量面 2、4 刚好接触时固定标尺及微分筒上的读数。

（2）为了保证测量面对被测物体压力一定以及减少螺纹的磨损，在校正零点或夹紧待测物体时，应轻轻转动螺旋测微器尾端的棘轮使螺杆前进，当听到棘轮发出"咔""咔"响声时，立即停止转动而进行读数。

（3）当需要将被测物体取下计数时，可掰动锁紧装置，而读数之后，将锁紧装置恢复原位。

（4）测量结束后，应使两测量面之间留有一定间隙，以防止受热膨胀时损坏螺纹。

3. 电子天平

BS 系列电子天平采用新型双杠杆单体传感器，减少了 70%以上的零部件，加上优异的数字化技术，设计可靠、经久耐用。它具有精确性高、响应速度快、读数显示稳定、温度影响小、使用方便等特点。

我们使用的 BS223S 电子天平主要技术指标如下：最大量程为 220g，可读性为 0.001g，去皮范围为–220～0g，重复性（标准偏差）小于或等于±0.001g，响应时间小于或等于 1.5s，工作温度为 10～30℃，外形尺寸为 204mm×297mm×332mm。

电子天平操作程序如下：

（1）调水平：调整地角螺栓高度，使水平仪内空气气泡位于圆环中央。

（2）开机：接通电源，按开关键直至全屏自检。

（3）预热：天平在初次接通电源或长时间断电之后，至少需要预热 30min。

（4）校正：首次使用天平必须进行校正，按校正键（CAL），电子天平将显示所需校正砝码质量，放上砝码直至出现 g，校正结束。有的天平自动进行内部校准直至出现 g，校正结束。

（5）称量：使用去皮键（Tare），除皮清零，放置样品进行称量。

（6）关机：天平使用过后，应断开电源，用软布擦净，安放于干燥处。若天平暂时不使用，但在 24h 内还要使用，应将开关键调至待机状态，使天平保持保温状态，这样可延长天平使用寿命。

四、实验内容

（1）用游标卡尺分别测量 2 个不同金属圆柱的高度，要求采用多次测量，在不同的位置测量 8 次。

（2）用螺旋测微器分别测量 2 个不同金属圆柱的直径，要求采用多次测量，在不同的位置测量 8 次。

（3）用电子天平分别测量 2 个不同金属圆柱的质量。

测量长度的原始数据表见表 4-1。

表 4-1　　　　　　　　　　　　　测量长度的原始数据表

项目	1	2	3	4	5	6	7	8	零点读数	精度
高 h_1(mm)										
高 h_2(mm)										
直径 d_1(mm)										
直径 d_2(mm)										

质量的测量：$M_1=$　　　$M_2=$

（4）用公式（4-1）分别计算出 2 个不同金属圆柱体的密度，并求出测量不确定度，写出完整的测量结果。数据处理时所采用的公式

$$\overline{h}=\frac{1}{8}\sum_{i=1}^{8}h_i \qquad \overline{d}=\frac{1}{8}\sum_{i=1}^{8}d_i$$

$$s_{\overline{h}}=\sqrt{\frac{\sum_{i=1}^{8}(h_i-\overline{h})^2}{8\times7}} \qquad s_{\overline{d}}=\sqrt{\frac{\sum_{i=1}^{8}(d_i-\overline{d})^2}{8\times7}}$$

$$u_h = \frac{1}{\sqrt{3}}\Delta \qquad u_d = \frac{1}{3}\Delta$$

$$U_h = \sqrt{s_h^2 + u_h^2} \qquad U_d = \sqrt{s_d^2 + u_d^2}$$

$$\rho = \frac{4M}{\pi d^2 h}$$

$$E_\rho = \frac{U_\rho}{\rho} = \sqrt{\left(\frac{U_M}{M}\right)^2 + \left(2\frac{U_d}{d}\right)^2 + \left(\frac{U_h}{h}\right)^2}$$

$$U_\rho = \rho E_\rho$$

（5）*测量其他规则形状物体的密度，实验步骤自拟，原始数据表格自行设计。

五、思考题

（1）使用游标时（各式游标，包括直游标、圆游标），如何了解它的精度（即最小分度值）？

（2）在游标卡尺上读数时，从尺上何处读出被测量的毫米整数位？如何得出不足 1mm 的小数？

（3）一般螺旋测微器的螺距是多少？螺母套管周边分成多少格？活动套管每转一格时，微动螺杆移动多少毫米？

（4）螺旋测微器上的棘轮有何用处？测量时不用棘轮是否可以？为什么？

（5）怎样判断螺旋测微器零点读数的符号？

（6）若在本实验中，圆柱的高度和直径都用米尺来测量，其结果会如何？通过做本实验，你对如何正确选择实验仪器的问题有何体会？

实验 2 用"气轨"验证牛顿第二定律及动量守恒定律

一、实验目的

（1）熟悉气轨的调整及光电计时器的使用。

（2）掌握一种验证牛顿第二定律及动量守恒定律的方法。

二、实验原理

气轨是利用气垫原理进行力学实验的装置，如图 4-7 所示。它的主体是一根平直、光滑的空心导轨，在导轨表面上均匀地打有许多规则排列的小气孔。导轨上方放着作为实验研究对象的滑行物体——滑块，滑块下方的形状与导轨表面完全吻合。当向导轨内腔注入压缩空气时，气流从导轨上的小孔中高速喷出，在滑块与导轨之间形成气膜将滑块浮起，使滑块在导轨上的运动避免了机械摩擦，而做近似于无摩擦的运动。

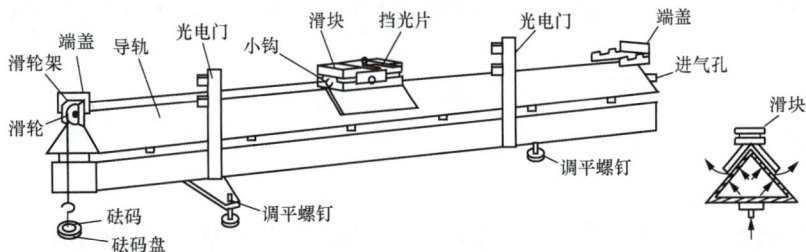

图 4-7 气轨装置

本实验采用光电计时器与气轨配套。在导轨上装有光电门，滑块上装有挡光片，如图 4-8 所示。当滑块通过光电门时，由于挡光片的切光作用，计数器上将显示出滑块通过挡光片的计时宽度 d 所用的时间。

（1）加速度测量：如果滑块在气轨上做匀加速运动，分别测出滑块通过相距为 S 的两个光电门所用的时间 t_1、t_2，则滑块通过两光电门的即时速度为

$$v_1 = \frac{d}{t_1}, \quad v_2 = \frac{d}{t_2} \tag{4-4}$$

加速度为

$$a = \frac{v_2^2 - v_1^2}{2S} \tag{4-5}$$

（2）验证牛顿第二定律：牛顿第二定律指明，物体系统的加速度 a 与它所受的合外力 F 成正比，与它自身的质量 M 成反比，加速度方向与外力方向相同，即

$$F = Ma$$
$$a = \frac{F}{M} \tag{4-6}$$

为了验证这个定律，在调平的气轨上作如下安排：将砝码盘用细线跨过滑轮与滑块的一端相连，此时滑块与砝码盘组成的系统将在外力 $F = mg$ 的作用下作匀加速运动，如图 4-9 所示。设滑块上的总质量为 m'，砝码盘和盘上砝码的总质量为 m，忽略空气阻力，则根据牛顿第二定律，有

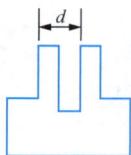

图 4-8　挡光片

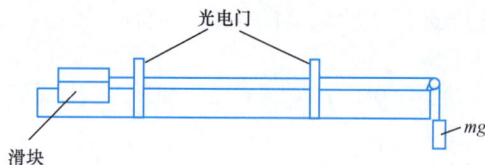

图 4-9　验证牛顿第二定律图

$$a = \frac{m}{m' + m} g = \frac{m}{M} g$$

或者

$$\frac{a}{mg} = \frac{1}{M} \tag{4-7}$$

如果保持 $M = m' + m$ 不变，逐次改变砝码盘上总质量 m，测得相应加速度满足 $a \propto mg$，或者改变滑块上的总质量 m'，保持砝码盘上总质量 m 不变，测得相应加速度满足 $a \propto \dfrac{1}{m' + m}$，则牛顿第二定律得以验证（请考虑在实验中如何保证 m 改变而系统总质量 $M = m' + m$ 不变）。

（3）验证动量守恒定律：对于某一力学系统，如果它所受到的合力为零，则系统的总动量将保持不变，这就是动量守恒定律，即

若 $\sum F_i = 0$，则 $\sum M_i v_i =$ 恒矢量。

如果系统所受合外力不为零，但只要合外力在某方向的分量为零，则物体系的动量在该方向的分量将保持守恒，即若 $\sum F_{ix} = 0$，则 $\sum M_i v_{ix} =$ 恒量。

本实验是利用气轨上两滑块的碰撞来验证动量守恒定律。如图4-10所示，如果忽略滑块与导轨之间的摩擦力，则滑块1与滑块2在碰撞时除了受到相互作用的内力之外，水平方向将不受其他力，因而碰撞前、后水平方向的总动量将保持不变。如用 M_1、M_2 分别表示两滑块的质量，以 v_{11}、v_{21} 及 v_{12}、v_{22} 分别表示它们碰撞前、后的速度，则由动量守恒定律可得

$$M_1 v_{11} + M_2 v_{21} = M_1 v_{12} + M_2 v_{22} \qquad (4\text{-}8)$$

图4-10 验证动量守恒定律

本实验就下述两种情况进行验证

1）弹性碰撞：两滑行器在相碰端装有弹性碰撞器，它们相碰时可看作是完全弹性碰撞。

当两滑块质量相同时，即 $M_1 = M_2 = M$，并令滑块1碰撞前静止不动，即 $v_{11} = 0$，当滑块2以速度 v_{21} 与之相碰后，将得到 $v_{12} = v_{21}$，$v_{22} = 0$ 的结果，即两滑块碰撞前、后速度互相交换。

若两滑块质量不等，仍令 $v_{11} = 0$，则可得

$$M_2 v_{21} = M_1 v_{12} + M_2 v_{22}$$

2）完全非弹性碰撞：两滑块相碰端装上非弹性碰撞器，它们相碰后可连在一起运动，这种碰撞可看作是完全非弹性碰撞。

当两滑块质量相等时，令 $v_{11} = 0$，则相碰后有 $v_{12} = v_{22} = \dfrac{1}{2} v_{21}$。

若 $v_{11} \neq 0$，但 v_{11}、v_{21} 方向一致，则有 $v_{12} = v_{22} = \dfrac{1}{2}(v_{11} + v_{21})$。

如果两滑块质量不等，且 $v_{11} = 0$，则有 $M_2 v_{21} = (M_1 + M_2)v$。

三、实验仪器

实验仪器包括气轨、MUJ-ⅡB计算机通用计数器、滑块、砝码盘、砝码、配重块、弹性与非弹性碰撞器。

MUJ-ⅡB计算机通用计数器使用方法：本机采用单片微处理器程序化控制，除了具有计时器功能外，还具有将所测时间直接转换为速度、加速度的功能。本机还具有记忆存储功能，可记忆多组实验数据。本机只设置三个操作键，同时设置可转换的七种功能。

三个操作键功能：

（1）功能选择复位键：用于七种功能的选择及取消显示数据、复位。当光电门未遮光时，每按键一次，就转换一种功能；当光电门遮光后，按键则清零复位。

（2）数值转换键：用于挡光片宽度设定、简谐运动周期的设定、测量单位的转换。按下数值转换键时间大于1.5s，将依次显示不同的挡光片宽度值（1.0、3.0、5.0、10.0cm），在所选定的挡光片宽度显示后放开此键即选定（当功能选择周期时，可按上述方法选定所需要的周期数值）。

（3）数值提取键：用以提取已存入的实验数据。

四、实验内容

1. 验证牛顿第二定律

（1）调整气轨水平：将导轨通气，将滑块放在导轨上（当气轨没通气时，不可将滑块放在导轨上，以免将导轨表面磨损），调节支点螺钉，直至滑块在实验段内保持不动或稍有滑动，

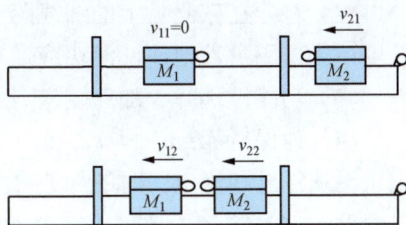

但不是总向一个方向滑行，即可认为基本调平，这叫做静态调平。也可用动态调平方法，如果滑块通过两光电门的时间 $\Delta t_1 = \Delta t_2$，此时也可视为导轨调平。

（2）将拴在砝码盘上的细线跨过滑轮并穿过端盖上的小孔后挂在滑块上。注意调节细线长度，当砝码盘着地前，滑块应通过靠近滑轮一侧的光电门。

（3）功能键选择"加速度"，挡光片宽度为 1.0cm，按动转换键读取加速度。

（4）为保持 $M=m' + m$ 不变，将砝码全部放在滑块上。首先让滑块在托盘重力下运动，记录滑块经过两光电门时的加速度（取数键将分别显示数据 1××××为通过第一个光电门时速度，2××××为通过第二个光电门时速度，1-2××××为加速度值），为减小测量误差，本步骤可采用多次测量。

（5）逐次将砝码移到砝码盘中，按上述方法分别测出不同重力作用下滑块通过两光电门的加速度（5 个砝码与砝码盘质量均为 5g）。

（6）逐次增加滑块质量，在同一重力作用下，分别测量其运动加速度，每种条件测三次。

（7）用天平测量滑块及配重块质量。

（8）列表表示测量结果，并用坐标纸绘制 a-F 图和 a-M 图。分析结果及误差。

2．验证动量守恒定律

（1）将导轨调成水平状态。

（2）将两质量相同的滑块的碰撞端装好弹性碰撞器，滑块 1 静止放在两光电门之间，给滑块 2 一定的初速度，使它们相碰，如图 4-10 所示。测量碰撞前、后两滑块的速度，重复测量 5 次。

（3）在滑块 2 上加两片配重块，重复上述步骤。

（4）将两相同质量的滑块的碰撞端装好非弹性碰撞器，滑块 1 静止放在两光电门之间，给滑块 2 一定的初速度，使它们相碰。测量碰撞前、后两滑块的速度，重复测量 5 次。

（5）在滑块 2 上加两片配重块，重复上述步骤。

（6）用天平测量滑块及配重块的质量。

（7）对测量结果进行总结和分析。

验证牛顿第二定律实验数据表见表 4-2、表 4-3。

表 4-2　　　　　　　　　　不同外力下加速度测量数据表

$M =$

m(g)	a_1(cm/s^2)	a_2(cm/s^2)	a_3(cm/s^2)	$\bar{a}$ (cm/s^2)

表 4-3　　　　　　　　相同外力下物体质量与加速度测量数据表

$m=$

$M(g)$	$a_1(cm/s^2)$	$a_2(cm/s^2)$	$a_3(cm/s^2)$	$\bar{a}\,(cm/s^2)$

验证动量守恒定律实验数据表见表 4-4～表 4-7。

（1）弹性碰撞实验数据表。

表 4-4　相同质量时弹性碰撞实验数据表

$M_1=M_2=$

序号	$v_{21}(cm/s)$	$v_{12}(cm/s)$	$v_{22}(cm/s)$
1			
2			
3			
4			
5			
6			

表 4-5　不同质量时弹性碰撞实验数据表

$M_1=$　，$M_2=$

序号	$v_{21}(cm/s)$	$v_{12}(cm/s)$	$v_{22}(cm/s)$
1			
2			
3			
4			
5			
6			

（2）完全非弹性碰撞实验数据表。

表 4-6　相同质量时完全非弹性碰撞实验数据表

$M_1=M_2=$

序号	$v_{21}(cm/s)$	$v_{12}(cm/s)$	$v_{22}(cm/s)$
1			
2			
3			
4			
5			
6			

表 4-7　不同质量时完全非弹性碰撞实验数据表

$M_1=$　，$M_2=$

序号	$v_{21}(cm/s)$	$v_{12}(cm/s)$	$v_{22}(cm/s)$
1			
2			
3			
4			
5			
6			

五、思考题

（1）实验开始时，如果未将导轨充分调平，得到的 a-F 图应是怎样的？对验证牛顿第二定律将有何影响？

（2）实验所得 a-F 图线与理论值相同吗？如果不同，试分析原因。

（3）如果碰撞后测得的动量总是小于碰撞前测得的，则说明什么问题？能否出现碰撞后测得的动量大于碰撞前测得的动量呢？

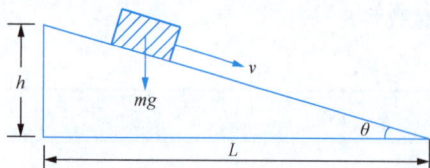

图 4-11　测量重力加速度原理图

六、设计性实验——用气轨测量重力加速度

若将气轨的一端用垫块垫高，则气轨表面成斜面状，如图 4-11 所示。物体（滑块）沿斜面运动将满足公式（忽略摩擦力）

$$mg \sin \theta = ma \qquad (4-9)$$

当角 θ 很小时

$$\sin \theta \approx \frac{h}{L} \qquad (4-10)$$

所以得

$$g = \frac{aL}{h} \qquad (4-11)$$

如能测出 a、L、h，重力加速度 g 便可求出。

请根据上述原理写出实验所需仪器及实验步骤，设计实验数据表格，并分析为了减小实验误差应采取哪些具体的措施。

实验 3　用拉伸法测固体的杨氏模量

实验 3　数字资源

杨氏模量是描述固体材料抵抗形变能力的重要物理量，是选定机械构件材料的依据之一，是工程技术中常用的参数。

我国是世界文明古国，勤劳智慧的中国人民对合理利用各种材料制造各种器械和建筑物具有丰富的知识。很早之前我们就有闻名于世的长城、大运河等工程，特别是世界上现存跨度最大、保存最完整的单孔坦弧敞肩石拱桥——河北赵州桥。其地基采用当地盛产的青白色砂石，根据石料耐压不耐拉特性，其建造工艺独特，在世界桥梁史上首创"敞肩拱"结构形式。我国很早就利用抗拉性能好的材料建造悬索桥，如红军长征时强渡的大渡河泸定桥，就是 1696 年建造的当时世界上第一座长达百米的铁索桥。"中国速度"最近每每登上热搜，无论是求解最高达 76 光子的高斯玻色采样问题的"九章"光量子计算原型机，还是 43h 的北京三元桥换新工程，无不展现着我国科技的进步和建筑业的发展。

本实验提供的测量微小长度的方法——光杠杆法（又称为镜尺法）被广泛地应用在测量技术中，光杠杆法的装置还被许多高灵敏度的测量仪器（如冲击电流计、光点检流计等）所采用。

在测量数据的处理上，本实验使用一种常用的方法——逐差法。

一、实验目的

（1）学会用拉伸法测定钢丝的杨氏模量。

（2）掌握用光杠杆法测量微小伸长量的原理。

（3）学会用逐差法处理数据。

二、实验原理

1. 杨氏模量

胡克定律指出，在弹性限度内，弹性体的应力和应变成正比。设一长为 l，横截面积为 S 的金属棒，在外力的作用下伸长了 Δl，则有

$$\frac{F}{S} = E\frac{\Delta l}{l} \tag{4-12}$$

定义 $E = \dfrac{F}{S} \Big/ \dfrac{\Delta l}{l}\ (\mathrm{N/m^2})$ 为杨氏模量。

杨氏模量是表征固体性质的物理量，它只取决于材料的性质，而与物体的长度、横截面积无关。为了测量方便，一般都将待测材料加工成细丝用以进行杨氏模量的测定。显然，只要测出 F、S、l、Δl 四个量，杨氏模量便可算出。对于 F、S、l 三个量测量比较方便，而 Δl 是一个非常小的长度量，用一般的长度测量工具测量既不方便又不准确，为此我们采用一种特殊的方法——光杠杆法来测定 Δl。

2. 光杠杆法原理

（1）装置：图 4-12 为杨氏模量实验装置示意图。A、B 为金属丝两端螺丝夹，在 B 的下端挂有砝码托盘，B 刚好在平台 C 的圆孔中通过。当调整仪器底部螺丝 H 使平台 C 水平后（通过平台上的水准仪观察），B 可随着金属丝的伸缩在 C 的孔中自由地上、下移动。G 为光杠杆，它是将一平面镜固定在一丁字架上，支架的刀片式前足放在平台 C 上的固定位置，后尖足放在 B 上紧靠金属丝处（丁字架的长度可适当调整）。

尺读望远镜 P 安放在另一小支架上，望远镜水平地对准平面镜 G，从望远镜中可以看到竖尺 E 由平面镜反射的像。利用望远镜中的叉丝，可以测出尺像的数值，并可用于测量距离。

（2）测量原理：如图 4-13 所示，当金属丝受力伸长 Δl 时，光杠杆后足也随之下降 Δl，而前足维持不变，平面镜便转过角 θ，则有

$$\tan\theta = \frac{\Delta l}{D} \tag{4-13}$$

当 θ 较小时（即 $\Delta l \ll D$），有

$$\theta \approx \frac{\Delta l}{D} \tag{4-14}$$

若望远镜中的叉丝原来对准竖尺上的刻度 r_0，平面镜转过 θ 角后，根据光的反射定律，反射线将转过 2θ，此时叉丝对准新的刻度 r_i，则有

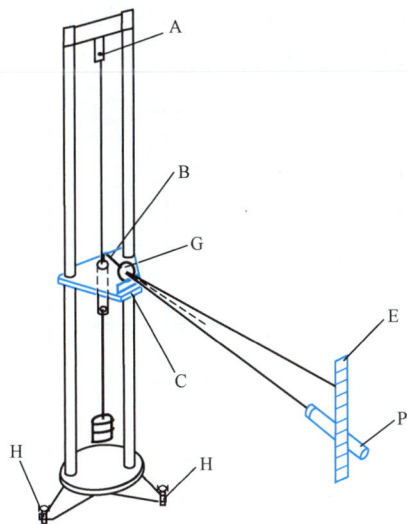

图 4-12　杨氏模量实验装置示意图

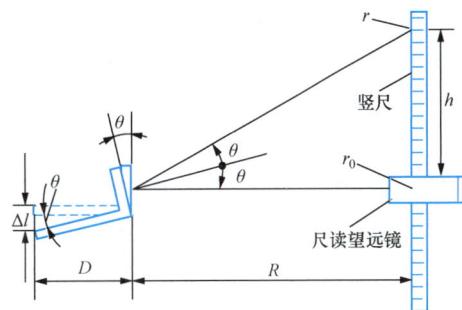

图 4-13　光杠杆法原理图

$$\tan 2\theta = \frac{r_i - r_0}{R} \tag{4-15}$$

同样，当 θ 较小时（$r-r_0 \ll R$），有

$$2\theta \approx \frac{r_i - r_0}{R} \tag{4-16}$$

由式（4-14）、式（4-16）两式可得

$$\Delta l = \frac{D(r_i - r_0)}{2R} \tag{4-17}$$

由此可见，光杠杆的作用在于将微小的 Δl 放大为竖尺上的位移 $\Delta r_i = r_i - r_0$，通过测量 r、D、R 这些比较容易测量的量来间接地测出 Δl。

利用式（4-17）以及 $S=\dfrac{1}{4}\pi d^2$（d 为金属丝直径）和杨氏模量的定义式可得

$$E = \frac{8FlR}{\pi d^2 D(r_i - r_0)} \tag{4-18}$$

三、实验仪器

实验仪器包括杨氏模量测量仪一套（包括测量架、光杠杆、尺读望远镜、砝码）、钢卷尺、游标卡尺、螺旋测微器。

尺读望远镜与光杠杆结构如图 4-14 所示。

四、实验内容

（1）调节仪器。

1）调节测量架底脚螺丝，使测量架铅直。

2）将尺读望远镜放在光杠杆镜前 2m 处，调节望远镜与平面镜大致等高，调节标尺与平面镜镜面均竖直，望远镜水平对准平面镜。

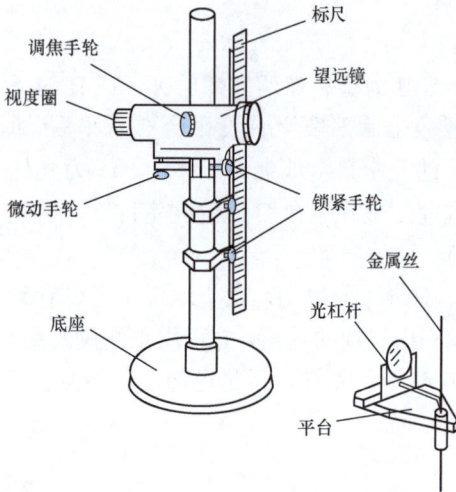

图 4-14　尺读望远镜与光杠杆结构

3）调节望远镜目镜，使分划板刻线清晰。调整望远镜左、右位置及望远镜微动手轮，使从望远镜中能看到标尺的像。

4）调节望远镜调焦手轮，使标尺成像清晰。

（2）测量钢丝伸长。仪器调整好后先放上一个砝码，从望远镜中读出 r_1，并在砝码托上逐次增加砝码，从望远镜中读出对应的 r_i（共加偶数个砝码）；然后将所加砝码逐次去掉，并记下对应的 r_i'。

（3）测量望远镜中的视距丝之差。在望远镜中读出上、下视距丝之间读数差 ΔK，见图 4-15。为读 ΔK 方便，可调望远镜上微动手轮，使某一视距丝正好与标尺上某一刻度线对齐。然后可用公式

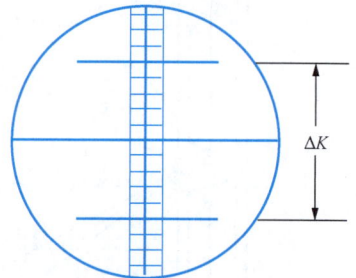

图 4-15　望远镜中的视距差

$$R = \frac{100\Delta K}{2} \tag{4-19}$$

计算出望远镜光心到光杠杆小镜面之间的距离 R。

（4）用米尺测量金属丝被拉伸部分长 l，用游标卡尺测量光杠杆杆长 D，用螺旋测微器测量金属丝直径 d（要在金属丝不同部位、不同方向多次测量）。

🔊 **注 意**

在光杠杆和望远镜调整好后，整个实验过程中要防止各部分位置的变动，增减砝码时要轻拿轻放。要注意维护金属丝的平直状态，在用螺旋测微器测量直径时勿将金属丝扭折。

（5）利用逐差法（见第二章第六节）计算 $\Delta r = \dfrac{2}{N}\sum\limits_{i=1}^{N/2}(r_{i+N/2}-r_i)$（$i=1$，2，…，$\dfrac{N}{2}$），这里 N 为偶数，是测量的次数，并由式（4-18）计算出杨氏模量 E。用拉伸法测量杨氏模量原始数据表见表 4-8。

表 4-8　　　　　　　　　　　　　**用拉伸法测量杨氏模量原始数据表**

$\Delta K=$　　，$l=$　　，$D=$

钢 丝 伸 长 量 测 量			钢丝直径测量
砝码质量 m_i(g)	直尺读数（cm）		d (cm)
	拉伸 r_i	恢复 r_i'	

五、思考题

（1）如何较迅速地调整标尺进入望远镜中？

（2）如 r_0 不是与望远镜等高处标尺的刻度，则说明什么问题？应如何调整？

（3）在实验之初，如果钢丝有些弯曲、中途钢丝从夹头上滑脱少许或碰动了望远镜等，将对实验有何影响？如何从数据中发现这些问题？

实验 4　用弹簧振子研究谐振动

一、实验目的

（1）验证胡克定律，测量弹簧的劲度系数。

（2）测量弹簧振子的振动周期。

（3）验证弹簧作简谐振动时有效质量与实际质量的关系。

实验 4　数字资源

二、实验原理

（1）弹簧在外力作用下将产生形变（伸长或缩短）。由胡克定律可知，在弹性限度内外力 F 和它的变形量 Δy 成正比，即

$$F = k\Delta y \tag{4-20}$$

式中，k 为弹簧的劲度系数，它取决于弹簧的形状、材料的性质。通过测量 F 和 Δy 的对应关系，就可由式（4-20）得出弹簧的劲度系数 k。

（2）将质量为 M 的物体挂在垂直悬挂于固定支架上的弹簧的下端，可构成一个弹簧振子，若物体在外力作用下（如用手下拉或向上托）离开平衡位置少许，然后释放，则物体就会在平衡位置附近做简谐振动，在不考虑弹簧自身的质量时，简谐振动的振动周期为

$$T = 2\pi\sqrt{\frac{M}{k}} \qquad (4\text{-}21)$$

如果考虑弹簧本身的质量 M_0，则弹簧物体系的振动周期为

$$T = 2\pi\sqrt{\frac{M + PM_0}{k}} \qquad (4\text{-}22)$$

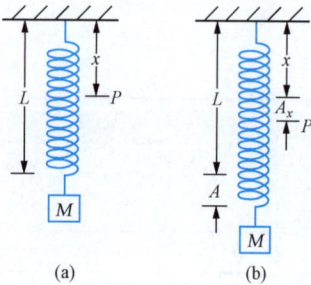

图 4-16　弹簧振子

式中，P 是待定系数，理论证明它的值近似为 1/3，M_0 是弹簧本身的质量，而 PM_0 被称为弹簧的有效质量。通过测量弹簧振子的振动周期 T 和劲度系数 k，就可由式（4-22）得出弹簧的有效质量 PM_0。

（3）设一弹簧下端悬挂重物 M，静止时弹簧长为 L，弹簧上任一点 P 到顶点的距离为 x，如图 4-16（a）所示，当重物在铅直方向振动的某一时刻速度为 v 时，弹簧下端的运动速度也是 v，弹簧上端的速度为 0，而弹簧上任一点 P 的速度为 v_x。令 A、ω 代表弹簧下端重物的振动振幅和频率，A_x、ω_x 代表弹簧上 P 点的振动振幅和频率，如图 4-16（b）所示，则

$$v_x = -\omega_x A_x \sin(\omega_x t + \phi_x) \qquad (4\text{-}23)$$
$$v = -\omega A \sin(\omega t + \phi) \qquad (4\text{-}24)$$

因为是同一弹簧，故 $\omega_x = \omega$，$\phi_x = \phi$，将上式（4-23）与式（4-24）相除得

$$\frac{v_x}{v} = \frac{A_x}{A} \qquad (4\text{-}25)$$

如果弹簧的张力各处相等，则有

$$\frac{A_x}{A} = \frac{x}{L} \qquad (4\text{-}26)$$

将式（4-26）代入式（4-25）中可得

$$v_x = \frac{x}{L}v \qquad (4\text{-}27)$$

令 ρ 代表弹簧每单位长度的质量，则振动系统的总动能为

$$\begin{aligned}
E_k &= \frac{1}{2}Mv^2 + \int_0^L \frac{1}{2}(\rho \mathrm{d}x)v_x^2 \\
&= \frac{1}{2}Mv^2 + \frac{\rho}{2}\int_0^L \left(\frac{x}{L}v\right)^2 \mathrm{d}x \\
&= \frac{1}{2}Mv^2 + \frac{\rho v^2}{2L^2}\int_0^L x^2 \mathrm{d}x \\
&= \frac{1}{2}Mv^2 + \frac{1}{6}\rho L v^2 \\
&= \frac{1}{2}\left(M + \frac{1}{3}M_0\right)v^2
\end{aligned} \qquad (4\text{-}28)$$

式中，M_0 为弹簧的实际质量。由此看出，弹簧本身的质量在其作简谐振动时相当于在其下端附加一个 1/3 弹簧质量的重物。

三、实验仪器

实验仪器包括新型焦利秤、计数计时器、霍尔开关传感器、砝码组、精密天平。

四、实验内容

1. 测量弹簧的劲度系数 k

（1）调节新型焦利秤底板的三个水平调节螺丝，使重锤尖端对准重锤基准的尖端。

（2）在主尺顶部安装弹簧，再依次挂入吊钩、初始砝码，使小指针被夹在两个初始砝码中间，下方的初始砝码通过吊钩和金属丝连接砝码托盘，这时弹簧已被拉伸一段距离。

（3）调整小游标的高度使小游标左侧的基准刻线大致对准指针，锁紧固定小游标的锁紧螺钉，然后调整视差，先让指针与镜子中的虚像重合，再调节小游标上的调节螺母，使得小游标上的基准刻线在观察者的视差已被调整好的情况下被指针挡住，通过主尺和游标尺读出读数（读数原理和方法与游标卡尺相同）。

（4）先在砝码托盘中放入 1.00g 砝码，然后再重复实验步骤（3），读出此时指针所在的位置值。先后放入 10 个 1.00g 砝码，通过主尺和游标尺依次读出每个砝码被放入后弹簧拉伸时小指针的位置 y_1，再依次将这 10 个砝码取下托盘，记下弹簧恢复时对应的位置值 y_2。

（5）采用逐差法，根据每次放入或取下砝码时弹簧所受的重力，求出对应的拉伸值，从而由式（4-20）求出弹簧的劲度系数。

2. 测量弹簧简谐振动的周期 T

（1）取下弹簧下的砝码托盘、吊钩和校准砝码、指针，挂入 20g 铁砝码，铁砝码下吸有磁钢片（磁极需正确摆放，否则不能使霍尔开关传感器导通）。

（2）将霍尔开关传感器由两个锁紧螺丝固定在游标尺的侧面，打开计数计时器。

（3）调整霍尔开关传感器与弹簧铅垂线的位置，使砝码上的磁钢片与霍尔开关传感器正面对准，并调整小游标的高度，以使小磁钢在振动过程中能触发霍尔开关传感器，当传感器被触发时，仪器板面上的发光二极管将闪烁。

（4）向下拖动砝码使其拉伸一定距离，使小磁钢面贴近霍尔开关传感器的正面，然后松开手，使砝码来回振动，此时发光二极管在闪烁。

（5）设置计数 20 个周期 T_{20}，在计数器停止计数后，记录计时器显示的数值，求出弹簧振动周期 T。

3. 验证弹簧的有效质量

验证弹簧的有效质量为实际质量的 1/3。

（1）用精密天平测量出砝码和小磁钢片的总质量 M 和弹簧本身的质量 M_0。

（2）将测量的劲度系数 k 和振动周期 T 代入式（4-22），求出有效质量 PM_0。

（3）验证 $P \approx 1/3$。测量弹簧劲度系数数据表见表 4-9。

表 4-9   测量弹簧劲度系数数据表

砝码质量 M(g)	0.00	1.00	2.00	3.00	4.00	5.00	6.00	7.00	8.000	9.00
拉伸时 y_1(mm)										

续表

砝码质量 M (g)	0.00	1.00	2.00	3.00	4.00	5.00	6.00	7.00	8.000	9.00
恢复时 y_2 (mm)										
平均值 y (mm)										

$T_{20}=$　　　　　　　　　$M=$　　　　　　　　　$M_0=$

五、思考题

（1）本实验中焦利秤没调铅直，对测量结果有影响吗？

（2）测 T 时为什么要测多个周期？取多少个周期取决于什么？为什么？

（3）能否用作图法测量 k、PM_0？

实验 5　单　　　摆

实验 5　数字资源

一、实验目的

（1）学习用单摆运动规律测试仪测定重力加速度。

（2）研究单摆振动的周期与摆长之间的关系。

（3）掌握一种测量重力加速度的实验方法。

（4）了解运用统计方法研究物理现象的简单过程。

二、实验原理

将一根不能伸缩的细线上端固定，下端悬挂一个小圆柱体。当细线质量与小圆柱体相比很小，并且小圆柱体的高比细线长度小很多时，可以将此小圆柱体看成质点。如将小圆柱体沿水平方向略加移动（离开平衡位置），然后释放，小圆柱体在重力作用下将在竖直平面内摆动，这种装置叫做单摆，见图 4-17。单摆往返一次摆动的时间称为单摆周期，可以证明当 θ 很小时（不超过 5°），单摆周期满足以下近似关系

$$T = 2\pi\sqrt{\frac{L}{g}} \tag{4-29}$$

$$g = 4\pi^2\frac{L}{T^2} \tag{4-30}$$

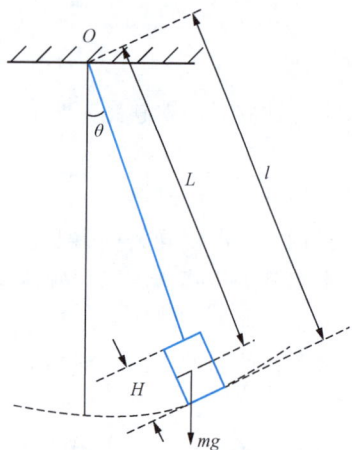

图 4-17　单摆

式中，摆长为悬点到小圆柱体重心的距离，g 为当地重力加速度。如果通过实验测得 L、T，则重力加速度便可求出，这是粗略测量重力加速度的一个比较简便的方法。

三、实验仪器

实验仪器包括 DB-1.2M 型单摆运动规律测定仪一套、MUJ-4B 计算机计时器一台、米尺、游标卡尺、停表。

四、实验内容

1. 测量重力加速度

（1）测量摆长：取摆线 100cm 左右，用米尺测量摆线和圆柱的总长 l，用游标卡尺测量

小圆柱体的高 H，则摆长 L 便可算出。

（2）测量单摆周期：移动小圆柱体，使小圆柱体在竖直平面内来回摆动（$\theta<5°$），测量摆动 50 个周期的时间 T' 则周期为

$$T=\frac{1}{50}T'$$

（3）将摆长每次缩短 5cm 左右，重复上述测量，直到摆长为 70cm 左右为止，至少 6 组，将数据记录在表 4-10 中。

表 4-10　　　　　　　　　　　单摆测量重力加速度实验数据表

总长 l（mm）						
圆柱高 H（mm）						
50 周期 T'（s）						

（4）作 T^2-L 图线，如果得到一过原点的直线，则单摆公式被验证，同时利用直线可求出 g 值。

2. 偶然误差统计分布规律的研究

利用停表测量单摆的周期，停表自身的误差是很小的，但是由于人的眼睛的视差以及启动、止动停表动作的不准确将对周期的测量产生较大的偶然误差，可以通过实验对单摆周期测量的偶然误差的规律进行研究。

（1）摆长 1 m 左右，使小圆柱体在竖直平面内来回摆动（$\theta\leqslant5°$），测量摆动 10 个周期的时间 T''，共 100 次。

（2）找出测量结果的最大值和最小值 x_{max}、x_{min}，并将此测量区间均匀分成 K 个区间

$$\Delta x=\frac{x_{max}-x_{min}}{K}$$

算出测量数据在 $x_{min}+\Delta x$、$x_{min}+2\Delta x$、…、$x_{min}+K\Delta x$ 各个小区间内的次数（称为频数 M），以及各区间频数与总测量次数 N（本实验为 100 次）之比 $\frac{M}{N}$（称为相对频数）。

（3）以测量数据为横坐标，并标明各区间分界点的数值，以相对频数（或频数 M）为纵坐标，画出小区间及其对应的相对频数（或频数 M）高度，即可得到一组矩形图，如图 4-18 所示，此图为统计直方图，它粗略地反映了测量数据的分布规律，即偶然误差的正态分布规律。

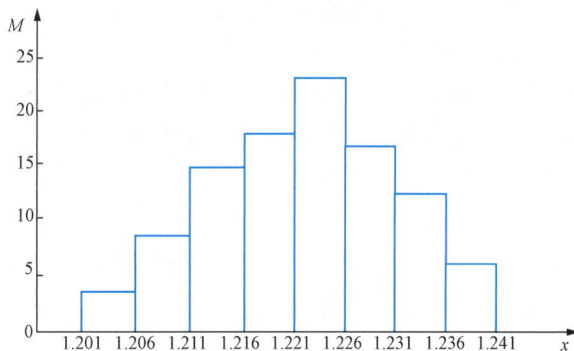

图 4-18　统计直方图

五、思考题

（1）为何不直接测 T，而是测 50 T 的时间？

（2）哈尔滨地区重力加速度标准值为 g=9.806m/s^2，如果你测量结果与此值偏差较大，请

分析原因。

（3）你测得统计直方图与高斯误差分布规律符合吗？

实验 6　用拉脱法测量液体表面张力系数

液体表面层（厚度为分子作用半径，约为 10^{-8}cm）因为液面上方气相层的分子数很少，表面层内每个分子受到的向上的力比向下的力要小，合力垂直于液面并指向液体内部，所以液体表面层具有尽量缩小其表面的趋势，这种沿着表面的、收缩液面的力称为表面张力。液体表面单位长度上的表面张力，称为表面张力系数 α，单位为 N/m。

匈牙利物理学家塞格纳在 1751 年最早提出液体表面张力的概念，在这之后，又有托马斯·杨、拉普拉斯、泊松等物理学家都对液体表面张力理论的完善作出了巨大贡献。人们对于液体表面张力的认识经历了一个漫长的过程，在这个过程中，科学家们历经千辛万苦才使理论不断完善，最终形成现在的液体表面张力理论。液体表面张力在日常生活中的应用非常广泛，如水珠在叶片上的滑落、小昆虫能够站在水面上、水龙头缓慢滴下的水滴等，都是由于液体表面张力的作用。2021 年，神舟十三号乘组航天员翟志刚、王亚平、叶光富在中国空间站进行太空授课，演示了水膜张力实验，在失重环境下向水膜注水，利用水的表面张力制作出一个完美的水球。"天宫课堂"体现了我国科技自主创新的累累硕果，充分展现中国科技进步的蓬勃气象。

测量液体表面张力系数有多种方法，如拉脱法、毛细管升高法和液滴测重法等。本实验是用拉脱法测定表面张力系数。

一、实验目的

（1）学习和掌握硅压阻力敏传感器的原理和方法。

（2）用拉脱法测量室温下的表面张力系数。

（3）了解杂质对液体表面张力的影响。

二、实验原理

通过测量一个已知周长的金属片从待测液体表面脱离时需要的力，来求得该液体表面张力系数的实验方法称为拉脱法。若金属片为环状吊片，考虑一级近似，可以认为脱离力为表面张力系数乘上脱离表面的周长，即

$$F = \alpha\pi(D_1 + D_2)$$

式中，F 为脱离力，D_1、D_2 分别为圆环的外径和内径，α 为液体表面张力系数。

所以液体表面张力系数为

$$\alpha = \frac{F}{\pi(D_1 + D_2)}$$

而一个金属吊环固定在传感器上，将该吊环的下沿部分全部浸没于液体中，并渐渐拉起吊环，这时，吊环和液面间形成一环形液膜，当吊环从液面拉脱瞬间传感器受到的拉力差值 F 为

$$F = \frac{(U_1 - U_2)g}{K}$$

式中，U_1、U_2 分别为环形液膜拉断前数字电压表的最大读数及液膜拉断后数字电压表的读数，g 为重力加速度，K 为力敏传感器的灵敏度。

K 可以通过事先对力敏传感器定标的方法计算出，即

$$K = \frac{\Delta U}{\Delta M}$$

这里 ΔU 为加上砝码后数字电压表的读数差，ΔM 为砝码的质量差。K 的单位是 mV/g。本实验就是利用力敏传感器测出 U_1、U_2 以及计算出的 K，最后计算出 α 的值。

通过实验，我们还可以了解杂质对液体表面张力的影响。

三、实验仪器

实验仪器为液体表面张力系数测定仪一套，包括硅压阻力敏传感器、显示仪器、力敏传感器固定支架、升降台、底板及水平调节装置、吊环、砝码盘及 0.5g 砝码 7 个、玻璃器皿等，见图 4-19。

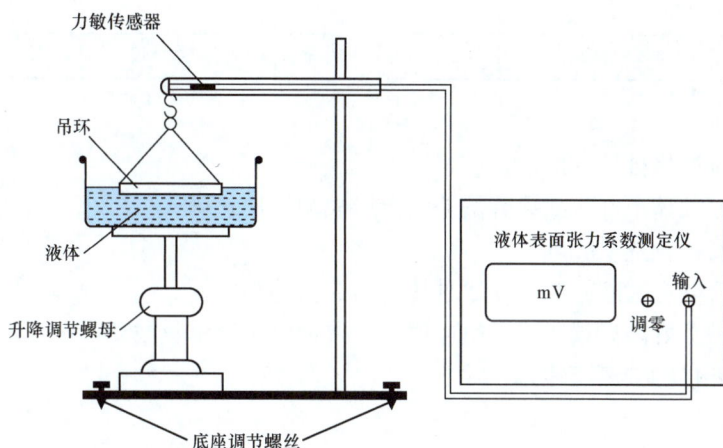

图 4-19   液体表面张力系数测定仪

四、实验内容

（1）开机预热。

（2）对力敏传感器定标，即测出力敏传感器的灵敏度 K。

1）将砝码盘挂在力敏传感器的钩上，调零并记录零点读数。

2）然后每次在砝码盘中增加一个 0.500g 的砝码，记下电压值 U，直至砝码盘中有 7 个砝码。安放砝码时应尽量轻，将数据记录在表 4-11 中。

3）用逐差法计算出灵敏度 K。

（3）清洗玻璃器皿和吊环。

（4）用游标卡尺测量吊环的外径 D_1 和内径 D_2。

（5）在玻璃器皿内放入被测液体并安放在升降台上。

（6）挂上吊环，逆时针转动升降台大螺帽使液体液面上升，当环下沿部分均浸入液体中时，改为顺时针转动大螺帽，这时液面往下降（或者说相对吊环往上拉），可观察到环浸入液体中及从液体中拉起时的物理过程和现象。特别应注意吊环即将拉断液膜前数字电压表的读数值为 U_1，液膜拉断后数字电压表读数值为 U_2，记下这两个数值。表 4-12 为测量蒸馏水、肥皂水表面张力系数数据表

表 4-11　　　　　　　　　　　　　　测量传感器灵敏度数据表

砝码质量（g）	0.000	0.500	1.000	1.500	2.000	2.500	3.000	3.500
电压（mV）								

表 4-12　　　　　　　　　　　测量蒸馏水、肥皂水表面张力系数数据表

吊环外径 D_1= ，　　　　　吊环内径 D_2=

测量次数	蒸馏水		肥皂水	
	U_1(mV)	U_2(mV)	U_1(mV)	U_2(mV)
1				
2				
3				
4				
5				

五、注意事项

（1）吊环必须严格处理干净。

（2）吊环水平须调节好，如果有偏差则会造成测量误差。

（3）仪器开机需预热 15min。

（4）在旋转升降台大螺帽时，要尽量使液面的波动小。

（5）测量时应关好防风罩，以免吊环摆动，致使电压表示数波动。

（6）手指不要接触被测液体。

实验 7　数字资源

实验 7　用落球法测定液体黏滞系数

　　各种实际液体具有不同程度的黏滞性，当液体稳定流动时，由于各层液体的流速不同，相邻的两层液体之间有力的作用，这一作用力称为黏滞力或内摩擦力。实验证明，对给定的液体黏滞力 f 与两层间的接触面积 Δs 及该处垂直于 Δs 方向上的速度梯度 dv/dx 成正比，且运动方向相反，即

$$f = \eta \frac{dv}{dx} \Delta s \qquad (4-31)$$

　　式（4-31）被称为黏滞定律，式中 η 称为液体的黏滞系数或内摩擦系数。黏滞系数取决于液体的性质和温度，温度升高，黏滞系数迅速减小。

　　测定流体黏滞系数的常用方法有落球法、扭摆法、转筒法和毛细管法。本实验是用落球法测定液体的黏滞系数。

一、实验目的

（1）了解依据斯托克斯公式用落球法测定液体黏滞系数的原理及方法。

（2）了解斯托克斯公式的修正方法。

（3）熟悉读数显微镜的使用方法。

二、实验原理

当半径为 r 的光滑圆球,以速度 v 在均匀且无限宽广的液体中运动时,若速度不大,球也很小,在液体中不产生涡流的情况下,斯托克斯指出球在液体中所受的阻力为

$$f=6\pi\eta vr \tag{4-32}$$

式中,η 为液体的黏滞系数,式(4-32)称为斯托克斯公式。从式(4-32)可知,阻力 f 的大小和物体运动速度成比例。

当质量为 m、体积为 V 的小球在密度为 ρ 的液体中下落时,作用在小球上的力有三个,即:重力 mg、液体的浮力 ρVg、液体的黏滞阻力 $6\pi\eta vr$。这三个力都作用在同一铅直线上,重力向下,浮力和阻力向上。小球刚开始下落时,速度 v 很小,阻力也不大,小球作加速度下降。随着速度的增加阻力也逐渐加大,速度达一定值时,阻力和浮力之和将等于重力,此时物体运动的加速度等于零,小球开始匀速下落,即

$$mg=\rho Vg+6\pi\eta vr \tag{4-33}$$

此时的速度称为收尾速度。由式(4-33)可得

$$\eta=\frac{(m-\rho V)g}{6\pi vr} \tag{4-34}$$

将小球的体积 $V=\dfrac{4\pi r^3}{3}$ 代入式(4-34),得

$$\eta=\frac{m-\dfrac{4}{3}\pi r^3\rho}{6\pi vr}g \tag{4-35}$$

斯托克斯公式的假设条件是小球在无限广阔的液体中下落,而实际实验时小球是在有限的圆柱形筒中下落,筒的直径和液体的深度均是有限的,实验条件与理论假设条件不符,所以作用于小球的黏滞力与斯托克斯公式给出的不同。

如果只考虑筒壁对小球运动的影响,当筒的直径较球的直径大很多时,在式(4-32)中加一修正项,即可用以描述实际小球所受到的黏滞力

$$f=6\pi\eta vr\left(1+2.4\frac{r}{R}\right) \tag{4-36}$$

式中,R 为圆柱形筒的内半径,r 为小球的半径。可见,在有限介质中运动的小球所受到的黏滞力比在无限宽阔的介质中所受到的黏滞力要大。

将式(4-36)代入式(4-33)中可得

$$\eta=\frac{\left(m-\dfrac{4}{3}\pi r^3\rho\right)g}{6\pi vr\left(1+2.4\dfrac{r}{R}\right)} \tag{4-37}$$

这就是实验时实际使用的公式。黏滞系数的单位为 $N\cdot s/m^2[kg/(m\cdot s)]$,称为帕斯卡·秒($Pa\cdot s$)。

三、实验仪器

实验仪器包括读数显微镜、玻璃圆筒、秒表、米尺、天平、游标卡尺、比重计、温度计、金属小球、待测蓖麻油。

1. 读数显微镜

读数显微镜是精确测量微小长度的仪器，量程一般为 50mm，测量精度为 0.01mm。其主要由光具部分和机械部分构成，见图 4-20。光具部分是一个长焦距的显微镜筒，显微镜的目镜用锁紧圈和锁紧螺钉固定在镜筒上，物镜用螺纹与镜筒连接，整体的显微镜筒可以用调焦手轮调焦。机械部分是一个由丝杆带动的滑动台，滑动台上带有毫米标尺，显微镜筒装在滑动台上，旋转读数鼓轮，显微镜筒就能沿着导轨横向移动。读数鼓轮圆周上均匀刻有 100 个刻度，它每旋转一周，显微镜筒就水平移动 1mm，显然，读数鼓轮每转一个刻度显微镜筒就移动 0.01mm。镜筒的移动量可以通过标尺和读数鼓轮共同读出。

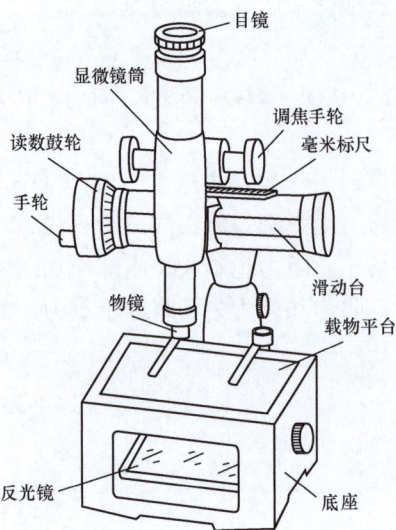

图 4-20　读数显微镜

2. 读数显微镜的使用方法

（1）调节目镜，使叉丝清晰，转动目镜筒使叉丝横线与标尺平行。

（2）将待测物体放在载物平台上，转动反光镜使视场最亮。转动调焦手轮使显微镜筒由下至上移动进行调焦，直至待测物清晰无视差。

（3）转动手轮移动显微镜筒，使叉丝对准测量目标并进行读数。

（4）转动手轮移动显微镜筒，使叉丝对准另一测量目标并读数。两次读数之差便为测量目标的长度值。

为防止回程误差，进行两次测量时，读数鼓轮的旋转方向应一致。

四、实验内容

（1）用天平称量 6 个金属小球的共同质量，并求出平均质量 m。

（2）用读数显微镜测量各个小球直径，每个球在不同方向上测 2 次，求其平均半径 r。

（3）用比重计测量待测液体的密度 ρ。

（4）用游标卡尺测量玻璃圆筒的内直径 D。

（5）在玻璃筒上液体柱的中部，取约为 20cm 的一段，在其上、下各加一标线 N_1、N_2，见图 4-21。

依次将小球从圆筒中心投入液体中，用秒表测量小球通过 N_1、N_2 两标线间距离所用的时间 t。

（6）用米尺测量 N_1、N_2 间的距离 l。

（7）用温度计测量液体的温度。

五、注意事项

（1）使用读数显微镜测量时，两次读数，鼓轮应向一个方向旋转，以避免回程误差。

（2）物镜调焦时，镜筒必须由下向上移动，以防止损伤物镜。

（3）测量小球通过 N_1、N_2 间距离的时间 t 时，要注意视线应垂直筒壁，并判断小球通过第一标线 N_1 之后是否是匀速的，否则还应将 N_1 向下移动。

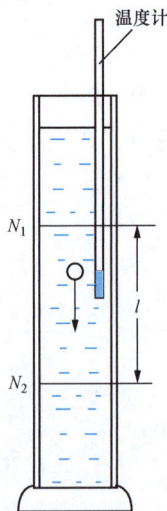

图 4-21　落球法

六、思考题

（1）能否从理论上估算和从实验中测定小球已进入匀速运动阶段？

（2）小球不是在筒中心下落对结果会有什么影响？

（3）实验时，如果不加标线 N_2，测出小球从 N_1 到筒底间的时间是否可以？

（4）试分析实验时室温的变化对实验将有什么影响？

（5）计算黏滞系数的公式中并无温度量，实验中却要求测出蓖麻油的温度，其意义何在？

实验 8　用扭摆法测定物体的转动惯量

转动惯量是刚体转动时惯性大小的量度，是表明刚体特性的一个重要物理量。在涉及物体转动问题的研究中，确定一些特定物体的转动惯量是极为重要的。刚体转动惯量不仅与其质量有关，还与转轴的位置以及刚体的质量分布（即形状、大小和密度分布）有关。如果刚体形状简单且质量分布均匀，可以通过有关公式计算其绕特定转轴转动的转动惯量。对于形状较复杂、质量分布不均匀的刚体，例如机械部件、枪炮的弹丸、电动机转子等，计算将极为复杂，此时一般采用实验方法来确定其转动惯量。

实验 8　数字资源

一、实验目的

（1）用扭摆测定几种不同形状物体的转动惯量。

（2）验证转动惯量平行轴定理。

二、实验原理

扭摆的结构如图 4-22 所示，在垂直轴上装有一根带状的螺旋弹簧，用以产生弹性力矩。在垂直轴的上方可以安装各种待测物体。垂直轴与支座间装有轴承以减少摩擦。支座上装有水平仪，用以调节系统水平。将物体在水平方向转一角度 θ 后，由于弹簧发生形变将产生一个恢复力矩 M，如无其他外力作用，物体将绕垂直轴作往返扭转运动。根据胡克定律，在弹簧的弹性限度内，恢复力矩 M 与所转过的角度 θ 成正比，即

$$M = -k\theta$$

式中，k 为弹簧的扭转系数。根据转动定律

$$M = I\beta$$

式中，I 为物体绕此轴的转动惯量，β 为角加速度，由此可得

$$I\beta = -k\theta$$

令 $\omega^2 = \dfrac{k}{I}$，则

$$\beta = -\frac{k}{I}\theta = -\omega^2\theta$$

上述方程表示扭摆将作角谐振动，即角加速度与角位移成正比，且方向相反。此方程的解为

$$\theta = A\cos(\omega t + \phi)$$

式中，A 为角谐振动的角振幅，ϕ 为初相位角，ω 为角谐振动的圆频率。则扭摆的振动周

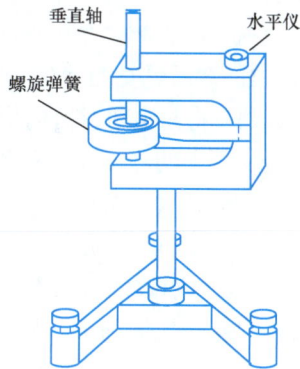

图 4-22　扭摆的结构

期为

$$T = \frac{2\pi}{\omega} = 2\pi\sqrt{\frac{I}{k}} \tag{4-38}$$

由式（4-38）可知，只要测出物体的摆动周期，并且知道 I 及 k 中任何一个量，其余一个量便可求出。

理论分析证明，如果质量为 m 的物体绕通过质心的轴的转动惯量为 I_0，当转轴平行移动距离为 x 时，此物体对新轴的转动惯量将变为

$$I = I_0 + mx^2$$

这称为转动惯量的平行轴定理。

三、实验仪器

实验仪器包括转动惯量测试仪、米尺、游标卡尺、物理天平、扭摆及几种待测转动惯量的物体，包括空心金属圆柱体、实心塑料圆柱体、木球、细金属杆。

1. 转动惯量测试仪

转动惯量测试仪由主机和光电传感器两部分组成。

（1）主机采用新型的单片机作控制系统，用于测量物体转动和摆动的周期以及旋转体的转速，能自动记录存储多组实验数据，并能精确地计算多组实验数据的平均值。

（2）光电传感器主要由红外发射管和红外接收管组成，它能将光信号转换为脉冲电信号送入主机。因人眼无法直接观察仪器工作是否正常，可用遮光物体往返遮挡光电探头发射光束通路，检查计时器是否开始计时以及到达预定周期数时是否停止计数。为防止过强光线对光电探头的影响，光电探头不能置放在强光下，实验时采用窗帘遮光，确保计时准确。

2. 转动惯量测试仪的使用方法

（1）将光电传感器的信号传输线插入主机输入端（位于测试仪背面）。调节光电传感器在固定支架上的高度，使被测物体上的挡光杆能自由往返通过光电门。

（2）开启主机电源，"摆动"指示灯亮，指标指示为"P1"，数据显示为"----"。

（3）本机设定扭摆的周期数为 10，如要更改，可按"置数"键，显示"n=10"，按"上调"键，周期数依次加 1；按"下调"键，周期数依次减 1。周期数只能在 1～20 范围内设定。再按"置数"键确认，显示"F1 end"或"F2 end"。更改后的周期数不具有记忆功能，一旦切断电源或按"复位"键，便恢复原来的默认周期数。

（4）按"运行"键，数据显示为"000.0"，表示仪器已处在等待测量状态。此时，当被测的往复摆动物体上的挡光杆第一次通过光电门时，仪器即开始连续计时，直至仪器所设定的周期数时，便自动停止计时，由"数据显示"给出累计时间，同时仪器自行计算周期 Ci 予以存储，以供查询和进行多次测量求平均值。至此，P1 第一次测量完毕。

（5）按"运行"键，"P1"变为"P2"，数据显示又回到"000.0"，仪器处在第二次待测状态。本机设定重复测量的最多次数为 5 次，即 P1，P2，…，P5。通过"查询"键可知各次测量的周期值 $Ci(i=1，2，3，4，5)$ 以及它们的平均值 CA。

四、实验内容

（1）熟悉扭摆的构造及使用方法；熟悉转动惯量测试仪的使用方法。调整扭摆基座底脚螺丝，使水准泡中的气泡居中。

（2）用物理天平测量所有待测物体的质量；用游标卡尺测量塑料圆柱的外径、金属圆筒

的内/外径、木球的直径（分别测量 3 次）；用米尺测量金属长杆的长度。

（3）将金属载物盘装在垂直轴上，调整光电探头的位置，使载物盘上挡光杆处于其缺口中央，且能遮住发射、接收红外线的小孔。测量其摆动周期 T_0（测量 3 次）。

（4）将塑料圆柱体（其转动惯量 I_1' 可以用公式计算）同轴垂直地放在载物盘上，测定其摆动周期 T_1（测量 3 次）。由 I_1'、T_0、T_1 可计算弹簧的扭转系数 k

$$k = \frac{4\pi^2 I_1'}{T_1^2 - T_0^2}$$

（5）用金属圆筒代替塑料圆柱体，测量其摆动周期 T_2（测量 3 次）。

（6）取下金属载物盘，分别装上木球及金属细杆（金属细杆的中心应与转轴重合），测量它们的摆动周期 T_3、T_4（分别测量 3 次）。

（7）用所测数据计算金属圆筒、木球、金属细杆的转动惯量，并与理论值比较，计算其百分差。被测物理量 A 的百分差的表达式为

$$E_r = \frac{|A_t - A_r|}{A_r} \times 100\%$$

式中，A_r 为 A 的理论值，A_t 为测得的实验值。

（8）分别测量金属细杆质心距转轴为 5.00、10.00、15.00 cm 时摆动的周期 T（分别测量 3 次），验证转动惯量平行轴定理。表 4-13 为转动惯量计算公式表。

表 4-13 转动惯量计算公式表

物体名称	金属载物盘	塑料圆柱	金属圆筒	木球	金属细杆
转动惯量理论值	—	$I_1' = \frac{1}{8}m\bar{D}^2$	$I_2' = \frac{1}{8}m(\bar{D}_w^2 + \bar{D}_N^2)$	$I_3' = \frac{1}{10}m\bar{D}_3^2$	$I_4' = \frac{1}{12}ml^2$
转动惯量实验值	$I_0 = \frac{I_1'\overline{T_0}^2}{T_1^2 - T_0^2}$	$I_1 = \frac{k\overline{T_1}^2}{4\pi^2} - I_0$	$I_2 = \frac{k\overline{T_2}^2}{4\pi^2} - I_0$	$I_3 = \frac{k}{4\pi^2}\overline{T_3}^2$	$I_4 = \frac{k}{4\pi^2}\overline{T_4}^2$

五、注意事项

（1）由于弹簧的扭转系数 k 不是固定常数，它与摆动角度略有关系，摆角在 90° 附近基本相同。为了减小由于摆角变化过大所带来的系统误差，在测量摆动周期时，摆角不宜过小，应保持在 90° 左右。

（2）光电探头应放置在挡光杆的平衡位置处，挡光杆不能和它相接触，以免引起附加摩擦力矩。

（3）机座应保持水平状态。

（4）在安装待测物体时，其支架必须全部套入扭摆主轴，并将止动螺丝旋紧，否则扭摆不能正常工作。

（5）在称量金属细杆及木球质量时，必须将支架的质量减去，否则会带来极大误差。

实验 9 空气比热容比的测定

某物质的比热容比是该物质的定压比热容与定容比热容之比 $\gamma = c_p / c_V$。

实验 9 数字资源

从定义直接可以看出比热容比γ的一个重要作用，即比热容比γ使定压比热容与定容比热容相关而非独立。比热容比γ的另一个重要作用是，它使经历绝热过程的一定量理想气体的状态参量由绝热方程联系起来

$$pV^{\gamma} = 恒量$$
$$V^{\gamma-1}T = 恒量$$
$$p^{\gamma-1}T^{-\gamma} = 恒量 \tag{4-39}$$

式中，p为气体压强，V为气体体积，T为气体温度，常数γ就是气体的比热容比，也称为绝热系数。确定γ值的实验方法有绝热膨胀法、振动法与共振法以及声速法。本实验采用绝热膨胀法，通过现代传感技术监测并采集有关数据，从而确定γ值。

一、实验目的

（1）测定空气的比热容比。

（2）通过实验认识、理解和应用有关的热力学过程及其规律。

（3）学习传感器测量气体压强和温度的原理与方法。

二、实验原理

空气比热容比测定的实验装置如图 4-23 所示，C_1为进气阀门，C_2为放气阀门，AD590为电流型集成温度传感器，P 传感器为扩散硅压力传感器探头。

1. 热力学过程及γ值的确定

实验时先关闭阀门C_2，将原处于环境大气压强p_0、室温T_0的空气通过阀门C_1充入大玻璃瓶内，以使瓶内空气在关闭阀门C_1之后达到平衡态 I 时，其压强$p_1 > p_0$、温度$T_1 = T_0$。

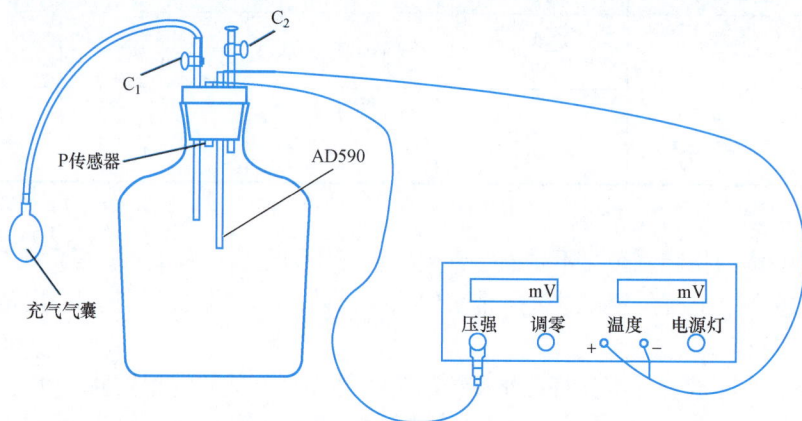

图 4-23　空气比热容比测定的实验装置图

然后果断打开阀门C_2，让瓶内空气膨胀至其压强与大气压强平衡时，立即关闭阀门C_2。对于关在瓶内的空气，其压强经过膨胀由p_1降为p_0。因放气膨胀过程时间很短，可以认为这是一个绝热膨胀过程，所以气体温度由T_0降为T_2，于是按绝热方程（4-39）有

$$p_1^{\gamma-1}T_0^{-\gamma} = p_0^{\gamma-1}T_2^{-\gamma}$$

或

$$\left(\frac{p_1}{p_0}\right)^{\gamma-1} = \left(\frac{T_0}{T_2}\right)^{\gamma} \tag{4-40}$$

在关闭阀门以后，瓶内气体从外界吸热经等容过程达到最终平衡态时，其温度由 T_2 回升至室温 T_0，压强又由 p_0 增大至 p_2，所以

$$\frac{T_0}{T_2} = \frac{p_2}{p_0} \qquad\qquad (4\text{-}41)$$

由式（4-40）和式（4-41），最后得

$$\gamma = \frac{\ln \dfrac{p_1}{p_0}}{\ln \dfrac{p_1}{p_2}} \qquad\qquad (4\text{-}42)$$

可见，γ 值由压强 p_0、p_1、p_2 来确定。

2. 压强与温度的传感测量

由式（4-42）可知，γ 值与温度无关。但为了判定瓶内气体的状态，必须对其温度进行监测。本实验选用电流型集成温度传感器 AD590 测温，它接 6V 直流电源时（见图 4-23），若串联 5kΩ 电阻，可产生 5mV/K 的信号电压，于是被测气体温度 T 由 AD590 传感器转换为温度信号电压 U_T，常数 $\alpha = 5\,\text{mV/K}$ 使 U_T 与 T 的关系为

$$U_T = 5T\,(\text{mV}) \qquad\qquad (4\text{-}43)$$

将温度信号电压 U_T 接至本实验测定仪上量程为 0～2V 的四位半数字电压表（图 4-23 中"温度"插孔），可检测到最小 0.02K 温度的变化。

气体压强传感器探头通过同轴电缆传输被测气体压强信号，接至本实验测定仪上的"压强"输入端，从而实现与测定仪内的放大器及三位半数字电压表相接。此表的量程为 0～200mV，测气体压强的灵敏度为 20mV/kPa，测量精度为 5Pa，压强信号电压 U_p 与被测气体压强变化量 $\Delta p = p - p_0$ 的关系为

$$U_p = 20(p - p_0)\,(\text{mV})$$

于是

$$p = 50U_p + p_0\,(\text{Pa}) \qquad\qquad (4\text{-}44)$$

式中，常数 $\beta = (20\,\text{mV/kPa})^{-1} = 50\,(\text{Pa/mV})$。将式（4-42）中的 p_1、p_2 分别用式（4-44）表示，于是式（4-42）变为

$$\gamma = \frac{\ln \dfrac{50U_1 + p_0}{p_0}}{\ln \dfrac{50U_1 + p_0}{50U_2 + p_0}} \qquad\qquad (4\text{-}45)$$

式（4-45）即为本实验测定 γ 值的关系式，式中 U_1、U_2 分别为气体压强变化量的信号电压，由测定仪压强电压表测定；p_0 为环境大气压，用气压计测定或由实验室给定。

三、实验仪器

实验仪器包括空气比热容比测定仪一套（包括储气瓶一个、气囊一只、压强传感器及同轴电缆以及温度传感器和电缆），6V 直流电源以及 5kΩ 电阻。

四、实验内容

（1）按图 4-23 接好测定仪电路。

（2）开启测定仪电源（开关位于仪器背面），预热 20min。在此时间内，可用气压计测定环境大气压强 p_0，并用温度计测定环境室温 T_0。

（3）预热后，用测定仪上的调零旋钮将测压强的电压表调到 0.00mV。记下此时测温度的电压表示值 U_{T_0}。

（4）关闭 C_2，打开 C_1，用气囊向瓶内徐徐充气，到压强信号电压约为 120mV 时停止充气并关闭 C_1。待温度信号电压回降到稳定值（U_{T_0}）时，记录瓶内气体压强此时的信号电压 U_1，并记录此时气体温度信号电压 U_{T_1}（应为室温信号电压 U_{T_0}）。

（5）打开 C_2 放气至瓶内气压等于环境大气压 p_0（此时放气声消失），随即关闭 C_2。关注气温信号电压的变化。

（6）等到瓶内气温信号电压又回升到室温信号电压 U_{T_0} 时，记录此时瓶内气体的压强信号电压 U_2 和温度信号电压 U_{T_2}。

（7）打开 C_2 使瓶内、外气压为环境大气压，温度为环境室温，然后重复实验内容（3）～（6）四次，记录有关数据。表 4-14 为空气比热容比测量数据表。

表 4-14　　　　　　　　　　空气比热容比测量数据表

$p_0 =$ _____ $\times 10^5$ Pa　　　　　　　　　　　　U_{T_0} _____mV

待测量 测量次数	U_1 (mV)	U_{T_1} (mV)	U_2 (mV)	U_{T_2} (mV)
1				
2				
3				
4				
5				

五、注意事项

（1）实验内容（5）打开 C_2 放气时，当听到放气声消失，应随即关闭 C_2，提早或延迟关闭 C_2，都将严重影响测量结果。因为电压表的显示要滞后于信号的发生，所以听声比看电压表显示压强信号电压为零要更可靠些。

（2）为保持环境温度基本不变，不要靠近储气瓶呼吸或使其他热源靠近贮气瓶。

实验 10　电学基本仪器使用及欧姆定律的应用

欧姆定律是电学中最基本的定律，它反映了电流、电压和电阻之间相互联系的规律，可以用来解决有关电路中很多实际的问题。在电流、电压、电阻这三个物理量中，只要知道其中任意两个量，就可以求出第三个量。例如，若知道某段导体两端的电压和通过它的电流，就可以求出这段导体的电阻。这就是"伏安法"测电阻的原理。

一、实验目的

（1）验证欧姆定律。

（2）用"伏安法"测量电阻。

（3）学习电学基本仪器的使用方法。

二、实验原理

部分电路欧姆定律的数学表达式为

$$I = \frac{U}{R}$$

也可写成

$$R = \frac{U}{I} \tag{4-46}$$

式中，I 的单位为 A，U 的单位为 V，R 的单位为 Ω。

　　若已知 U 和 I，由式（4-46）即可求得 R 值。这种由电表直接测出电压和电流值，用欧姆定律公式计算电阻的方法，称为"伏安法"。这种方法简单、方便，也适用于非线性电阻的测量，但这种方法由于电表内阻的存在，会给测量结果带来一定的系统误差。

　　在实际测量电阻时，可采用以下两种接法，如图 4-24 所示。

　　在图 4-24（a）中，安培表接在伏特表测量端之内，称"内接法"。而在图 4-24（b）中，安培表接在伏特表测量端之外，称"外接法"。

　　在"内接法"中，电流表读数 I_x 为通过电阻 R_x 的电流，而电压表的读数是 $U_x + U_A$，则待测电阻值为

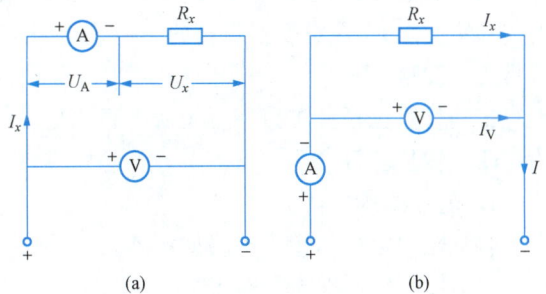

图 4-24　测电阻的两种接法

（a）内接法；（b）外接法

$$R = \frac{U_x + U_A}{I_x} = R_x + R_A = R_x\left(1 + \frac{R_A}{R_x}\right)$$

式中，R_A 为电流表的内阻，R_A/R_x 是电流表内阻带来的测量相对偏差。可见，采用"内接法"时，测得的电阻比实际阻值偏大。如果知道 R_A，则待测电阻 R_x 可以修正为

$$R_x = \frac{U - U_A}{I_x} = R - R_A = R\left(1 - \frac{R_A}{R}\right) \tag{4-47}$$

　　在"外接法"中，电压表读数 U 等于电阻两端电压 U_x，而电流表读数 I 不等于 I_x，而是 $I = I_x + I_V$。如果将电表示值 I、U 代入式（4-46），则得到待测电阻的测量值为

$$R = \frac{U}{I} = \frac{U_x}{I_x + I_V} = \frac{U_x}{I_x(1 + I_V/I_x)}$$

将 $(1 + I_V/I_x)^{-1}$ 用二项式展开，可写为

$$R \approx \frac{U_x}{I_x}\left(1 - \frac{I_V}{I_x}\right) = R_x\left(1 - \frac{R_x}{R_V}\right)$$

式中，R_V 为电压表的内阻，R_x/R_V 是电压表内阻带来的测量相对偏差。可见，采用"外接法"时，测得的电阻值比实际值偏小。如果知道 R_V，则待测电阻 R_x 可以修正为

$$R_x = \frac{U_x}{I - I_V} = \frac{U_x}{I(1 - I_V/I)}$$

$$\approx \frac{U_x}{I}\left(1 + \frac{I_V}{I}\right) = R\left(1 + \frac{R}{R_V}\right)$$

（4-48）

概括地说，用伏安法测电阻时，由于线路方面的原因，测得的电阻值总是偏大或偏小，即存在一定的系统误差。要确定究竟采用哪一种接法，必须事先对 R_x、R_A、R_V 三者的大小有一个粗略的比较。

通过前面分析已知，在"内接法"中，电流表内阻带来的相对偏差为 R_A/R_x；在"外接法"中，电压表内阻带来的相对偏差为 R_x/R_V。显而易见，当 $(R_x/R_V)>(R_A/R_x)$ 时，即 $R_x > \sqrt{R_A R_V}$ 时，采用"内接法"误差小；反之，当 $R_x < \sqrt{R_A R_V}$ 时，采用"外接法"误差小；当 $R_x \approx \sqrt{R_A R_V}$ 时，可任意选取。但要想得到准确值，还必须用式（4-47）、式（4-48）加以修正（R_V、R_A 由实验室给出）。注意变换量程时，电表内阻也随之改变。

三、实验仪器

实验仪器包括台式数字万用表、直流稳压电源、滑动变阻器、电阻箱和待测电阻。

四、实验内容

1. 验证欧姆定律

验证欧姆定律的实验电路如图 4-25 所示。其中Ⅰ、Ⅱ、Ⅲ表示回路接线的顺序。

（1）按箭头所指顺序连接Ⅰ、Ⅱ回路。图 4-25 中的滑动变阻器是分压接法，用来改变电压的大小，最好将滑动头 C 滑动至 B 处，经过复查后再接通电源。将滑动头 C 缓慢向 A 移动，观察电压表读数的变化，再将 C 向 B 移动，观察电压表读数的变化有何不同。断开电源，最后连接回路Ⅲ。

（2）取电阻箱电阻为一定值（如 $R=500\Omega$），调节滑动变阻器用来改变电阻 R 两端的电压 U，则电流 I 也随之改变。测出一系列 U、I 值。例如当电压表读数为 1.0、1.5、2.0、2.5、3.0V 时，记录相应的电流值，验证电流和电压的关系。

（3）调节滑动变阻器，使电压固定为某值（如 $U=2.0V$），然后改变 R 值，验证电流与电阻的关系。注意，当改变 R 时，电压表指示有变化，这时应调节分压器，以保持电压一定。

2. 用"伏安法"测电阻

按图 4-26 接好电路。图中 K_2 是单刀双掷开关，倒向 A 侧时为"内接法"；倒向 B 侧时为"外接法"。R_x 或 R_x' 为待测电阻，测量时，应根据阻值的大小选择合理的接线法。

（1）将开关 K_2 拨向 A，观察电压表和电流表读数（如果读数偏小或偏大，可调整电源电压或改变电表的量程）。再将 K_2 由 A 倒向 B，如果电流表的指示有变化（增大），表示待测电阻 R_x 为高电阻，这时应把 K_2 拨回 A，读出电压表和电流表的读数，再记录电流表的内阻 R_A，利用式（4-47）计算出待测电阻 R_x 值。

（2）改变（增大）电流表的量程，降低电源电压，换接另一个待测电阻 R_x'。将开关 K_2 由 A 倒向 B，如果电压表的读数有变化（变小），表示待测电阻为低电阻，记下此时电压表和电流表的数值及电压表的内阻 R_V，按式（4-48）计算出待测电阻值。

（3）由 $R_x=U/I$ 得相对不确定度的传递公式为

$$E_{R_x} = \frac{U_{R_x}}{R_x} = \sqrt{\left(\frac{U_V}{U}\right)^2 + \left(\frac{U_I}{I}\right)^2}$$

最后测量结果表示为

$$R_x = R_x \pm U_{R_x}，\text{其中}U_{R_x} = R_x E_{R_x}。$$

五、注意事项

（1）在每次改换线路之前，都应将滑动变阻器（"分压器"）的输出电压调至最小，并将电源断开。

（2）在实验操作时，应注意不要超过电表量限。

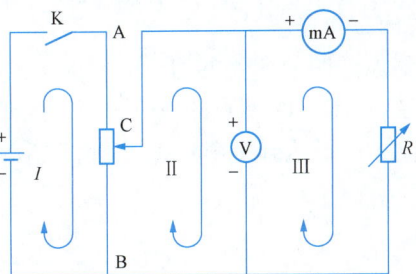

图 4-25　验证欧姆定律的实验电路

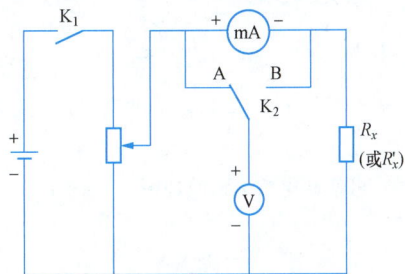

图 4-26　用伏安法测电阻的电路图

六、思考题

（1）在图 4-27 中，滑动变阻器起什么作用？当滑动头 C 移至 A 或 B 时，电压表的读数是否有变化？这种变化与图 4-25 中移动滑动头 C 时的变化相同吗？

（2）如果给你一个电阻箱，阻值可直接读出，你能利用图 4-26 所示的电路测算出电压表内阻 R_V 和电流表内阻 R_A 的近似值吗？如能，请你说明实验步骤和计算方法。

（3）分压线路图如图 4-28 所示。已知滑动变阻器 AB 间总电阻为 R_0，接线端 BC 间电阻为 R_x，现将外部负载电阻 R 并联到 BC 上，试计算：$R \gg R_0$ 和 $R=R_0$ 时，BC 间的电压分别是多少？根据这个结果归纳出分压器的正确使用方法。

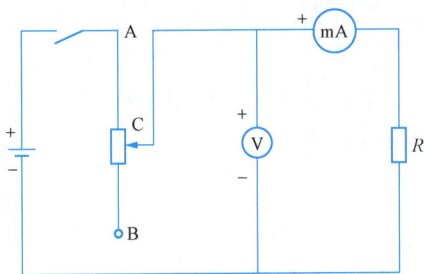

图 4-27　滑动变阻器的变流接法

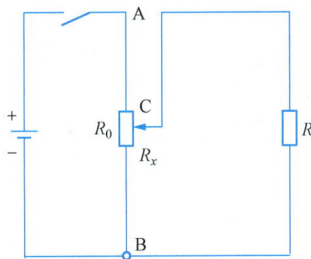

图 4-28　分压线路图

实验 11　用惠斯通电桥测电阻

直流电桥是一种用比较法测量电阻的仪器，它在平衡条件下将待测电阻与标准电阻进行比较以确定其数值。直流电桥可分为单臂电桥和双臂电桥两种，单臂电桥常称为惠斯通电桥，主要用于精确测量中值电阻。用电桥不仅可以测电阻，还可以测电容、电感、温度等。电桥测量法因具有测试灵敏、精确和使用方便等特点，在电工技术、非电量电测法及自动控制中被广泛应用。

一、实验目的

（1）掌握惠斯通电桥测电阻的原理和方法。

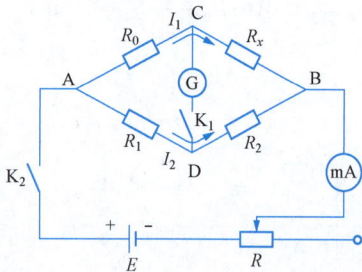

图 4-29　惠斯通电桥电路原理图

（2）学会使用箱式惠斯通电桥测电阻的方法，培养独立使用新仪器的能力。

（3）了解电桥灵敏度与元件参量之间的关系。

二、实验原理

1. 惠斯通电桥的工作原理

惠斯通电桥电路原理图如图 4-29 所示，当 K_1、K_2 闭合后，适当调节 R_1、R_2 使 C、D 两点的电位相等，此时灵敏电流计 G 无电流通过，电桥达到平衡状态，因此有 $I_1 R_0 = I_2 R_1$ 和 $I_1 R_x = I_2 R_2$，于是

$$R_x = \frac{R_2}{R_1} R_0 \tag{4-49}$$

实验时，适当选定 R_0，测出 R_2/R_1 即可求出待测电阻 R_x。

对于箱式惠斯通电桥，令比值 $R_2/R_1 = N$ 则式（4-49）变为

$$R_x = N R_0$$

通常 N 为 10 的整数次方，例如，取 N 等于 0.01、0.1、1、10、100、1000 等，这样可以很方便地计算出 R_x。

2. 电桥的灵敏度

电桥平衡后，将 R_0 改变 ΔR_0，检流计指针偏转 Δn 格。如果一个很小的 ΔR_0 能引起较大的 Δn 偏转，电桥的灵敏度高，电桥的平衡就能够判断得更精细。所以电桥的灵敏度定义为

$$S = \frac{\Delta n}{\dfrac{\Delta R_0}{R_0}} = R_0 \left(\frac{\Delta n}{\Delta I_g} \right) \left(\frac{\Delta I_g}{\Delta R_0} \right) = R_0 S_i \left(\frac{\Delta I_g}{\Delta R_0} \right)$$

它反映了电桥对电阻相对变化量的分辨能力。实验中可据此测出所用电桥的灵敏度。

当电桥偏离平衡时，应用基尔霍夫定律，可推出电桥的灵敏度为

$$S = \frac{S_i U}{(R_1 + R_2 + R_x + R_0) + \left(2 + \dfrac{R_2}{R_1} + \dfrac{R_0}{R_x} \right) R_g} \tag{4-50}$$

式中，S_i 为检流计的灵敏度（$S_i = \Delta n/\Delta I_g$）；$R_g$ 为检流计的内阻；U 为 AB 端的电压。

由式（4-50）可知，适当提高电压 U，选择灵敏度高、内阻低的检流计，适当减小桥臂电阻（$R_1 + R_2 + R_0 + R_x$），尽量将桥臂配置成均匀状态（四臂电压相等），使（$2 + R_2/R_1 + R_0/R_x$）值最小，对提高电桥灵敏度都有作用。

电桥的精度分为 0.01、0.02、0.05、0.1、0.2、0.5、1.0、2.0 共 8 个等级。它代表比例臂最大相对误差和比较臂最大相对误差的总和，即

$$\left[\left(\frac{\Delta R_1}{R_1}\right)^2 + \left(\frac{\Delta R_2}{R_2}\right)^2 + \left(\frac{\Delta R_0}{R_0}\right)^2\right]^{\frac{1}{2}} = f\%$$

f 为电桥的级别。被测电阻 R_x 的误差由级别误差和人眼判断检流计指示误差两部分组成。如果认为检流计偏离平衡位置 0.2 格之内人眼无法分辨,则判断平衡的误差为 0.2/S。

因此,按规定条件正确使用电桥时测量的极限误差为

$$\frac{\Delta R_x}{R_x} = f\% + \frac{0.2}{S}$$

三、实验仪器

实验仪器包括滑线式惠斯通电桥、箱式惠斯通电桥、毫安表、灵敏电流计、电阻箱、滑动变阻器、直流稳压电源、待测电阻两个。

1. 滑线式惠斯通电桥

滑线式惠斯通电桥的测量接线图如图 4-30 所示,在一块木板上固定了三块铜板条 A、B、C(因为铜板电阻很小,在此起接点的作用)。其上有接线柱,在铜条 A、B 间紧拉一条长 1m 的电阻丝,其下装一个米尺,D 为可以在电阻丝上滑动的电键,它将电阻丝分为两段,相当于图 4-29 中的 R_1、R_2。因为电阻丝可以看成是均匀的,故有

$$\frac{R_2}{R_1} = \frac{L_2}{L_1} \quad \text{或} \quad R_x = \frac{L_2}{L_1} R_0$$

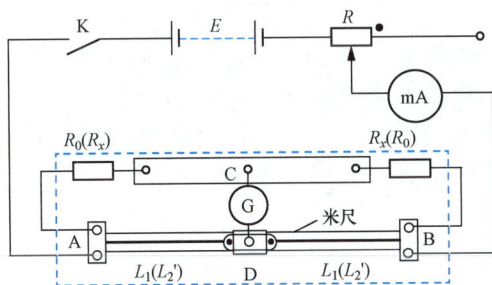

图 4-30 滑线式惠斯通电桥的测量接线图

由于电阻丝实际上不完全均匀,因而使实验产生系统误差。为了消除该误差,可采用改变测量状态的"对换法",第一次测量结果为

$$R_x = \frac{L_2}{L_1} R_0 \qquad R_x L_1 = R_0 L_2$$

第二次测量将 R_0 与 R_x 对换,其结果为

$$R_x = \frac{L_2'}{L_1'} R_0 \qquad R_x L_1' = R_0 L_2'$$

综合两次结果,可得

$$R_x(L_1 + L_1') = R_0(L_2 + L_2')$$

即

$$R_x = \frac{L_2 + L_2'}{L_1 + L_1'} R_0 \qquad\qquad (4\text{-}51)$$

使用此修正公式，可以消除由于电阻丝不均匀所引入的误差。

2. 箱式惠斯通电桥

本实验所使的 DHQJ-1 型电桥，是一种多功能的箱式电桥，它可以组成属于平衡电桥的惠斯通电桥，也可以组成多种形式的非平衡电桥，是一种精度较高的综合性实验电桥。在本实验中我们只组成惠斯通电桥，其板面布置如图 4-31。

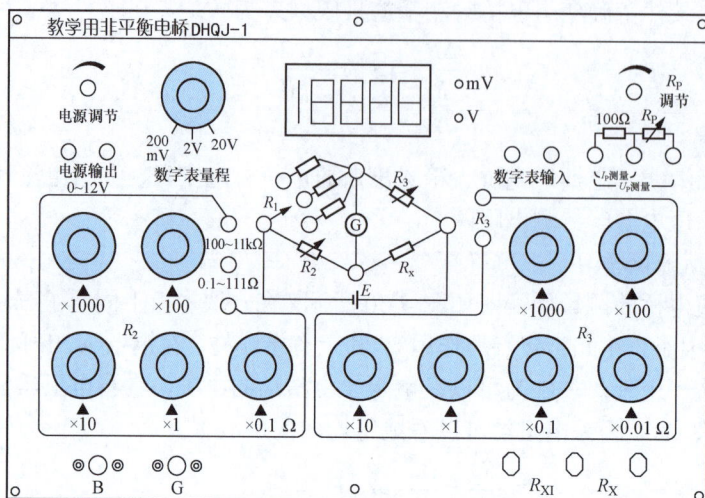

图 4-31　惠斯通电桥板面布置

仪器的电源、数字表及桥臂电阻 R_1、R_2、R_3 以及 R_P 电阻之间各自是相互独立的，按照电桥上的各自插座孔，通过连线组成桥路。

电桥的 B 按钮，内部已经与电源连接，用于接通桥路电源；电桥的 G 按钮，内部已经与数字电压表连接，用于数字电压表的通断。

四、实验内容

1. 用滑线式电桥测电阻

（1）按图 4-30 连接电路。R_x 为待测电阻，R_0 为转柄式电阻箱，G 为灵敏电流计，mA 为毫安表，R 为滑动变阻器。注意：线路连接好以后，须经教师检查合格后，才能合闸通电。

（2）确定电阻箱 R_0 的阻值。将滑动电键 D 放在电阻丝中间位置，先使 R_0 定位在 500Ω 左右，将滑动电键按下后立即松开。再取 R_0 为 900Ω，按一下电键（也是瞬时的）观察 G 中指针偏转方向是与第一次一致还是相反，如果相反，将 R_0 的值逐步从 900Ω 减小，在 500～900Ω 之间总可以找到一个 R_0 值使得 G 中指针偏转最小。如果指针偏转方向一致，那么用同样方法在 0～500Ω 间（或大于 900Ω）找到一个 R_0 值，使 G 中指针偏转最小。使 G 中指针偏转量最小的 R_0 值就是要选择的 R_0 值。

（3）确定 R_0 后，移动滑动电键 D，在电阻丝中间（如果平衡点在中间位置，可提高测量的精确度。）附近位置找到一点，使得 G 中指针指零。记下此时电键在标尺上指示的读数（L_1、L_2）。

（4）将 R_0 与 R_x 对换位置，找准平衡点，记下电键在标尺上的指示数值（L_2'，L_1'）。

（5）利用式（4-51）计算出待测电阻 R_x。

（6）更换另一待测电阻，模仿前面各步骤测出该电阻之值。

2. 用箱式电桥测电阻

（1）对照图 4-31 和熟悉有关接头旋钮，然后按下列步骤测出一个未知电阻。

1）用随仪器配备的电源线将电桥连至 220V 交流电源，打开电桥后面的电源开关，接通电源。

2）根据被测对象选择合适的工作电压，工作电压通过"电源调节"电位器调节，电压值可以用仪器自身的数字电压表测量。单桥测量时工作电压值可以参照表 4-15 进行选择。

表 4-15 工 作 电 压 选 择 表

倍 率	量 程	精 度	工作电压
×0.001	1～11.111Ω	5%	1～3V
×0.01	10～111.11Ω	1%	1～3V
×0.1	100Ω～1.1111kΩ	0.2%	3V
×1	1～11.111kΩ	0.1%	3～6V
×10	10～111.11kΩ	0.2%	6V
×100	100kΩ～1.1111MΩ	2%	6～9V
×1000	1～11.111MΩ	5%	9～12V

3）将 R_{X1} 和 R_X 右端相连，被测电阻连接至 R_X 两端，根据被测电阻的大小选择合适的 R_1、R_2 值，接好数字电压表，作为检流计使用。

4）选择合适的工作电压 E，一般小于 3V，灵敏度不够时，再适当调高 E。

5）连接好线路，进行检查无误后接通 G 按钮，再接通 B 按钮，调节 R_3 至数字电压表读数为零，表示电桥达到平衡。

> **注 意**
>
> 在本电桥上，R_1 选择可以是 10、100、1000Ω，测量时一般优先取 1000Ω，再是 100Ω，最后是 10Ω。R_2 可选 0～11.111kΩ 的任意值，习惯上为方便操作及计算，R_2 通常选 10Ω、100Ω、1kΩ、10kΩ 等值。

6）计算被测电阻的阻值：$R_x = \dfrac{R_2}{R_1} R_3$。

（2）依照上法测出另一未知电阻。

（3）用箱式电桥测定同种规格的商品电阻阻值，商品电阻的数量为 15 个，要求算出其阻值的平均值及精度（最大相对误差），并剔除废品电阻。提示：为了检查各 R_i 是否有废品，取 3σ 为标准，误差超过 3σ 为废品，σ 为测量到的标准差。剔除废品后再计算阻值的平均值及其精度。

五、思考题

（1）本实验是如何减少系统误差与偶然误差的？

（2）在图 4-30 的电路中，接通电源后，检流计指针总是偏向一边或总不偏转，试分别说明这两种情况下电路何处可能发生了故障。

（3）电桥灵敏度是什么意思？如果测量电阻要求误差小于万分之五，则电桥灵敏度应多大？

实验 12　电 表 的 改 装 及 校 准

实验 12　数字资源

　　　　　安培计、伏特计、万用电表等都是在教学、生产及科研中进行电磁测量时经常使用的、必不可少的基本电学仪器。有时我们手中的电表种类、量程不能满足需要或不准确，这时就需要改装设计、装配、校正电表。因此我们不仅要懂得基本电表的构造原理及规格，能够正确地使用它们，而且也要能自己动手改装设计、装配能满足实际工作中多种多样需要的电表。

一、实验目的

（1）了解安培计、伏特计的构造。

（2）学会测量表头内阻的方法。

（3）掌握将表头改装成较大量程的电流表和电压表的原理和方法。

（4）学会电流表和电压表的校正方法。

二、实验原理

1. 表头参数的获得

电流计允许通过的最大电流称为电流计的量程，用 I_g 表示，电流计的线圈有一定内阻，用 R_g 表示，I_g 和 R_g 是表示电流计特性的两个重要参数。

测量内阻 R_g 常用方法有：

（1）半电流法（也称中值法）。将被测电流计接在图 4-32 的电路中，先使电流计满偏，再用十进式电阻箱与电流计并联作为分流电阻，改变电阻值即改变分流程度，同时调节电源电压和变阻器 R_W 的阻值，使电流计指针指示到中间值，且标准电流表读数（即总电流强度）保持不变，此时分流电阻值就等于被测电流计的内阻。

（2）替代法。将被测电流计接在图 4-33 的电路中，然后用十进式电阻箱替代它，不断改变电阻箱的电阻值，使标准电流表读数（即电流强度）保持不变，则电阻箱的电阻值就等于被测电流计的内阻。替代法是一种运用很广的测量方法，具有较高的测量准确性。

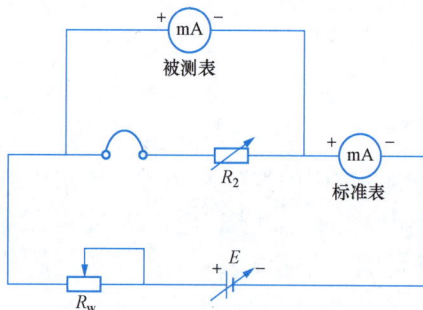

图 4-32　半电流法电路图

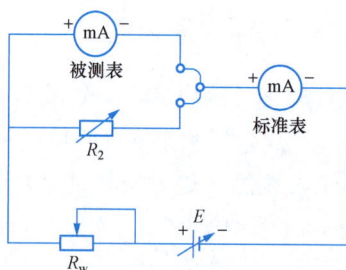

图 4-33　替代法电路图

2. 表头改装的原理

（1）电流表的扩程。根据电阻并联规律可知，如果在表头两端并联上一个阻值适当的电

阻 R_2，如图 4-34 所示，可使表头不能承受的那部分电流从 R_2 上分流通过。这种由表头和分流电阻 R_2 组成的整体就是改装后的电流表。如需将量程扩大 n 倍，则

$$R_2 = \frac{R_g}{n-1} \tag{4-52}$$

图 4-34 为电流表扩程及校准电路图。用电流表测量电流时，电流表应串联在被测电路中，所以要求电流表内阻较小。另外，在表头上并联不同阻值的分流电阻，可制成多量程的电流表。

（2）改装电压表。表头能承受的电压很小，不能用来测量较大的电压。为了测量较大的电压，可以给表头串联一个阻值适当的电阻 R_M，如图 4-35 所示，使表头上不能承受的那部分电压降落在电阻 R_M 上。这种由表头和串联电阻 R_M 组成的整体就是电压表，串联的电阻 R_M 叫做扩程电阻。串联不同大小的 R_M，就可以得到不同量程的电压表。如改装的电压表量程为 U，则可得扩程电阻值为

$$R_M = \frac{U}{I_g} - R_g \tag{4-53}$$

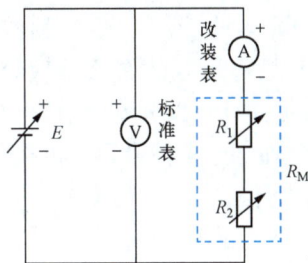

图 4-35 为电压表改装及校准电路图。用电压表测量电压时，电压表总是并联在被测电路上，为了不因并联电压表而改变电路的工作状态，所以要求电压表内阻较高。

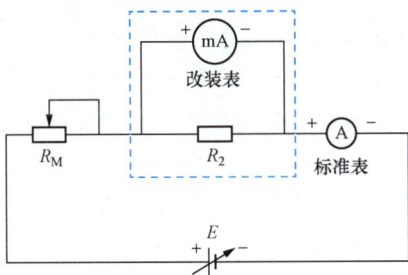

图 4-34　电流表扩程及校准电路图　　　　图 4-35　电压表改装及校准电路图

3. 电表的标称不确定度和校准

电表的标称不确定度是指电表的读数值与准确值可能存在的最大相对偏差，它包括了电表在构造上各种不完善的因素所引入的误差。为了确定标称不确定度，先用电表和一个标准表同时测量一定的电流或电压，称为校准。校准的结果得到电表各个刻度的偏差，选取其中最大的偏差除以量程，即为该电表的标称不确定度，故

标称不确定度=(最大绝对偏差/量程)×100%

根据标称不确定度的大小，电表分为不同的等级，电表的等级通常标在电表的面板上，称为准确度等级。例如 0.5 表示该表的准确度等级为 0.5 级，当电表示值为 N 时，最大的相对不确定度为

$$E_{max} = \frac{\Delta N_m}{N} = \frac{\Delta N_m}{M}\frac{M}{N} = \frac{M}{N}K\%$$

式中，ΔN_m 为最大偏差，M 为电表的量程，K 为准确度等级。E_{max} 有时也称为仪器不确定度，选择合适的量程可使之为最小。

电表的校正结果除用准确度等级 K 表示外，还常用校正曲线表示，即以被校表的指示为横坐标轴，以偏差值 $\Delta I = I_标 - I_改$ 为纵坐标轴，见图 4-36。在以后使用电表时，可根据校正曲线查出指示值的偏差，对被校表的读数值进行修正，得到较准确的结果。

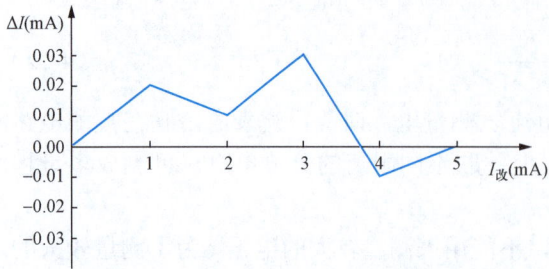

图 4-36　电流表校正曲线

三、实验仪器

实验仪器为 DH4508 型电表改装及校准试验仪。DH4508 型电表改装及校准试验仪内附指针式电流计、标准电压表、标准电流表、可调直流稳压电源、十进式电阻箱、专用导线及其他部件，无需其他配件便可完成电表改装及校准实验。

可调直流稳压电源分为 2、10V 两个量程，通过"电压选择开关"选择所需的电压输出。通过调节"电压调节"电位器调节需要的电压。与可调直流稳压电源配套使用的指针式电压表也对应地分为 2、10V 两个量程。

标准数显电压表有 2、10V 两个量程，通过"电压量程选择开关"选择不同的电压量程；标准数显电流表有 2、10mA 两个量程，通过"电流量程选择开关"选择不同的电流量程。

四、实验内容

（1）用"半电流法"或"替代法"测表头内阻 R_g，实验方法与实验程序可自选。

（2）将量程为 1mA 的表头改装为 5mA 量程的电流表。

1）根据式计算出分流电阻 R_2 的值，先将电源调到最小，R_W 调到中间位置，标准电流表选择开关打在 20mA 挡量程，再按图 4-34 接线。

2）先校准零点，再慢慢调节电源，升高电压，并配合调节变阻器 R_W，使改装表指到满量程。然后校准改装表满刻度示值，若该点值与 5mA 不相符，则可稍调节 R_2 值，使改装表满刻度值与标准表一致。

3）调小电源电压，使改装表每隔 1mA 逐步减小读数直至零点，再调节电源电压按原间隔逐步增大改装表读数到满量程，记下每次标准表相应的读数。

4）以改装表读数为横坐标，标准表由大到小及由小到大调节时两次读数的平均值为纵坐标，在坐标纸上作出电流表的校正曲线，并根据两表最大误差的数值定出改装表的准确度级别。

5）按以上步骤，将 1mA 表头改装成 10mA 量程的电流表（选作）。

（3）将量程为 1mA 的表头改装为 1.5V 量程的电压表。

1）根据式（4-53）计算出扩程电阻 R_M 的值，先将电源调到最小，R_W 调到中间位置，标准电压表选择开关打在 2V 挡量程，再按图 4-35 接线。

2）先校准零点，再慢慢调节电源，升高电压，并配合调节变阻器 R_W，使改装表指到满量程。然后校准改装表满刻度示值，若该点值与 1.5V 不相符，则可稍调节 R_W 值，使改装表满刻度值与标准表一致。

3）调小电源电压，使改装表每隔 0.3V 逐步减小读数直至零点，再调节电源电压按原间隔逐步增大改装表读数到满量程，记下每次标准表相应的读数。

4）以改装表读数为横坐标，以标准表由大到小及由小到大调节时两次读数的平均值与改装表读数的偏差值为纵坐标，在坐标纸上作出电压表的校正曲线，并根据两表最大误差的数值定出改装表的准确度级别。

5）按以上步骤，将 1mA 表头改装成 5V 量程的电压表（选作）。

五、注意事项

R_W 作为限流电阻，阻值不要调至最小值。

六、思考题

（1）校正电流表时，改装表读数相对于标准表的读数都偏高，要使其达到标准表读数，分流电阻应调大些还是调小些？为什么？

（2）校正电压表时，改装表读数相对于标准表的读数都偏高，要使其达到标准表读数，扩程电阻应怎么调？为什么？

（3）电表的校正曲线有何用途？如何使用？

实验 13 用模拟法测绘静电场

实验 13 数字资源

带电导体（有时称电极）在空间形成的静电场，除极简单的情况外，大多不能求出它的数学表达式。为了实用的目的，往往借助实验的方法来测定电场。但是，直接测量电场也遇到很大的困难，这不仅是因为设备复杂，还因为将探针伸入静电场时，探针上会产生感应电荷，这些电荷又产生电场，与原静电场叠加起来，使原电场产生显著的畸变。但是，有时可以采用一种间接的测定方法——模拟法来测绘静电场。

模拟法的特点是，仿造一个电场（称为模拟场），使它与原静电场完全一样，当用探针去测模拟场时，它不受干扰，因此可间接地测出被模拟的静电场。

模拟法可用于电子管、示波器、电子显微镜等多种电子束管内部电极形状的研制工作。

一、实验目的

（1）学习用模拟法测定静电场的等位面和电力线。

（2）加深对静电场场强和电势的理解。

二、实验原理

模拟法是利用两种不同的场在规律形式上的相似性，以容易测量场的研究代替不易测量的场。本实验是用稳恒电流场模拟静电场，这是研究静电场的一种最方便的方法。

稳恒电流场和静电场在形式上有两点相似：第一，电场电位的相似性，如果有一个静电场它由几个带电导体激发，每个带电导体的位置、形状以及电位 U_1、U_2、…均为已知，那么，我们可以将同样形状的良导体按同样位置放到电介质中去，并在各导体上加同样的直流电压，使它们的电位也是 U_1、U_2、…这样得出稳恒电流场任一点 P' 的电位 U' 跟静电场对应点 P 的静电位 U 完全一样，因直流电位很容易测定，对应静电场电位分布就可以确定；第二，稳恒电流场的电流线与静电场的电力线相似，当将同样电极放在导电介质中的同样位置上时，并加上相应直流电压，则导电介质中各点有相应的电流流过，各点的电流密度与该点的电场强度成正比，且方向相同，即欧姆定律的微分形式

$$J=\sigma E$$

于是电流场中所形成的电流线与静电场中的电力线相似。

稳恒电流场和静电场在形式上如此相似的原因是当电流场有稳定直流电通过时，单位时

间内从其中一个体积元流出的电荷被流入的等量同号电荷所代替，结果在这个体积元内净电荷为零，因而整个体积内呈电中性。所以，在这两种情况下电场分布是相同的。

值得注意的是静电场中的介质相当于稳恒电流场中的导电质。如果是真空或空气中的静电场，则相应的是均匀的导电质。静电场中的带电体表面是一等位面，要求电流场中的良导体也是等位面，这就要求采用良导体作电极，即良导体的电导率远大于导电质的电导率，故要求导电质的电导率不宜大。

1. 一个电偶极子静电场的描绘

实验装置如图 4-37（a）所示。矩形区域为导电玻璃板，A、B 为两探针与导电玻璃板的触点，当 A、B 间加上电位差后，导电玻璃板上将产生稳恒电流，这时在 A、B 间建立了稳恒电流场。如果两极间电位差 U 与其上带静电荷时相同，则此稳恒电流场与其静电场相似。如果从上向下垂直观察，A、B 两触点就是两个小等位圆面，就好像在触点上放上等量异号电荷。因此，这个稳恒电流场就与一个电偶极子的静电场相似了。

用这样的装置模拟出点电荷的静电场，用检流计寻找出场中等位线，再由等位线描绘出电力线，如图 4-37（b）所示。

2. 用模拟法研究导体对静电场的影响

如果在上述点电荷模拟场中放入一导体（如铜环），因导体的电阻很小，导体上两点的电位差比起电流场中的导电介质中同样两点的电位差要小很多倍，所以可近似地将导体（铜环）看成是等位面。由于铜的高导电性，铜环周围的电流都改变了流向，大部分都从铜环上流过，而环内几乎没有电流。这样就改变了电场的分布，而且环内无电场。整个环就好像静电学中的静电屏蔽一样。通过此实验证实了金属导体对静电场分布的影响。

3. 长同轴柱面（电缆线）的电场

（1）静电场的电位分布函数。如图 4-38 所示，在真空中有一个半径为 R_1 的圆柱导体（电极 A），和一个内半径为 R_2 的圆筒导体（电极 B），它们的中心轴重合。设电极 A、B 的电位分别为 $U_A=U_1$，$U_B=0$（接地），各带等电量、异号的电荷 $+q$ 与 $-q$，则在两极之间产生静电场。为了计算其静电场，取半径为 r 的高斯面，设此面上场强为 E，由高斯定理可得

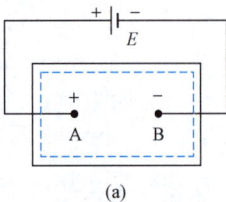

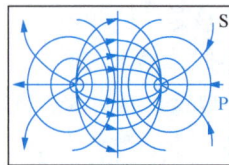

(a)   (b)

图 4-37 点电荷模拟场

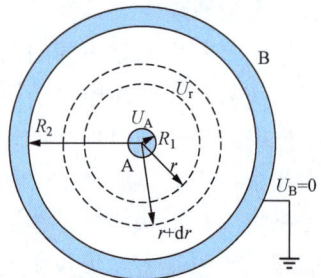

图 4-38 电缆横截面的电场

$$2\pi r \varepsilon_0 E = q$$

故

$$E = -\frac{\mathrm{d}U}{\mathrm{d}r} = \frac{q}{2\pi r \varepsilon_0} \tag{4-54}$$

由式（4-54）有

$$U_r = -\int E \mathrm{d}r = -\frac{q}{2\pi \, \varepsilon_0} \int \frac{\mathrm{d}r}{r} = -K \int \frac{\mathrm{d}r}{r} \tag{4-55}$$

$$U_r = -K \ln r + C \tag{4-56}$$

其中 $K = \dfrac{q}{2\pi \, \varepsilon_0}$ 。

应用边界条件：$r=R_1$ 时 $U_r=U_A$，$r=R_2$ 时 $U_r=0$，分别代入式（4-55）、式（4-56），解出积分常数 $C = K \ln R_2$ 和 $K = \dfrac{U_A}{\ln R_2 - \ln R_1}$，再将 K 和 C 的值代入式（4-56），整理后得

$$U_r = U_A \frac{\ln\left(\dfrac{R_2}{r}\right)}{\ln\left(\dfrac{R_2}{R_1}\right)} \quad \text{或} \quad \frac{U_r}{U_A} = \frac{\ln\left(\dfrac{R_2}{r}\right)}{\ln\left(\dfrac{R_2}{R_1}\right)} \tag{4-57}$$

由式（4-57）可以看出电缆截面内静电场的电位 U_r 和 r 的函数关系，并且相对电位 $\dfrac{U_r}{U_A}$ 仅是坐标 r 的函数。

（2）模拟场的电位分布函数。为了克服直接测量静电场的困难，我们仿造一个模拟场。同轴柱面电极用铜料制成，电极 A、B 间为导电玻璃板。在电极上接上电源 U_A 后，导电玻璃板上产生了电流，电流从电极 A 均匀辐射状地流向电极 B。电流密度 $\boldsymbol{j}$ 的大小和方向遵循欧姆定律的微分形式

$$\boldsymbol{j} = \sigma \boldsymbol{E'}$$

$\boldsymbol{E'}$ 是不良导体内的电场强度，σ 是不良导体的电导率，其倒数用电阻率 ρ 表示。

设不良导体的厚度为 d，则半径从 $r \to r+\mathrm{d}r$ 的圆周之间的不良导体电阻（见图 4-38）为

$$\mathrm{d}\Omega = \rho \frac{\mathrm{d}r}{s} = \frac{\rho \mathrm{d}r}{2\pi \, rd} = \frac{\rho}{2\pi d} \frac{\mathrm{d}r}{r}$$

由此积分求得 $r \to R_2$ 之间不良导体的电阻为

$$\Omega_{rR_2} = \frac{\rho}{2\pi d} \int_r^{R_2} \frac{\mathrm{d}r}{r} = \frac{\rho}{2\pi d} \ln\left(\frac{R_2}{r}\right) \tag{4-58}$$

同样计算出 $R_1 \to R_2$ 之间的总电阻

$$\Omega_{R_1 R_2} = \frac{\rho}{2\pi d} \ln\left(\frac{R_2}{R_1}\right) \tag{4-59}$$

于是，从内柱面到外柱面的总电流

$$I_{12} = \frac{U_A}{\Omega_{R_1 R_2}} = \frac{2\pi d}{\rho \ln\left(\dfrac{R_2}{R_1}\right)} U_A$$

则外柱面（$r=R_2$，$U_2=0$）至半径为 r 柱面的电位

$$U_r = I_{12} \Omega_{rR_2} = \frac{U_A}{\Omega_{R_1 R_2}} \Omega_{rR_2}$$

将式（4-58）和式（4-59）代入此式并整理得

$$U_r' = U_A \frac{\ln\left(\dfrac{R_2}{r}\right)}{\ln\left(\dfrac{R_2}{R_1}\right)} \quad 或 \quad \frac{U_r'}{U_A} = \frac{\ln\left(\dfrac{R_2}{r}\right)}{\ln\left(\dfrac{R_2}{R_1}\right)} \tag{4-60}$$

比较式（4-57）和式（4-60）可得到结论：有电流存在时，模拟场中电位分布函数与原真空中无电流时静电场的电位分布函数相同。当然，不良导体中的电场强度 E' 也与原真空中的电场强度 E 相同。

三、实验仪器

实验仪器 UE-JDM-1 型静电场描绘实验仪。

四、实验内容

1. 测定两异性点电荷的电场分布

首先调节静电场描绘实验仪的"电源输出"旋钮，使"电源电压"指示到所需的电压值，连接如图 4-37（a）所示的导电玻璃板，然后用探针分别找出几个不同电压值的等位点，最后绘制出两异性点电荷间的等位线和电力线。

2. 研究导体对电场分布的影响

将铜环放在盘中央，用上面的方法寻找环内、外等位线，并用坐标纸描绘出模拟场的等位线及电力线。分析铜环（导体）对电场的影响。

3. 测绘同轴电缆的电场分布

（1）连接如图 4-38 所示的导电玻璃板，用实验内容 1 的方法绘制同轴电缆电场分布图。

（2）以 $\dfrac{U_r}{U_A}$ 为纵轴，半径 $\overline{r_i}$ 为横轴，在坐标纸上作 $\dfrac{U_r}{U_A} - r_i$（包括 R_1、R_2）的关系曲线。

（3）由实验数据验证理论公式

$$\left(\frac{U_r}{U_A}\right)_{理论} = \frac{\ln\left(\dfrac{R_2}{r}\right)}{\ln\left(\dfrac{R_2}{R_1}\right)}$$

五、思考题

如果电源电压增加一倍，实验中测绘的等位线和电力线分布是否发生变化？

实验 14 电学综合设计实验

本实验是在主体九孔板上，通过接插件式的透明元器件相互连接，从而完成多个物理电学实验，可以提高学生实际动手能力和实验设计能力。

实验 14 数字资源

一、实验目的

（1）熟悉基本电学元件的特性。

（2）学习常用电学测量仪器的使用方法。

（3）学习测量电源外特性的方法。

（4）学习绘制特性曲线。

（5）提高动手能力和实验设计能力。

二、实验仪器

实验仪器包括 DH-SJ1 物理设计性实验装置、低频功率信号源、直流恒压源、恒流源、台式数字万用表、示波器等。

实验元件主要包括电阻、电容、电感、二极管、可调电阻、可调电容、可调电感、微安表头、开关、连接线等。

三、实验设计的基本过程

（1）明确目的，广泛联系已经学过的物理知识。

（2）选择方案，简便精确。要坚持科学性、安全性、精确性、方便性、直观性和节约性原则。

（3）依据方案，选定器材。

（4）拟定步骤，合理有序。

（5）数据处理，误差分析。

四、实验内容

学生自行设计实验操作，可选择的项目有：

（1）电学元件伏安特性的测试。

（2）电源外特性的测量。

（3）RLC 元件的阻抗特性和谐振电路（稳态特性）。

（4）RLC 元件的一阶和二阶暂态特性。

（5）整流滤波电路。

（6）稳压电路。

（7）电表改装。

（8）混沌效应。

（9）基尔霍夫定律验证和电位的测定。

（10）电桥法测量定值电阻。

五、注意事项

（1）遵循"先接线，再检查，后通电，先关电，再拆线"的原则。

（2）使用测量仪器前，应注意对极性、量程和功能的正确选择。

（3）直流稳压电源的输出端不能短路。

（4）使用实验元件时不要超出其标注的功率范围，以免损坏元件。

实验 15　示波器的调节和使用

实验 15　数字资源

阴极射线示波器（简称示波器）是观察和测量电信号的一种现代电子仪器。由于电子束的惯性小，在示波器上适合观测瞬时的变化过程。示波器如配合各种换能器，还可以对各种非电量（如温度、位移、速度、压力、光强、磁场、频率等）的变化过程进行观测，因此示波器有着广泛的应用。

示波器的种类很多，大致可分为专用和通用两大类。本实验通过学习使用通用型示波器，可为以后使用其他示波器打基础。

一、实验目的

（1）了解示波器的基本结构和工作原理。

（2）学会用示波器观测交流电的电压波形及李萨如图形等。

二、实验仪器

1. 示波器的构造与功能

示波器的构造如图 4-39 所示。它由示波管、扫描与触发扫描、电压放大器和电源组成。

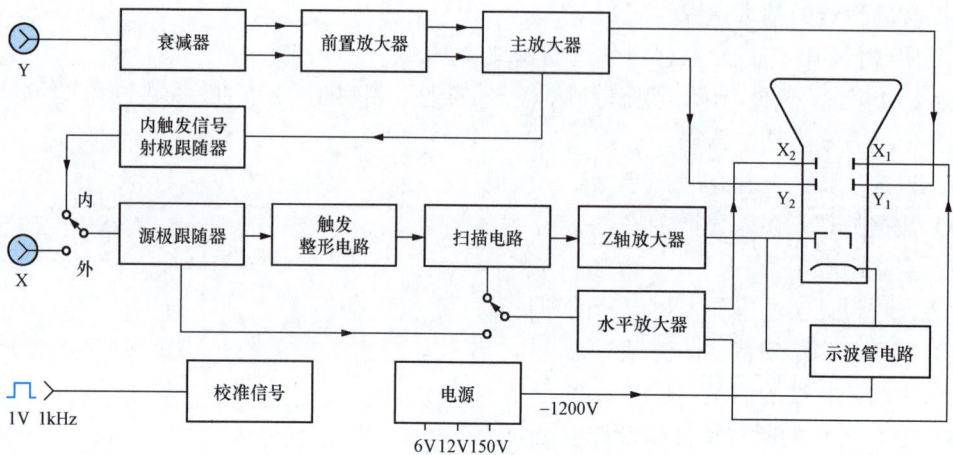

图 4-39　示波器的构造

（1）示波管。示波管是示波器的核心部分，它是一个长颈的大型真空玻璃管，其内部由电子枪、XY 偏转板和荧光屏三部分构成，见图 4-40 所示。

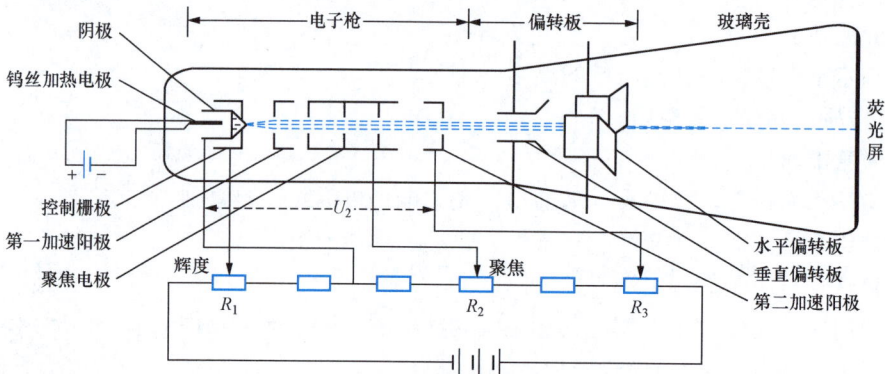

图 4-40　示波管的基本结构

1）电子枪：包括电子发射和聚焦系统。钨丝加热电极（灯丝）通 6.3V 交流电，用来加热阴极，由于阴极表面涂一层氧化物（如氧化钡等），受热后使阴极表面逸出大量电子，游离在空间。当第一阳极加几百伏电压时，使得原来分散的电子形成一个会聚的电子束。因此第一阳极称聚焦电极。调节电位器 R_2 可使屏上汇聚成一个清晰的光点。第二加速阳极上加 1000V 以上高压，使电子束加速。计算表明，当加速电压为 1000V 时，电子速度可达 5.9×10^7m/s。

控制栅极是一个围着阴极的圆柱，圆柱前面突的一边盖上一块膜片，片中央有一个圆孔。栅极加负电位，所以调节栅极电压的电位器 R_1 就可以控制栅极的电子数，从而改变荧光屏上的"辉度"。

2）偏转板：X_1–X_2 与 Y_1–Y_2 是互相垂直放置的两对偏转板。两对板上分别加直流电压，以控制电子束的位置。面板上"X 轴位移"和"Y 轴位移"旋钮是用来调节偏转电压的，适当调节这两个旋钮，就可以将光点（或波形）移到荧光屏的中央。

3）荧光屏：屏的内表面涂有硅酸锌、钨酸钙等磷光物质，在高能电子的轰击下发光。磷光的强度取决于电子的能量和数量，但在电子停止轰击时，磷光不会马上消失，称为"余辉"，利用它可在荧光屏上观测电子束的连续轨迹。

（2）扫描与触发扫描。如果在垂直偏转板上加上交流电压，即

$$U_y=U_m\sin2\pi ft$$

在这个电压作用下，光点将沿 Y 轴作简谐振动，由于"余辉"，荧光屏上呈一直线。显然它并不能形象地反映出 U_y 的变化规律。为此在水平偏转板上必须加上"扫描电压"，即

$$U_x=Kt$$

式中，K 为常数，U_x 是一个随时间正比增大的电压，产生扫描电压的装置叫锯齿波发生器，其波形如图 4-41 所示。U_x 从 $t=t_0$ 开始随时间 t 成正比增加，当达到某个电压值时突然降至原电压值，接着从 t_1 时刻开始上升，这样往复变化，便形成了锯齿波。若将扫描电压加到水平偏转板上，可看到一条水平亮线。如果将 U_y 与 U_x 分别加到 y 轴输入和 x 轴输入，共同作用的结果就是正弦波形。如图 4-41 所示，如果正弦交流电压周期 T_y 与锯齿波电压周期 T_x 相等，在荧光屏上将描绘出一个完整的正弦波形。

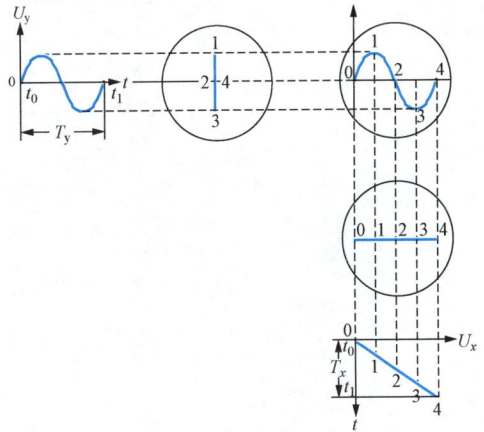

图 4-41 正弦波形的合成

为了在荧光屏上获得稳定不动的信号波形，以利于观察与测量，在示波器中是用被测信号来控制扫描电压的产生时刻，这种方法叫做触发扫描。调节触发电平高低，使被测信号达到某一定值时，扫描电路才工作，产生一个锯齿波，而将被测信号显示出来。由于每次被测信号都达到这一定值时，扫描电路才工作，产生锯齿波，因此每次扫描显示的波形相同。这样，在荧光屏上看到的波形稳定不动，图 4-42 表示了触发扫描的原理。

2．SFG-1000 系列函数信号发生器简介

SFG-1000 系列是根据 DDS（直接数字合成技术）和 FPGA 芯片设计的具有高精确度和高稳定度输出的函数信号发生器。SFG-1000 系列 3MHz 的频率范围以及正弦波、方波、三角波和 TTL 输出的特性为测试提供高质量保证，板面如图 4-43（a）所示。

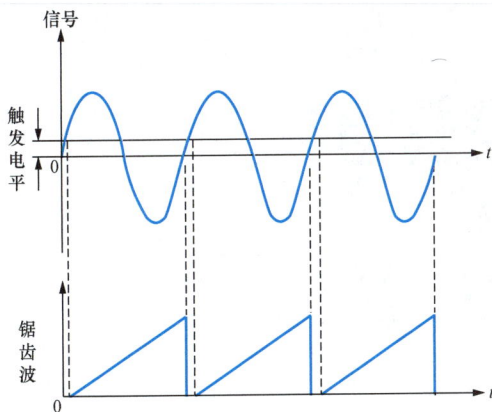

图 4-42 触发扫描原理

（1）输出波形调节。重复按下波形选择键就会在显示器中显示相应的波形。

（2）频率输出调节如图 4-43（b）所示。

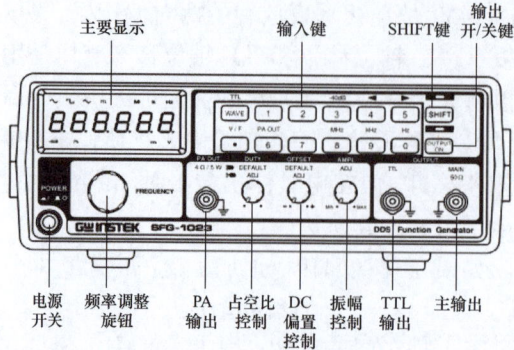

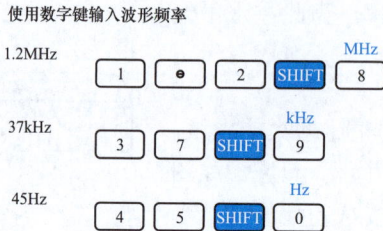

图 4-43　SFG-1000 系列函数信号发生器

（a）信号发生器前面板；（b）信号发生器频率输出调节

三、实验内容

利用示波器可以观测各种电压信号的波形、幅值和频率。在进行测量之前，就首先熟悉所使用的示波器，并在示波器屏幕上调节出稳定的电压波形。

1. GDS-1102B 型数字存储示波器的使用

GDS-1102B 型数字存储示波器前面板如图 4-44（a）所示。GDS-1102B 型数字存储示波器前面板按键说明如图 4-44（b）~图 4-44（e）所示。

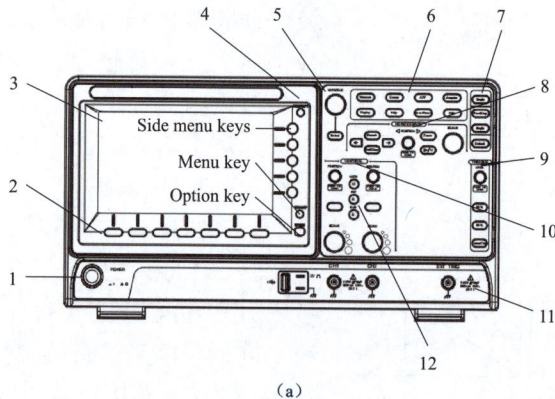

图 4-44　GDS-1102B 型数字存储示波器（一）

（a）示波器前面板

1—辉度调节；2—垂直移位；3—水平移位；4—电平旋钮；5—转换开关；

6—垂直放大系统的输入插座；7—垂直输入灵敏度步进选择开关；8—触发信号源选择开关；

9—时基扫描步进式选择开关；10—扫描微调旋钮；11—水平信号或外触发信号输入端；12—触发信号极性开关

Menu Keys		右侧菜单键和底部菜单键用于选择LCD屏上的界面菜单
		7个底部菜单键位于显示面板底部，用于选择菜单项
		面板右侧的菜单键用于选择变量或选项

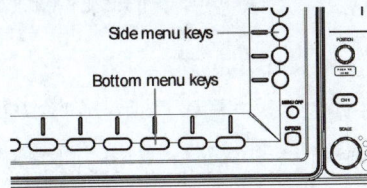

Hardcopy Key	HARDCOPY	一键保存或打印
Variable Knob and Select Key	VARIABLE	可调旋钮用于增加/减少数值或选择参数
		用于确认选择
	Select	
Function Keys		进入和设置GDS-1000B的不同功能
Measure	Measure	设置和运行自动测量项目
Cursor	Cursor	设置和运行光标测量

（b）

APP	APP	设置和运行GW Instek App
Acquire	Acquire	设置捕获模式，包括分段存储功能
Display	Display	显示设置
Help	Help	显示帮助菜单
Save/Recall	Save/Recall	用于存储和调取波形、图像、面板设置
Utility	Utility	可设置Hardcopy键、显示时间、语言、探棒补偿和校准。进入文件工具菜单
Autoset	Autoset	自动设置触发、水平刻度和垂直刻度
Run/Stop Key	Run/Stop	停止(Stop)或继续(Run)捕获信号
Single	Single	设置单次触发模式
Default Setup	Default	恢复初始设置
Horizontal Controls		用于改变光标位置、设置时基、缩放波形和搜索事件

（c）

图 4-44　GDS-1102B 型数字存储示波器（二）

（b）示波器前面板按键说明（一）；（c）示波器前面板按键说明（二）

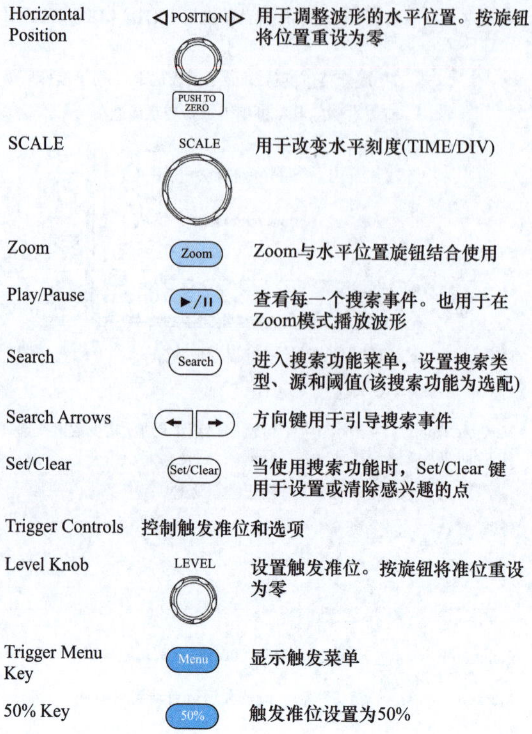

Horizontal Position	◁POSITION▷ PUSH TO ZERO	用于调整波形的水平位置。按旋钮将位置重设为零
SCALE	SCALE	用于改变水平刻度(TIME/DIV)
Zoom	Zoom	Zoom与水平位置旋钮结合使用
Play/Pause	▶/II	查看每一个搜索事件。也用于在Zoom模式播放波形
Search	Search	进入搜索功能菜单，设置搜索类型、源和阈值(该搜索功能为选配)
Search Arrows	← →	方向键用于引导搜索事件
Set/Clear	Set/Clear	当使用搜索功能时，Set/Clear 键用于设置或清除感兴趣的点
Trigger Controls		控制触发准位和选项
Level Knob	LEVEL	设置触发准位。按旋钮将准位重设为零
Trigger Menu Key	Menu	显示触发菜单
50% Key	50%	触发准位设置为50%

（d）

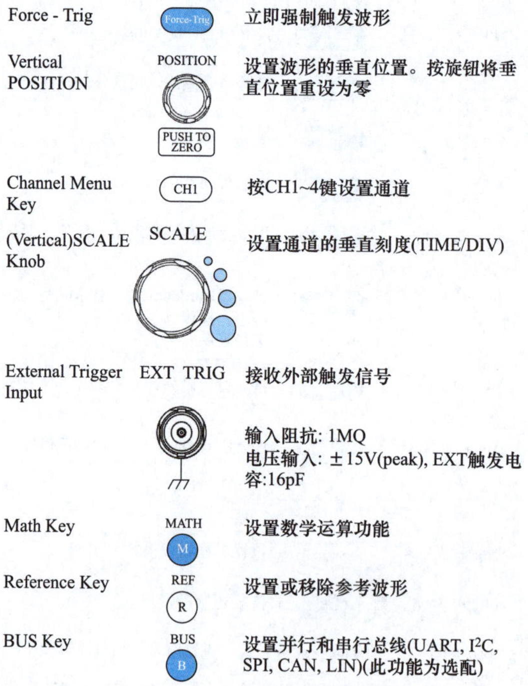

Force - Trig	Force-Trig	立即强制触发波形
Vertical POSITION	POSITION PUSH TO ZERO	设置波形的垂直位置。按旋钮将垂直位置重设为零
Channel Menu Key	CH1	按CH1~4键设置通道
(Vertical)SCALE Knob	SCALE	设置通道的垂直刻度(TIME/DIV)
External Trigger Input	EXT TRIG	接收外部触发信号
		输入阻抗: 1MQ 电压输入: ±15V(peak), EXT触发电容:16pF
Math Key	MATH M	设置数学运算功能
Reference Key	REF R	设置或移除参考波形
BUS Key	BUS B	设置并行和串行总线(UART, I²C, SPI, CAN, LIN)(此功能为选配)

（e）

图 4-44　GDS-1102B 型数字存储示波器（三）

（d）示波器前面板按键说明（三）；（e）示波器前面板按键说明（四）

2. V-252 型双踪通用示波器的使用

V-252 型双踪通用示波器的板面图如图 4-45 所示。

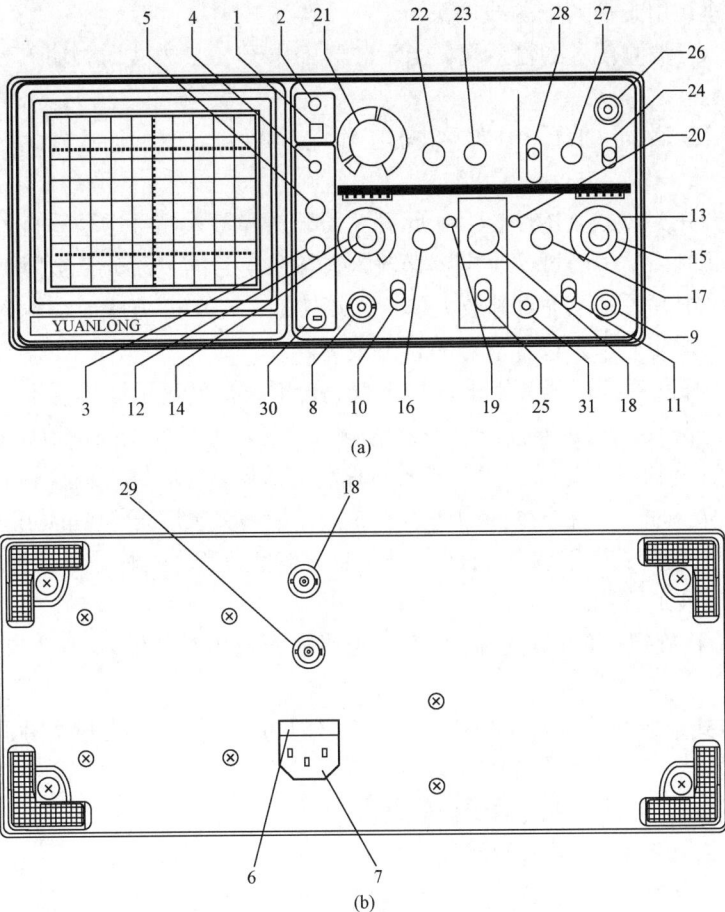

图 4-45 V-252 型双踪通用示波器板面图

（a）前板面图；（b）后板面图

1—电源开关；2—电源指示灯；3—聚焦控制；4—基线旋转控制；5—辉度控制；6—电源保险丝插座；

7—电源插座；8—CH1 输入；9—CH2 输入；10、11—输入耦合开关；12、13—伏/度选择开关；

14、15—微调；16—CH1 位移旋钮；17—CH2 位移旋钮；18—工作方式选择开关；

19、20—直流平衡调节；21—TIME/DIV 选择开关；22—扫描微调控制；23—水平位移旋钮；

24—触发源选择开关；25—内触发选择开关；26—外触发输入插座；27—触发电平控制旋钮；

28—触发方式选择开关；29—外增辉输入插座；30—校正 0.5V 端子；31—接地端子

熟悉 V-252 型双踪通用示波器的板面各控制部件的作用。

（1）电源指示灯：电源接通后指示灯亮。

（2）聚焦控制：当辉度调到适当的亮度后，调节聚焦控制直至扫描线最佳。虽然聚焦在调节亮度时能自动调整，但有时会稍微漂移，应用手动调节以获得最佳聚焦状态。

（3）基线旋转控制：用于调节扫描线和水平刻度线平行。

（4）辉度控制：此旋钮用来调节辉度电位器，以改变辉度。顺时针方向旋转，辉度增加；

反之，辉度减小。

（5）电源保险丝插座：用于放置整机电源保险丝。

（6）电源插座：用于插入电源线插头。

（7）CH1 输入：被测信号的输入端。当示波器工作于 X-Y 方式时，输入到此端的信号变成 X 轴信号。

（8）CH2 输入：类同 CH1，但当示波器工作在 X-Y 方式时，输入到此端的信号作为 Y 轴信号。

（9）输入耦合开关（AC-GND-DC）：此开关用于选择输入信号送至垂直轴放大器的耦合方式。在 AC 方式时，信号经过一个电容器输入，输入信号的直流分量被隔离，只有交流分量被显示；在 GND 方式时，垂直轴放大器输入端接地；在 DC 方式时，输入信号直接送至垂直轴放大器输入端而显示，包含信号的直流成分。

（10）伏/度选择开关：该开关用于选择垂直偏转因数，使显示波形置于一个易于观察的幅度范围。例如，当 10:1 探头连接与示波器的输入端时，荧光屏上的读数要乘 10。

（11）微调：此旋钮可小范围连续改变垂直偏转灵敏度，逆时针方向旋转时，显示波形幅度增大。此旋钮拉出时，垂直系统的增益扩展 5 倍，最高灵敏度可达 1mV/div。

（12）CH1 位移旋钮：用于调节 CH1 信号垂直方向的位移。顺时针方向旋转则波形上移，逆时针方向旋转时波形下移。

（13）CH2 位移旋钮：位移功能同 CH1，但当旋钮拉出时，输入到 CH2 的信号极性被倒相。

（14）工作方式选择开关（CH1、CH2、ALT、CHOP、ADD）：此开关用于选择垂直偏转系统的工作方式。

1）CH1：只有加到 CH1 通道的信号能显示。

2）CH2：只有加到 CH2 通道的信号能显示。

3）ALT：加到 CH1、CH2 通道的信号能交替显示在荧光屏上。此工作方式用于扫描时间短的两通道观察。

4）CHOP：在此工作方式时，加到 CH1、CH2 通道的信号受约 250kHz 自激振荡电子开关的控制，同时显示在荧光屏上。此工作方式用于扫描时间长的两通道观察。

5）ADD：在此工作方式时，加到 CH1、CH2 通道的信号的代数和在荧光屏上显示。

（15）CH1 输出端：此输出端输出 CH1 通道信号的取样信号。

（16）CH1、CH2 通道直流平衡调节旋钮：调节该旋钮可使光迹保持在零水平线上不移动。

（17）TIME/div 选择开关：扫描时间因数开关，扫描时间范围为从 0.2μs/div 到 0.2s/div，分为 19 挡。

（18）扫描微调控制：此旋钮在校准位置时，扫描因数按 TIME/DIV 指示读出；不在校准位置时，能连续改变扫描速度。

（19）水平位移旋钮：顺时针旋转时，扫描线向右移动；反之，扫描线向左移动。此旋钮拉出时，扫描因数扩展 10 倍。

（20）触发源选择开关：此开关用于选择扫描触发信号源。

1）内触发（INT）：加到 CH1 或 CH2 的信号作为触发源。

2）电源触发（LINE）：取电源频率作为触发源。

3）外触发（EXT）：外触发信号加到外触发输入端作为触发源。外触发用于垂直方向上的特殊信号的触发。

（21）内触发选择开关：此开关用于选择扫描的内触发源。

1）CH1：加到 CH1 的信号作为触发信号。

2）CH2：加到 CH2 的信号作为触发信号。

3）VERT MODE（组合方式）：用于同时观察两个波形，同步触发信号交替取自 CH1 和 CH2。

（22）外触发输入插座：用于扫描外触发信号的输入。

（23）触发电平控制旋钮：可以确定扫描波形的起始点，也能控制触发开关的极性，按进去为"+"极性，拉出为"−"极性。

（24）触发方式选择开关。

1）自动：此状态下，仪器始终自动触发，显示扫描线。有触发信号时，获得正常触发扫描，波形稳定显示；无触发信号时，扫描线将自动出现。

2）常态：当触发信号产生，获得触发扫描信号，实现扫描；无触发信号时，应不出现扫描线。

3）TV(V)：此状态用于观察电视信号的全场波形。

4）TV(H)：此状态用于观察电视信号的全行波形。

（25）外增辉输入插座：它使直流耦合，加入正信号辉度降低，加入负信号辉度增加。

（26）校正 0.5V 端子：用于校正探头电容补偿，输出 1kHz、0.5V 的校正方波。

（27）接地端子：作为仪器的测量接地装置。

3. 示波器的调节与校准

开机前，参照表 4-16 将 V-252 型示波器各控制部件进行预置。接通电源，旋转"辉度调节"旋钮，使辉度适当，再调节"聚焦控制"及"位移"旋钮，此时示波器屏幕上显示一直线。输入校正信号，此时在示波器上会显示校准信号方波，如图 4-46 所示。观察校准信号的幅值和频率，学会正确的读数方法。

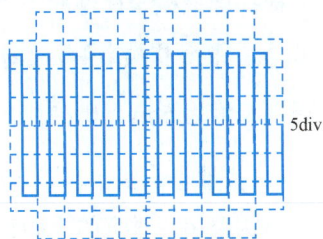

5div

图 4-46　方波校正信号

表 4-16　　　　　　　　　　开机前 V-252 型示波器各控制器件预置位置表

控制器件	预置位置	控制器件	预置位置
电源开关	关	触发方式	自动（AUTO）
辉度	反时针旋转到底	触发源	内（INT）
聚焦	居中	内触发	CH1
AC-GND-DC	GND	TIME/DIV	0.5ms/div
垂直位移	居中（旋钮按进）	水平位移	居中
垂直工作方式	CH1		

4. 正弦交流电压的测量

调节示波器的"位移"旋钮，使零电平线居中。调节信号发生器，使之输出一正弦交流信号，将此待测正弦信号输入到示波器的 CH1，调节"垂直偏转因数"和"时基扫描因数"，并使正弦波形固定。此时 CH1 的"增益微调"和"时基微调"旋钮应位于校准位置。具体步骤如下：

（1）用探头将信号接入到示波器 CH1 的输入端，将示波器"工作方式选择开关"置于 CH1 挡，"触发方式"置为 AUTO，"触发源"为内触发 INT，"内触发"选择开关置为 CH1。

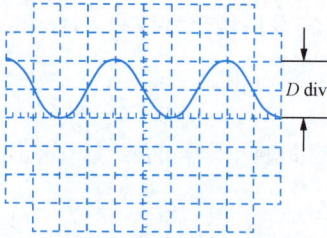

（2）调节"垂直偏转因数选择"旋钮，使信号波形完整并处于易于观察的范围，读出正弦波波峰和波谷间占据的格数 D div。

（3）调节"扫描时间因数"旋钮，使正弦波形在水平方向上有至少一个周期，并且易于观察。

图 4-47　正弦交流电压波形

（4）调节"触发电平控制"旋钮，使波形稳定，如图 4-47 所示。

根据屏幕纵坐标刻度及垂直偏转因数选择旋钮读数，读出信号电压波形的峰-峰值 D div。如示波器"垂直偏转因数选择"旋钮读数为"0.5V/div"挡级，则被测电压信号峰值为

$$U_{p-p}=0.5V/div×Ddiv=0.5D（V）$$

由此可以计算出正弦交流电压的有效值为

$$U_0 = \frac{U_{p-p}}{2\sqrt{2}}(V)$$

根据屏幕横坐标刻度和"时基扫描因数"旋钮的读数，确定交流信号的周期 T，再由公式 $f=\frac{1}{T}$，求得其频率值。如示波器"时基扫描因数"旋钮读数为"2ms/div"挡，正弦波形一个周期跨度为 5div，则被测信号周期为

$$T= 2ms/div×5div = 10ms$$

5. 观察李萨如图形，测量未知频率

当两个相互垂直的不同频率、不同相位的振动合成时，如其轨迹为一封闭图形，则称为李萨如图形，如图 4-48 所示。利用示波器可以观察李萨如图形。

观察李萨如图形时，首先将示波器的"时基扫描"旋钮置于"X–Y"挡。再将已知频率的信号源接入到"CH1 输入端"，将未知频率的正弦信号接在示波器"CH2 输入端"，同时将两个通道对应的 AC-GND-DC 都置于 AC 挡。示波器"垂直偏转因数"选择开关及其他开关旋钮置于适当位置，微调"触发电平控制"旋钮使图形稳定，利于观察，并注意低频信号发生器接地与示波器接地端相连。

当"时基扫描"旋钮置于"X–Y"挡，则"CH1"的输入信号被加在示波器 X 轴方向偏转板上，"CH2"的输入信号被加在示波器的 Y 轴方向偏转板上。保持

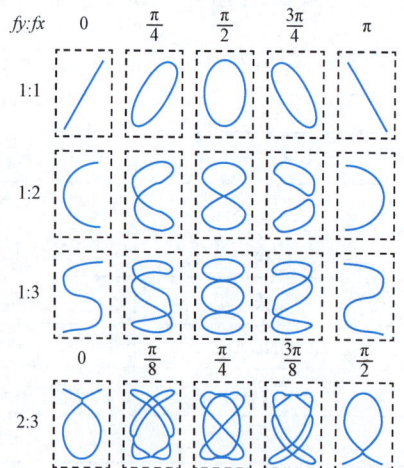

图 4-48　李萨茹图形

"CH1"上的信号频率 f_x 不变，缓慢改变"CH2"上信号的频率 f_y，在示波器上得到一个确定频率比例的李萨如图形（使图形变化最慢为止）。由得到的李萨如图形确定水平方向和垂直方向的切点数比值 K，再用公式 $f_y=Kf_x$ 计算未知频率 f_x，其中

$$K=\frac{f_y}{f_x}=\frac{水平方向切线对图形的切点数}{垂直方向切线对图形的切点数}$$

改变"CH1"上的信号频率 f_x，再做以上步骤。

四、注意事项

（1）荧光屏上的光点亮度不可太强，以避免电子束固定在一点，损坏荧光屏。

（2）示波器各旋钮都有旋转范围，不能用力过猛地旋转。

五、思考题

（1）如果示波器是完好的，但当 Y 轴输入一交变电压时，发现荧光屏上只出现一条垂直亮线，应调节哪几个旋钮才能得到稳定的波形？

（2）如果示波器是完好的，但有关旋钮未调好致使开机时看不到亮点，如何操作才能调出亮点？

（3）用示波器观察波形时，发现波形向左或右移动，说明什么问题？如何调节才能使波形稳定？

（4）用示波器观察电压信号的波形时，在示波器两对偏转板上各加什么电压？

（5）将一方波信号输入 Y 轴，而水平偏转板上不加任何信号，这时在荧光屏上观察到的是什么波形？

（6）用示波器观察波形时，已知有关旋钮位置适当，但荧光屏上出现下列现象，分别说明每种情况下 X、Y 轴偏转板加的是什么电压？

1）一条水平亮线。

2）一条斜直亮线。

3）一个圆形亮线。

4）一段稳定的正弦波形。

实验 16　半导体光电二极管伏安特性的测定

一、实验目的

（1）了解光电二极管的结构及工作原理。

（2）熟悉光电二极管的伏安特性。

（3）掌握测定光电二极管伏安特性的方法。

二、实验原理

1. 半导体光电二极管的结构及工作原理

半导体光电二极管与普通的半导体二极管一样，都具有一个 P–N 结，但光电二极管在外形结构方面有其自身的特点，这主要表现在光电二极管的管壳上有一个能让光照射入其光敏区的窗口。此外，与普通二极管不同，光电二极管经常工作在反向偏置电压状态［见图 4-49（a）］或无偏压状态［见图 4-49（b）］。在反向偏置电压状态下，P–N 结空间电荷区的势垒增高、

宽度加大、结电阻增加、结电容减小，所有这些均有利于提高光电二极管的高频响应性能。无光照时，反向偏置的 P–N 结只有很小的反向漏电流，称为暗电流。当有光子能量大于 P–N 结半导体材料的带隙宽度为 E_g 的光波照射到光电二极管的管芯时，P–N 结各区域中的价电子吸收光能后将挣脱价键的束缚而成为自由电子，与此同时也产生一个自由空穴，这些由光照产生的自由电子空穴对统称为光生载流子。在远离空间电荷区（也称耗尽区）的 P 区和 N 区内，电场强度很弱，光生载流子只有扩散运动，它们在向空间电荷区扩散的途中因复合而被消失掉，故不能形成光电流。形成光电流主要靠空间电荷区的光生载流子，因为在空间电荷区内电场很强，在此强电场作用下，光生自由电子空穴对将以很高的速度分别向 N 区和 P 区运动，并很快越过这些区域到达电极，沿外电路闭合形成光电流。光电流的方向是从二极管的负极流向它的正极，并且在无偏压短路的情况下与入射的光功率成正比，因此在光电二极管的 P–N 结中，增加空间电荷区的宽度能明显提高光电转换效率。为此，若在 P–N 结的 P 区和 N 区之间再加一层杂质浓度很低以致可近似为本征半导体（用 I 表示）的 I 层，就形成了具有 P–I–N 三层结构的半导体光电二极管，简称 PIN 管。PIN 管的 P–N 结除具有较宽的空间电荷区外，还具有很大的结电阻和很小的结电容，这些特点使得 PIN 管在光电转换效率和高频响应特性等方面与普通光电二极管相比均得到了很大改善。

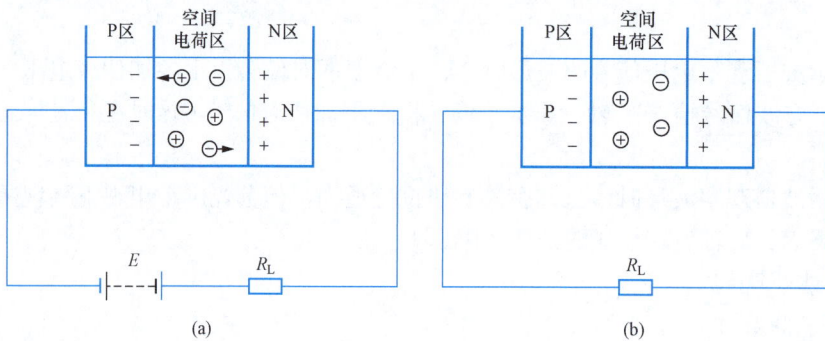

图 4-49　光电二极管的结构及工作方式

（a）反向偏置电压状态；（b）无偏压状态

2. 光电二极管的伏安特性

光电二极管的伏安特性可表示为

$$I = I_0[1 - \exp(qU / kT)] + I_L \tag{4-61}$$

其中，I_0 是无光照的反向饱和电流，U 是二极管的端电压（正向电压为正，反向电压为负），q 为电子电荷，k 为波耳兹曼常数，T 是结温，单位为 K，I_L 是无偏压状态下光照时的短路电流，它与光照时的光功率成正比。式（4-61）中的 I_0 和 I_L 均是反向电流，即从光电二极管负极流向正极的电流。根据式（4-61），光电二极管的伏安特性曲线如图 4-50 所示，对应图中的反向偏置工作状态，光电二极管的工作点由负载线与第三象限伏安特性曲线的交点确定；对应图中的无偏压工作状态，光电二极管的工作点由负载线与第四象限的伏安特性曲线交点确定。

由图 4-50 可以看出：

（1）光电二极管即使在无偏压的工作状态下，也有反向电流流过，这与普通二极管只具有单向导电性相比有着本质的差别，认识和熟悉光电二极管的这一特点对于在光电转换技术中正确使用光电器件具有十分重要的意义。

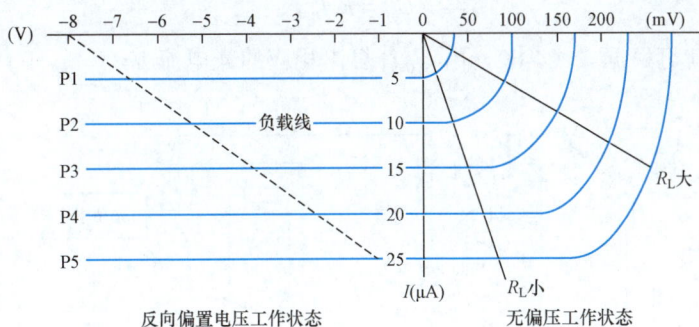

图 4-50　光电二极管的伏安特性曲线及工作点的确定

（2）反向偏置电压工作状态下，在外加电压 E 和负载电阻 R_L 的很大变化范围内，光电流与入照的光功率均具有很好的线性关系；无偏压工作状态下，只有 R_L 较小时光电流才与入照光功率成正比，R_L 增大时，光电流与光功率呈非线性关系。无偏压状态下，短路电流与入照光功率的关系称为光电二极管的光电特性，公式为

$$R = \frac{\Delta I_L}{\Delta P}(\mu A / \mu W)$$

这一特性在 I_L–P 坐标系中的斜率定义为光电二极管的响应度，这是一个宏观上表征光电二极管光电转换效率的重要参数。

（3）在光电二极管处于开路状态下，光照时产生的光生载流子不能形成闭合的光电流，它们只能在 P–N 结空间电荷区的电场作用下，分别堆积在 P–N 结空间电荷区两侧的 N 层和 P 层内，产生外电场，此时光电二极管表现出具有一定的开路电压。不同光照情况下的开路电压就是伏安特性曲线与横坐标轴交点所对应的电压值，由图 4-50 可见，光电二极管的开路电压与入照光功率也是呈非线性关系。

（4）反向偏置电压状态下的光电二极管，由于在很大的动态范围内其光电流与偏压和负载电阻几乎无关，故在入照光功率一定时可视为一个恒流源；而在无偏压工作状态下光电流随负载电阻变化很大，此时它不具有恒流源性质，只起光电池作用。

光电二极管的响应度 R 与入照光波的波长有关。本实验中采用的硅光电二极管，其光谱响应波长在 0.4～1.1μm，峰值响应波长在 0.8～0.9μm。在峰值响应波长下，响应度 R 的典型值在 0.25～0.5μA/μW。

3．光电二极管伏安特性的测定方法

光电二极管在第三象限伏安特性曲线的测试电路如图 4-51 所示。其中 LED 是发光中心波长与被测光电二极管的峰值响应波长很接近的 GaAs 半导体发光二极管，在这里作光源使用，其光功率由称为尾纤的光导纤维输出。由 IC1 为主构成的电路是一个电流-电压变换电路，它的作用是将流过光电二极管的反向光电流 I_0 转换成由 IC1 输出端 C 点输出的电压 U_0，它与光电流成正比。整个测试电路的工作原理依据如下：当开关 K 拨至 B 侧时，由于 IC1 的反相输入端具有很大的输入阻抗，光电二极管受光照时产生的光电流几乎全部流过反馈电阻 R_f，并在其上产生电压降 $U_{cb}=R_f I$。另外，又因 IC1 有很高的开环电压增益，反相输入端具有与同相输入端相同的零电位，故 IC1 的输出电压 U_0 为

$$U_0 = R_f I_0 \qquad (4\text{-}62)$$

已知 R_f 后，就可根据式（4-62）由 U_0 计算出相应的光电流 I_0。

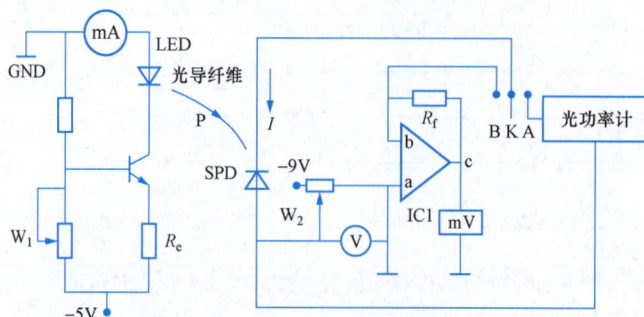

图 4-51　光电二极管在第三象限伏安特性曲线的测试电路

在图 4-51 中，为了使被测光电二极管能工作在不同的反向偏置电压状态下，设置了由 W_2 组成的分压电路。

光电二极管第四象限伏安特性曲线的测试电路如图 4-52 所示。在测完一条第三象限的伏安特性曲线后，保持 LED 驱动电流不变，调节电阻箱，改变光电二极管的负载电阻 R_L，使它的端电压从 0 逐渐增加，每增加一适当值，记录下相应的 R_L 值和电压表 V 的读数 U_0，则可由关系式 $I=U_0/R_L$ 算出相应的光电流 I_0。

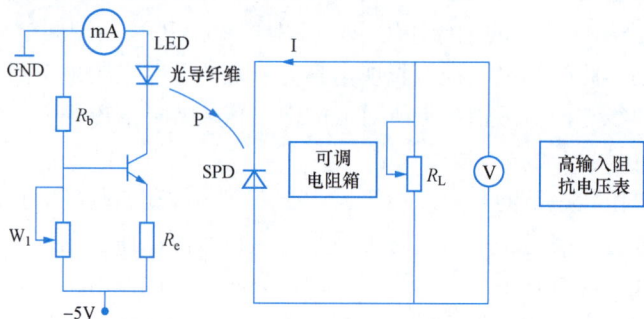

图 4-52　光电二极管第四象限伏安特性曲线的测试电路

三、实验仪器

本实验使用的仪器由 MOE-B 型光电器件（含硅光电池）特性测试实验仪主机、光源（LED）-光纤组件和被测光电器件（SPD）组成。MOE-B 型光电器件特性测试实验仪主机前面板布局如图 4-53 所示，在该图的上半部分，D1 是 0～200mA 电流表/0～1000mV 电压表，K1 是该仪表的切换开关，L1 和 L2 是 0～1000mV 电压表的输入插孔，D2 是 0～20V 直流电压表，K2 是该电压表的切换开关，拨至左侧与 LED 并联，拨至右侧与 SPD 并联。图 4-53 左下部分，C1 为 LED 插孔，W1 为 LED 工作电流调节旋钮，K 为电源开关按钮；图 4-53 右下部分，L3、L4 为外接电阻箱插孔，C2 为 SPD 插孔，K 为 SPD 切换开关 1，K4 为 SPD 切

换开关 2。当 K4 拨至右边时（无论 K3 处于什么状态），SPD 接至光功率计，C3 为外接光功率计插孔。在 K4 拨至左边的情形下，K3 拨至右边时，SPD 接入反向伏安特性测试电路、K3 拨至左边时，SPD 接入正向伏安特性测试电路。W3 为 SPD 反向电压调节旋钮。L5、L6 为 R_f 阻值测试插孔。光源-光纤组件如图 4-54 所示。

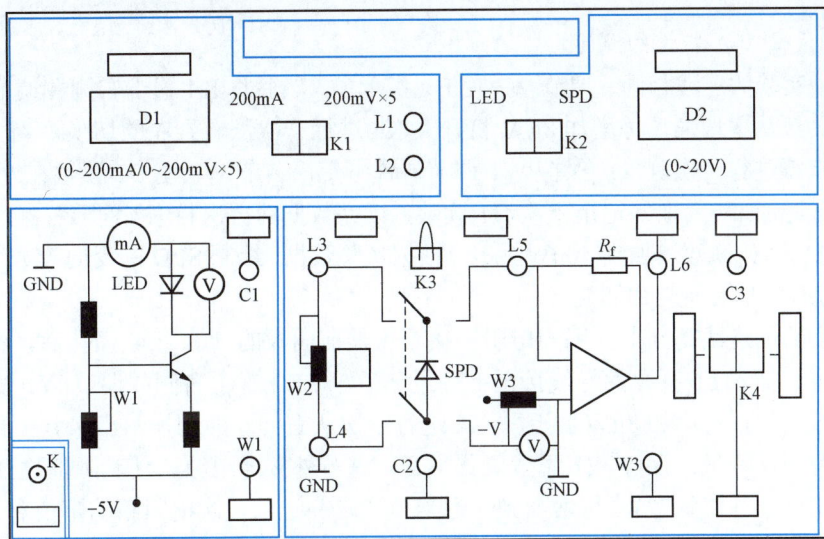

图 4-53　MOE-B 型光电器件特性测试实验仪主机前面板布局

四、实验内容

1. 半导体发光二极管（LED）伏安特性的测定

将主机前面板开关 K1、K2 均拨至左边。用两头带单声道插头的电缆线连接光源-光纤组件的 LED 插孔和主机前面板上的 C1 插孔。调节 W1 使 D2 的读数逐渐增加。从 1.2V 开始，每增加 0.04V 读取并记录一次 D1 的读数。根据实验数据，绘制 LED 的伏安特性曲线。

2. LED 电-光特性的测定

将主机前面板开关 K1 置于左侧，用两头带单声道插头的电缆线连接光源-光纤组件的 LED 插孔和主机前面板上的 C1 插孔。将引出 SPD 正、负极的电缆线插头插入主机前面板上的 C2 插孔，SPD 带光敏面一头插入光源-光纤组件的同轴插孔中。再用另一根电缆线连接主机前面板上的 C3 插孔和外接光功率计的光电探头输入插孔，开关 K4 置于右侧。调节 W1 使 D1 的读数逐渐增加。从零开始，每增加 2mA 读取并记录一次外接光功率计的读数，直到 D1 读数为 20mA 为止。根据实验数据，绘制 LED 的电-光特性曲线。

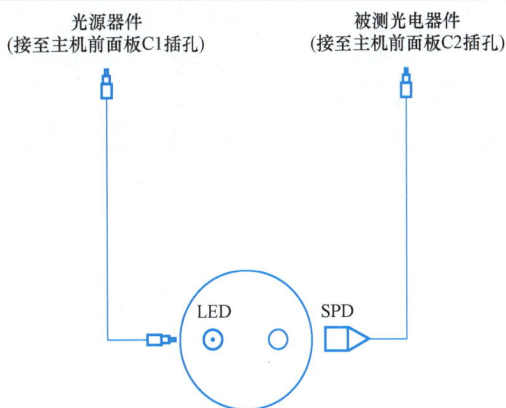

图 4-54　光源-光纤组件

3. SPD 光-电特性的测定

在以上连线的基础上，将主机前面板开关 K1、K2、K3 均置于右侧。用两根导线把 L1、

L2 插孔分别和 L6、L4 插孔连接在一起。调节 W3 使 D2 指示零,然后将 K4 置于右侧并调节 W1 使外接光功率计读数从零增加,每增加 4μW 将开关 K4 进行一次从右到左的切换,当 K4 置于左侧时读取并记录一次 D1 读数,读完数据后再次将 K4 置于右侧,重复以上操作,直到 光功率计读数增加到 40μW 为止。最后,用数字万用表测量 R_f 的阻值。根据实验数据,绘制 SPD 的光-电特性曲线。

4. SPD 反向 V-A 特性的测定

与前一项实验的连线相同。调节 W3 使 D2 指示零,然后将 K4 置于右侧并调节 W1 使外 接光功率计读数从零增加,每增加 8μW 将开关 K4 进行一次从右到左的切换,当 K4 置于左 侧时按以下步骤进行一次测量:保持 W1 调节位置不变,调节 W3 使 D2 读数在 0～8V 范围 逐渐增加,每增加 1V 读取并记录一次 D1 读数,读完数据后再次将 K4 置于右侧,重复以上 操作,直到光功率计读数增加到 40μW 为止。根据实验数据,绘制 SPD 的反向 V-A 特性曲线。

5. SPD 正向 V-A 特性的测定

在前项实验的连线基础上,用一电阻箱接至仪器前面板的 L3、L4 插孔后,将开关 K3 拨至左边,再将插入 L6 插孔的导线接至 L3 插孔。先将 K4 置于右侧并调节 W1 使外接光功 率计读数从零增加,每增加 8μW 将开关 K4 进行一次从右到左的切换,当 K4 置于左侧时按 以下步骤进行一次测量:保持 W1 调节位置不变,调节外接电阻箱,使其阻值逐渐增加(直 至外接电阻箱处于开路状态),每增加到一适当值读取并记录一次电阻箱的阻值和 D1 读数, 直至读完外接电阻箱处于开路状态的数据后再次将 K4 置于右侧,重复以上操作,直到光功 率计读数增加到 40μW 为止。根据实验数据,绘制 SPD 的正向 V-A 特性曲线和 SPD 的开路 特性(即开路电压与入照光功率的关系)曲线。

实验 17　RLC 串联电路的暂态过程

一、实验目的

(1)观察 RC 和 RL 串联电路的暂态过程,加深对电容和电感特性的认识。

(2)观察 RLC 串联电路的暂态过程,加深对阻尼运动规律的理解。

二、实验原理

RC、RL、RLC 串联电路在接通或断开电源的短暂时间内,电路从一个平衡态转变到另一个平衡态,这个转变过程称为暂态过程。这些过程的规律在电子技术中得到了广泛应用。

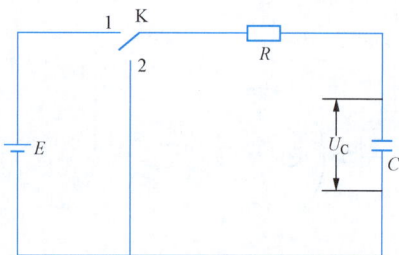

图 4-55　RC 串联电路的充电与放电电路

1. RC 串联电路的暂态过程

图 4-55 是一个 RC 串联电路的充电与放电电路,当开关 K 合向 1 时,电源通过 R 对电容 C 充电,充电后将开关 K 从 1 合向 2,电容 C 将通过 R 放电,这两个过程是 RC 串联电路暂态过程最简单的例子。

因为 $U_C + iR = E$,又因 $i = C\dfrac{dU_C}{dt}$,得到电路方程

$$RC\frac{dU_C}{dt} + U_C = E \tag{4-63}$$

对充电过程 $t=0$ 时，$U_C=0$，解方程式（4-63）得到

$$U_C = E\left(1 - e^{-\frac{t}{RC}}\right)$$

$$i = \frac{E}{R}e^{\frac{t}{RC}}$$

对放电过程 $t=0$ 时，$U_C=E$，电路方程的解为

$$U_C = Ee^{-\frac{t}{RC}}$$

$$i = -\frac{E}{R}e^{\frac{t}{RC}}$$

可见在充放电过程中，U_C、i 均按指数规律变化，只不过充电时电容电压是逐渐上升，而放电时则是逐渐减小。

下面具体地讨论上述结果：

（1）由式 $U_C = E\left(1 - e^{-\frac{t}{RC}}\right)$ 和电阻上的端电压 $U_R = Ee^{-\frac{t}{RC}}$ 可知，当 $t=RC$ 时

$$U_C = E(1 - e^{-1}) = 0.632E$$

$$U_R = Ee^{-1} = 0.368E$$

这表明，当充电的时间等于乘积 RC 时，电容器的电荷或电压都上升到最终值的 63.2%，充电电流 i 或电阻 R 的端电压都减小到初始值的 36.8%，所以 RC 乘积的大小反映出充电速度的快慢，通常用一个称为时间常数的量 $\tau = RC$ 来表示。图 4-56 和图 4-57 分别是 RC 串联电路的 $U_C\text{-}t$ 和 $i\text{-}t$ 曲线。

（2）设电容器被充电至最终电压值的一半时所需时间为 $T_{\frac{1}{2}}$，充电电流（或 R 的端电压）减小到初始值的一半时所需时间为 $T'_{\frac{1}{2}}$。

当 $t=T_{\frac{1}{2}}$ 时

$$U_C = \frac{1}{2}E = E\left(1 - e^{-\frac{T_{\frac{1}{2}}}{\tau}}\right)$$

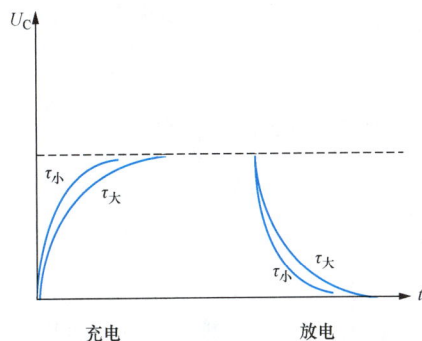

图 4-56   RC 串联电路的 $U_C\text{-}t$ 曲线   图 4-57   RC 串联电路的 $i\text{-}t$ 曲线

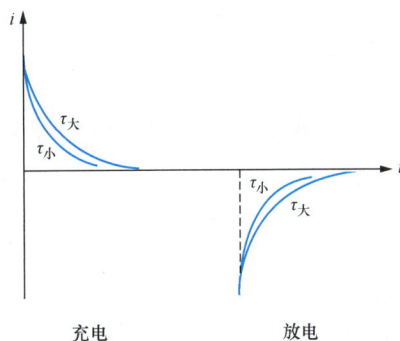

当 $t=T'_{\frac{1}{2}}$ 时

$$i = \frac{1}{2}\frac{E}{R} = \frac{E}{R}e^{-\frac{T_{\frac{1}{2}}}{\tau}}$$

由此解出

$$T_{\frac{1}{2}} = T'_{\frac{1}{2}} = \tau\ln 2 = 0.693\tau$$

$$\tau = 1.44T_{\frac{1}{2}} = 1.44T'_{\frac{1}{2}}$$

可见，在充电过程中，U_C 达到最大值的一半与 i 下降到初始最大值的一半所需的时间皆为 0.693τ。这样，$T_{\frac{1}{2}}$ 或 $T'_{\frac{1}{2}}$ 可以通过示波器直接测量。

（3）虽然从理论上来说，t 为无穷大时，才有 $U_C=E$，$i=0$，即充电过程结束。但 $t=4\tau$ 时

$$U_C=E(1-e^{-4})=0.982E$$

$t=5\tau$ 时

$$U_C=E(1-e^{-5})=0.993E$$

所以 $t=4\tau\sim5\tau$ 时，就可以认为实际上充电已经完毕。

2. RL 串联电路的暂态过程

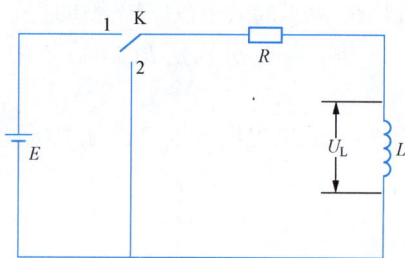

图 4-58 RL 串联电路的充电与放电电路

如图 4-58 所示，E 为直流电源，当 K 合向 1 时，电路将会有电流 i 流过，但由于电感中电流不能突变，所以 i 的增长有一个相应的过程；同理，当开关 K 从 1 倒向 2 时，i 也不能骤降至零，而只会逐渐消失。因为

$$L\frac{di}{dt} + iR = E \tag{4-64}$$

设电流增长过程的起始条件为 $t=0$ 时，$i=0$，得到方程式（4-64）的解

$$i = \frac{E}{R}\left(1-e^{-\frac{R}{L}t}\right)$$

$$U_L = Ee^{-\frac{R}{L}t}$$

设电流消失过程的起始条件为 $t=0$ 时，$i=\frac{E}{R}$，得到方程式（4-64）的解

$$i = \frac{E}{R}e^{-\frac{R}{L}t}$$

$$U_L = Ee^{-\frac{R}{L}t}$$

式中，U_L 代表电感上的电压。可见，无论是电流增长过程或消失过程，i、U_L 都是按指数规律变化，而电路的时间常数是 $\tau = \frac{L}{R}$。图 4-59 和 4-60 分别是 RL 串联电路的 U_L-t 和 i-t 曲线。

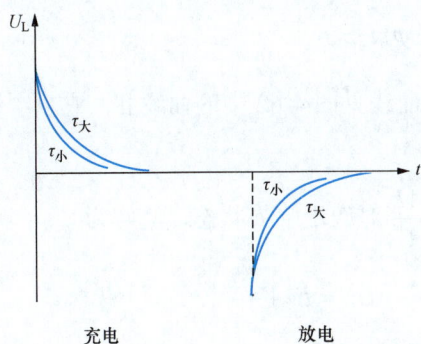

图 4-59 RL 串联电路的 U_L-t 曲线

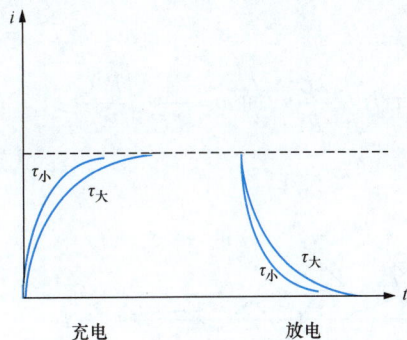

图 4-60 RL 串联电路的 i-t 曲线

3. RLC 串联电路的暂态过程

仍然选直流电源的简单情况来讨论，电路如图 4-61 所示。只考虑放电过程，即开关 K 先合向 1 使电容充电至 E，然后将 K 倒向 2，电容就在闭合电路 RLC 中放电。列电路方程如下

$$L\frac{\mathrm{d}i}{\mathrm{d}t} + Ri + U_C = 0$$

因为 $i = C\dfrac{\mathrm{d}U_C}{\mathrm{d}t}$，代入得

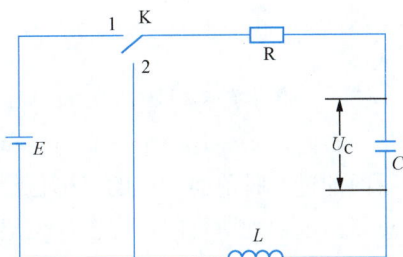

图 4-61 RLC 串联电路的充电与放电电路

$$L\frac{\mathrm{d}^2 U_C}{\mathrm{d}t^2} + R\frac{\mathrm{d}U_C}{\mathrm{d}t} + \frac{1}{C}U_C = 0$$

根据条件，$t=0$ 时，$U_C = E \dfrac{\mathrm{d}U_C}{\mathrm{d}t} = 0$ 解方程，方程的解分为三种情况。

（1）$R^2 < \dfrac{4L}{C}$ 属于阻尼较小的情况，其解为

$$U_C = Ee^{-\frac{t}{\tau}}\cos(\omega t + \varphi)$$

其中时间常数 $\tau = \dfrac{2L}{R}$，衰减振动的圆频率为

$$\omega = \frac{1}{\sqrt{LC}}\sqrt{1 - \frac{R^2 C}{4L}} \tag{4-65}$$

U_C 随时间变化的规律如图 4-62 中曲线 I 所示，即阻尼振动状态，此时振动的振幅是指数衰减，τ 的大小决定了衰减的快慢，τ 越小振幅衰减越迅速。

如果 $R^2 < \dfrac{4L}{C}$，通常是 R 很小的情况，振幅的衰减会很缓慢，从式（4-65）可知

$$\omega \approx \frac{1}{\sqrt{LC}} = \omega_0$$

即复归为 LC 电路的自由振动。ω_0 为自由振动的圆频率。

（2）$R^2 > \dfrac{4L}{C}$ 对应于过阻尼状态。其解为

$$U_C = E\mathrm{e}^{-\frac{t}{\tau}}\mathrm{ch}(\omega t + \varphi)$$

式中，τ 仍为 $\dfrac{2L}{R}$，而 $\omega = \dfrac{1}{LC}\sqrt{\dfrac{R^2 C}{4L} - 1}$，$U_C\text{-}t$ 的关系曲线见图 4-62 中的曲线 II，它以缓慢方式逐渐回零。

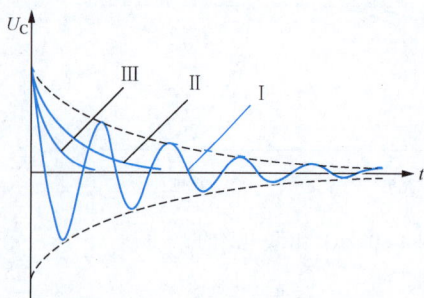

图 4-62　RLC 的 U_C 衰减曲线

（3）$R^2 = \dfrac{4L}{C}$ 对应于临界状态，其解为

$$U_C = E\left(1 + \frac{t}{\tau}\right)\mathrm{e}^{-\frac{t}{\tau}}$$

式中，τ 仍等于 $\dfrac{2L}{R}$，它是从过阻尼到阻尼振动之间的过渡分界，$U_C\text{-}t$ 关系见图 4-62 曲线 III 所示。

本实验是用示波器观察上述暂态过程，从示波器原理可知，使屏幕上出现稳定的波形必须满足两个条件：第一，整个暂态过程所用的时间须比较短，例如 0.01s，这是因为屏幕上的光点保留的时间是短暂的，示波管中余辉光点保留的时间约在 10ms 数量级，如果暂态时间过长，那么显示后面的过程时前面过程的图形已经消失，则不能观察到图形的全貌；第二，同样的图形必须重复出现否则即使图形齐全，但显示一瞬即过，来不及观察。

为了满足条件一，R、L、C 要选择适当。为了满足条件二，开关 K 不能人工操作，应采用方脉冲信号发生器代替直流电源，有脉冲输出时相当于开关接通输出电压为 E，脉冲结束后相当于短路，输出电压为零。

三、实验仪器

实验仪器包括函数信号发生器、示波器、电阻箱、标准电感、标准电容等。

四、实验内容

1. 观察方脉冲波形

将信号发生器的输出端直接输入示波器，调出稳定的方脉冲波形，依据屏上坐标网格，按照作图法规则将此波形描绘在坐标纸上，并求出方波的幅值、脉宽和占空比。

2. 观察 RC 串联电路的暂态过程

（1）将信号发生器的输出端接到 RC 串联电路上，见图 4-55，用示波器观察电容两端电压 U_C 的波形。改变电容 C 及电阻 R 的大小，观察 U_C 的变化规律。调整 C、R 的值（或者调整方波的频率），使方波脉宽等于或略大于 5τ，此时电容能充足电，根据屏上坐标网格，按照作图法规则将曲线 $U_C\text{-}t$ 描绘于坐标纸上。

（2）根据曲线 $U_C\text{-}t$，计算 $T_{\frac{1}{2}}$ 与 T 的长度比，用方波频率计算周期 T，从而算出 $T_{\frac{1}{2}}$，按照 $\tau = 1.44 T_{\frac{1}{2}}$ 关系求出 τ 值，并与 $\tau = RC$ 计算出的结果相比较。

（3）用示波器观察电阻 R 两端电压 U_R 的波形，改变 R 或 C 的值，观察 U_R 的变化规律（此时 U_R 的变化规律即为电路电流 i 的变化规律）。选定步骤（1）中 R、C 值，按作图规则画出 $U_R\text{-}t$ 曲线。

3[*]. 观察 RL 串联电路的暂态过程

按照图 4-58 连接电路，与 RC 串联电路方法类似，分别用示波器观察电感两端电压 U_L

及电阻两端电压 U_R 的波形（即电路中电流 i 的变化波形），并按作图法规则画出 U_L–t 及 U_R–t 曲线。

4*. 观察 RLC 串联电路的暂态过程

按照图 4-61 连接电路，用示波器观察电容两端电压 U_C 的波形（注意：此时取 $R=0$，方波频率略小些），则屏上应出现图 4-62 中曲线 I，即为阻尼振动状态。随着 R 值的增加，振荡将逐渐减弱，直至振荡完全消失，出现图 4-62 中曲线 III，此时 $R^2 = \dfrac{4L}{C}$ 对应于临界状态，记下此时 R 值，并与用 $R^2 = \dfrac{4L}{C}$ 计算出的 R 值相比较。继续增大 R 则出现过阻尼状态，屏上曲线如图 4-62 中曲线 II 所示。

实验 18　用圆线圈和亥姆霍兹线圈测磁场

实验 18　数字资源

一、实验目的
（1）学习和掌握弱磁场测量方法。
（2）证明磁场的叠加原理。
（3）描绘载流圆线圈及亥姆霍兹线圈的磁场分布。

二、实验原理
根据毕奥-萨伐尔定律，载流线圈在轴线（通过圆心并与线圈平面垂直的直线）上某点的磁感应强度为

$$B = \frac{\mu_0 \overline{R}^2}{2(\overline{R}^2 + x^2)^{\frac{3}{2}}} NI$$

式中，μ_0 为真空的磁导率，$\overline{R}$ 为线圈的平均半径，x 为圆心到该点的距离，N 为线圈匝数，I 为通过线圈的电流强度。因此，圆心处的磁感应强度 B_0 为

$$B_0 = \frac{\mu_0}{2R} NI$$

轴线外的磁场分布计算公式较为复杂，这里简略。

亥姆霍兹线圈是一对彼此平行且连通的共轴圆形线圈，这两线圈的物理性能完全相同，包括线圈大小、匝数、磁导率、通过的电流强度和电流方向都相同。两线圈之间的距离 d 正好等于圆形线圈的半径 R。这种线圈的特点是能在其公共轴线中点附近产生较广的均匀磁场区，所以在生产和科研中有较大的使用价值，也常用于弱磁场的计量标准。

设 z 为亥姆霍兹线圈中轴线上某点离中心点 O 处的距离，则亥姆霍兹线圈轴线上任意一点的磁感应强度为

$$B' = \frac{1}{2} \mu_0 NIR^2 \left\{ \left[R^2 + \left(\frac{R}{2} + z \right)^2 \right]^{-\frac{3}{2}} + \left[R^2 + \left(\frac{R}{2} - z \right)^2 \right]^{-\frac{3}{2}} \right\}$$

而在亥姆霍兹线圈上中心 O 处的磁感应强度 B_0' 为

$$B_0' = \frac{8}{5^{\frac{3}{2}}} \frac{\mu_0 NI}{R}$$

三、实验仪器

FD-TX-HM-I 型亥姆霍兹线圈磁场测定仪简图见图 4-63。

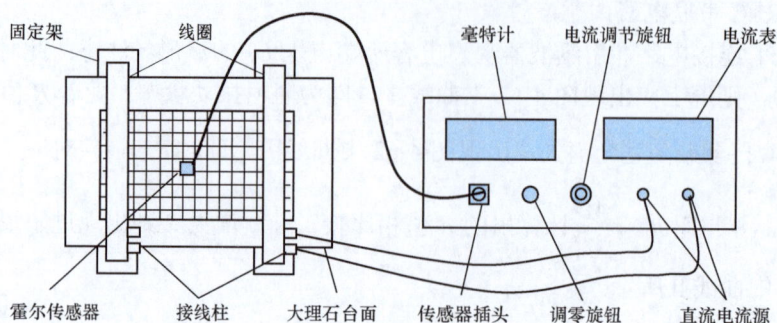

图 4-63　亥姆霍兹线圈磁场测定仪简图

四、实验内容

1. 载流圆线圈轴线上各点磁感应强度的测量

（1）按图 4-63 接线，直流稳流电源中的数字电流表已串接在电源的一个输出端上，调节电流调节旋钮，当电流 $I=100\text{mA}$ 时，测量单线圈 a 轴线上各点磁感应强度 $B(a)$，每隔 1.00cm 测一个数据。实验中，随时观察毫特斯拉计探头是否沿线圈轴线移动。每测量一个数据，必须先将直流电源输出电路断开（$I=0$）调零后，才能测量和记录数据。

（2）将测得的圆线圈轴线上各点的磁感应强度与理论公式计算结果进行比较。

（3）在轴线上某点转动毫特斯拉计探头，观察一下该点磁感应强度的方向。

2. 亥姆霍兹线圈轴线上各点磁感应强度的测量

（1）将两线圈间距 d 调整至 $d=10.00\text{cm}$，这时组成一个亥姆霍兹线圈。

（2）取电流值 $I=100\text{mA}$，分别测量两线圈单独通电时轴线上各点的磁感应强度值 $B(a)$ 和 $B(b)$，然后测量亥姆霍兹线圈在通同样电流 $I=100\text{mA}$ 时轴线上的磁感应强度值 $B(a+b)$，证明在轴线上的点 $B(a+b)=B(a)+B(b)$，即载流亥姆霍兹线圈轴线上任一点磁感应强度是两个载流单线圈在该点上产生磁感应强度之和。

（3）作间距 $d=R$ 时，亥姆霍兹线圈轴线上磁感应强度 B 与位置 z 之间关系图，即 B-z 图，证明磁场叠加原理。

（4）分别将亥姆霍兹线圈间距调整为 $d=R/2$ 和 $d=2R$，测量在电流为 $I=100\text{mA}$ 时轴线上各点的磁感应强度值。表 4-17 和表 4-18 分别为载流圆线圈和亥姆霍兹线圈上不同位置磁感应强度测量数据表。

表 4-17　　　　　　　载流圆线圈轴线上不同位置磁感应强度测量数据表

$I=100\text{mA}$，　$\overline{R}=10.00\text{cm}$，　$N=500$，　$\mu_0=4\pi\times10^{-7}\text{H/m}$

x(cm)	−1.00	0.00	1.00	2.00	3.00	4.00	5.00
$B(a)$(mT)							
x(cm)	6.00	7.00	8.00	9.00	10.00	11.00	12.00
$B(a)$(mT)							

表 4-18　　　　　　　　亥姆霍兹线圈轴线上不同位置磁感应强度测量数据表

$I = 100\text{mA}$ ，　$\overline{R} = 10.00\text{cm}$ ，　$N = 500$ ，　$\mu_0 = 4\pi \times 10^{-7}\text{H/m}$ ，　$d = 10.00\text{cm}$

x(cm)	$B(a)$(mT)	$B(b)$(mT)	$[B(a)+B(b)]$(mT)	$B(a+b)$(mT)
−7.00				
−6.00				
−5.00				
−4.00				
−3.00				
−2.00				
−1.00				
0.00				
1.00				
2.00				
3.00				
4.00				
5.00				
6.00				
7.00				

3．载流圆线圈通过轴线平面上的磁感应线分布的描绘

将一张坐标纸粘贴在包含线圈轴线的水平面上，可自行选择恰当的点，将探测器底部传感器对准此点，然后使亥姆霍兹线圈通过 $I=100\text{mA}$ 的电流。转动探测器，观测毫特斯拉计的读数值，读数值为最大时传感器的法线方向即为该点的磁感应强度方向。比较轴线上的点与远离轴线点的磁感应强度方向变化情况，近似画出载流亥姆霍兹线圈磁感应强度分布图。

五、注意事项

（1）实验探测器采用配对 SS95A 型集成霍尔传感器，灵敏度高，因而地磁场对实验影响不可忽略，移动探头测量时须注意零点变化，可以通过不断调零以消除此影响。

（2）接线或测量数据时，要特别注意检查移动两个线圈时是否满足亥姆霍兹线圈的条件。

（3）两个线圈采用串接或并接方式与电源相连时，必须注意磁场的方向。如果接错线有可能使亥姆霍兹线圈中间轴线上磁场为零或极小。

实验 19　薄透镜焦距的测量

透镜用途广泛，种类繁多。透镜可用来控制光束传播方向，也可用来改变光束的会聚和发散性质；透镜能够传递物或像的图像，即光信息传递；透镜能会聚光的能量，激光束通过锗制成的透镜可进行打孔、切割、焊接等；透镜还是各种助视仪器及许多精密光学仪器的重要组成部分。

我国冰透镜制作历史悠久，晋代学者张华在《博物志》中记载："削冰令圆，举以向日，以艾承其影，则火生。""削冰令圆"就是把冰块制作成凸透镜，即可利用凸透镜会聚阳光点火，彰显了我国古人的智慧。中国"天眼"（FAST）首席科学家南仁东先生潜心天文学研究，坚持自主创新，他于1994年提出了FAST工程概念，主张利用贵州省喀斯特洼地作为望远镜选址，从论证立项到建设历时22年，为实现我国拥有世界一流水平望远镜的梦想作出了卓越贡献。

薄透镜是指透镜的厚度与其焦距相比可忽略不计，或者在测量中透镜的厚度不会影响测定焦距、物距、像距等参数准确度的透镜。一般透镜若不加说明均指的是薄透镜。

透镜是光学仪器中最基本的光学元件，而焦距又是透镜的重要参数，因此，透镜焦距的测定是了解光学仪器的一个重要组成部分。

一、实验目的

（1）学习测量透镜焦距的几种方法。

（2）掌握简单光路的分析和调整方法。

（3）加深理解透镜成像公式。

二、实验原理

1. 透镜成像公式

在光学系统的近轴区域中，即在该区域里入射光折射角的正弦值与折射角的弧度值近似相等。透镜成像规律可写成公式

$$\frac{1}{S} + \frac{1}{S'} = \frac{1}{f} \tag{4-66}$$

该式称为高斯公式，式中，S表示物距，S'表示像距，f是透镜焦距。S、S'及f均从透镜的光心算起。使用时须注意各量的符号规定：实物物距S一般都取正值，像距S'则由像的虚、实来决定，像与物分居在透镜的两侧是实像，S'取正；像与物在透镜的同侧是虚像，S'取负。会聚透镜焦距f取正，发散透镜焦距f为负。

2. 会聚透镜焦距测量

（1）自准直法。当光点P处在透镜焦平面上时，P点发出的光经透镜 L 成一束平行光，遇到与主光轴相垂直的平面镜 M，将其反射回去，反射光再次通过透镜而会聚在P所在的焦平面上。那么，P与 L 之间的距离就是该透镜的焦距f，如图 4-64 所示。这种利用调节实验装置自身使之产生平行光以达到调焦目的的方法，称为自准直法。

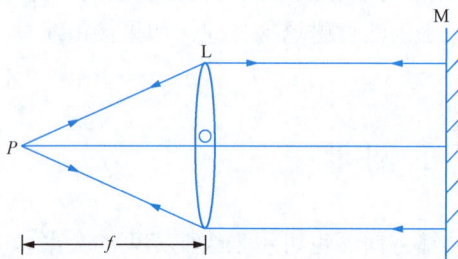

图 4-64　会聚透镜的自准直法光路图

自准直法是光学仪器调节中的一种重要方法，也是一些光学仪器进行测量的依据。自准直望远镜是光学测量和光学装置中最常用的仪器。测角仪就是利用自准直法精密地测量微小角度、平面度等。

（2）物距、像距法。将式（4-66）改写成

$$f = \frac{SS'}{S + S'} \tag{4-67}$$

利用式（4-67），只要测得物距S、像距S'便可计算出透镜焦距f。

（3）两次成像法。该方法又称为位移法、共轭法、贝塞尔法等，如图 4-65 所示，取物与像屏之间的距离为 $L>4f$，移动透镜，当在 O_1 位置时，屏上得到一放大的清晰像 $A'B'$，其物距为 S_1、像距为 S_1'；当透镜处于 O_2 位置时，屏上又出现一缩小的清晰像 $A''B''$，这时物距为 S_2、像距为 S_2'。设透镜两不同位置间的距离为 l，从图中可看出

$$S_1' = L - S_1$$
$$S_2 = S_1 + l \tag{4-68}$$
$$S_2' = S_1' - l = L - l - S_1$$

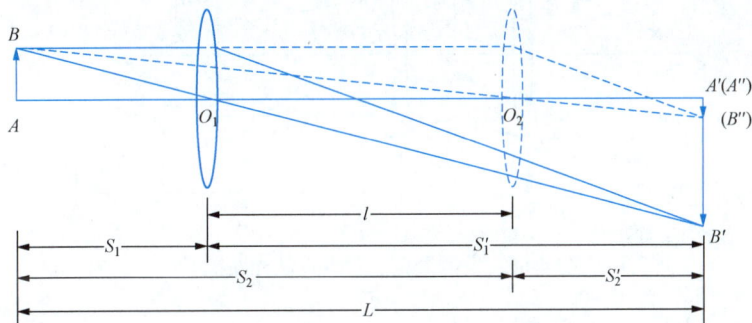

图 4-65　会聚透镜的两次成像法光路图

将上述结果代入式（4-67），有

$$\frac{S_1(L-S_1)}{L} = f \tag{4-69}$$

$$\frac{(S_1+l)(L-l-S_1)}{L} = f \tag{4-70}$$

对于同一透镜，式（4-69）=式（4-70），整理后得

$$S_1 = \frac{L-l}{2} \tag{4-71}$$

由式（4-66）、式（4-68）和式（4-71）可得

$$f = \frac{L^2 - l^2}{4L} \tag{4-72}$$

用两次成像法测透镜焦距，只需测量物和像之间的距离 L 以及透镜两次成像时透镜位置间的距离 l，减少了在测量 S、S' 时由于估计透镜光心位置不准确而带来的系统误差。

3. 发散透镜焦距测量

（1）自准直法。单独一个发散透镜无法成像，需用会聚透镜来辅助。如图 4-66 所示，物点 P 经会聚透镜 L_1 成像于 D，那么 D 即为发散透镜 L_2 的虚物。将 L_2 插入 L_1、D 之间，并调节 L_2 使 D 处于 L_2 的焦平面上，则光经发散透镜后成平行光。该光束经平面镜 M 反射经 L_2、L_1 后又在原物平面处成像。则 D、L_2 之间的距离 O_2D 即为发散透镜的焦距 $-f$。

（2）物距、像距法。一束平行光通过发散透镜折射后不能聚焦于一点，而是向外发散，它们的反向延长线交于一点，该点就是透镜的虚焦点，所以发散透镜的焦距是负的。

物体在虚焦点外经发散透镜折射后仅能成缩小的正立的虚像，无法用屏来接收，因而也

就不易确定像距的大小。现将会聚透镜 L_1 作为辅助透镜，使物点 P 成像于 B，再使发散透镜 L_2 置于 L_1 与 B 之间，像 B 对于 L_2 已成虚物，这时经 L_2 成一实像 D，如图 4-67 所示。那么，$O_2B=-S$（虚物距），$O_2D=S'$（像距）写成式（4-66）的形式

$$\frac{1}{-S} + \frac{1}{S'} = \frac{1}{f}$$

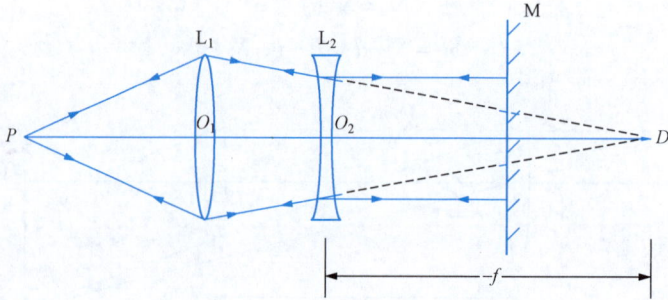

图 4-66　发散透镜的自准直法光路图

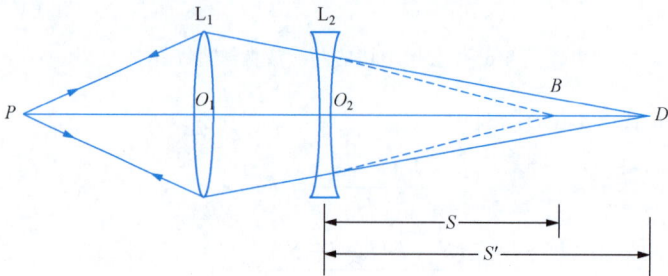

图 4-67　发散透镜的物距像距法光路图

又可写成

$$f = \frac{SS'}{S-S'} \tag{4-73}$$

三、实验仪器

实验仪器包括光具座及附件、会聚透镜、发散透镜、平面镜、读数照明灯、光源等。

四、实验内容

1. 共轴调节

几何光学实验和各种光学仪器的成像系统多为透镜在空气中成像，即 $n=n'$。透镜成像也存在着各种像差，成像系统应在近轴区域。为达到近轴光线的要求，应使各光学元件的主光轴重合，习惯上称同轴等高，即共轴。

此外，成像系统中的各量，如物距、像距及透镜移动的距离等都是沿着主光轴计算长度的，但其长度是按光具座的刻度来读取数据的。为测量准确，透镜主光轴应与光具座导轨平行。

共轴调节可分为粗调和细调两步来做。首先粗调，将各光学元件置于光具座上，并靠拢排列。调节其高、低、左、右，使光源、物屏、透镜、像屏等的中心同高共线并平行于导轨。

各元件所在的平面要相互平行且垂直于导轨轴线。

然后再细调，依靠成像规律来判断。将像屏、物屏置于光具座上，使其距离 $L>4f$。插入透镜并左右移动其位置，在屏上分别得到放大像和缩小像，调节各元件，使放大像与缩小像的中心重合。如果系统是由多个透镜等元件组成的，均用这种方法使所有像的中心重合在一个位置，则达到了共轴要求。以下的所有实验都是在共轴条件下进行的。

2. 会聚透镜焦距测量

（1）自准直法测量。按照图 4-64 布置光路，记录下 P 点的位置（单次测量）。然后左右移动透镜使物屏上呈现出倒立的与物同大的清晰实像，用多次测量（至少 5 次）记录下透镜 L 的位置 O 点。此时 PO 之间的距离就是透镜的焦距 f。自准直法测量会聚透镜数据记录表见表 4-19。

表 4-19　　　　　　　　　　自准直法测量会聚透镜数据记录表

物点的位置：$P=$

测量次数	1	2	3	4	5
O 点的位置（cm）					

数据处理所用的公式

$$\overline{f} = \left| P - \overline{O} \right|$$
$$U_f = \sqrt{(U_P)^2 + S_O^2}$$
$$f = \overline{f} \pm U_f$$

（2）两次成像法测量。按照图 4-65 布置光路，注意使物、像之间的距离 $L>4f$（f 可在自准直法中测得）。物屏和像屏位置一经固定就不能再改动，记录下物点和像点（单次测量）的位置。

将透镜放入物屏和像屏之间，移动透镜，使其在像屏上先后呈现放大和缩小的清晰实像，记录下成像时透镜的位置 O_1 和 O_2（多次测量），利用式（4-72）求出透镜焦距。两次成像法测量会聚透镜数据记录表见表 4-20。

表 4-20　　　　　　　　　两次成像法测量会聚透镜数据记录表

物点位置：$A=$　　　　　　　　　　像点位置：$A'=$

测量次数	1	2	3	4	5
O_1 位置（cm）					
O_2 位置（cm）					

数据处理所用的公式

$$L = \left| A - A' \right|$$
$$\overline{l} = \left| \overline{O_1} - \overline{O_2} \right|$$
$$\overline{f} = \frac{L^2 - \overline{l}^2}{4L}$$

$$U_{\bar{f}} = \sqrt{\left(\frac{L^2 + \bar{l}^2}{4L^2}\right)^2 U_L^2 + \left(\frac{\bar{l}}{2L}\right)^2 S_{\bar{l}}^2}$$

其中

$$U_L = \sqrt{(U_A)^2 + (U_{A'})^2}$$

$$S_{\bar{l}} = \sqrt{S_{O_1}^2 + S_{O_2}^2}$$

$$f = \bar{f} \pm U_{\bar{f}}$$

3. 发散透镜焦距测量

（1）*自准直法测量。按图 4-66 布置光路，首先将会聚透镜 L$_1$ 及像屏置于光路中，调节光路使屏上得到一清晰的倒立实像（一般与原物同大或比原物稍大）。固定透镜 L$_1$，用多次测量记录下像的位置 D。

在 D 和 L$_1$ 之间插入待测透镜 L$_2$ 及平面反射镜 M，移动 L$_2$ 使物屏上出现一个与原物同大的倒立实像，用多次测量记录下 L$_2$ 的位置 O_2。O_2 与 D 之间的距离就是发散透镜的焦距。

应该指出的是，这里的成像条件是 O_1D 必须大于发散透镜的焦距，否则无论怎样放置 L$_2$ 都不会在物屏上找到实像。

（2）物距、像距法测量。按图 4-67 布置光路，首先将会聚透镜 L$_1$ 及像屏置于光路中，调节光路使屏上得到一清晰的倒立的实像（一般与原物同大或比原物稍小）。固定透镜 L$_1$，用多次测量记录下此像的位置 B，B 为发散透镜 L$_2$ 的虚物点。

在 B 和 L$_1$ 之间插入发散透镜 L$_2$，固定 L$_2$ 并记录下其位置 O_2（单次测量）；然后将像屏远离 L$_2$ 得到一清晰的放大实像，用多次测量记录下此时像的位置 D。最后由式（4-73）求出发散透镜的焦距。

发散透镜的记录表格及数据处理所用的公式请读者自行考虑。

五、设计性实验

1. 观察会聚透镜成像规律

在物距 S 不同的情况下进行实验，用以说明会聚透镜成像的性质，即位置、大小、倒正、虚实等。

2. 验证会聚透镜成像公式

作出物距与像距的 S'-S 曲线，并分析结果，以证明式（4-66）的成立。

设计性实验要求读者自行说明实验原理，设计实验方法及步骤。

六、思考题

（1）光学元件为什么要共轴调节？怎样实现？

（2）在物距、像距法及两次成像法测量焦距中，都要求物、像之间的距离 $L > 4f$，这是为什么？

（3）用物距、像距法测会聚透镜焦距可得多组 S、S' 数据，作 $SS' - (S+S')$ 曲线，如何求出焦距？

（4）作 $S' - \dfrac{S'}{S}$ 曲线，从曲线中如何求出透镜焦距？

实验 20　模拟眼睛的屈光不正及物理矫正

一、实验目的
（1）理解并掌握光焦度、屈光度的概念及测量方法。
（2）理解并掌握透镜成像规律，计算透镜的屈光度。
（3）模拟眼睛屈光不正光路，理解物理矫正原理。

二、实验原理
从光学角度看，眼睛是一个具有自动调节功能的光学系统。理论和实验都已证明，当发光体的光线经光学系统成像后，若物距为 S、像距为 S'、透镜的焦距为 f，则三者之间的关系满足高斯公式

$$\frac{1}{S}+\frac{1}{S'}=\frac{1}{f}$$

光焦度是指焦距的倒数，表示透镜的发散或会聚本领，单位为屈光度 D（$1D=1m^{-1}$），也可用度作单位，1D=100 度。

常见的屈光不正（常）眼有：

（1）近视眼：眼睛不经调节时，平行光入射会聚在视网膜之前，即眼睛的会聚能力加强（见图 4-68），这种眼睛称为近视眼。

多数近视眼是由于眼球前、后距离变大，即眼轴过长引起；少数近视眼是由于角膜和晶状体对光线的折射能力过强引起。前者为轴性近视，后者为屈光性近视。

无论是属于哪种近视眼，它们的近点与远点都近移，需要佩戴发散透镜进行物理矫正（见图 4-69），这种发散透镜称为近视镜。

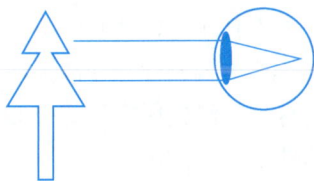

图 4-68　近视眼成像原理　　　　图 4-69　近视眼物理矫正

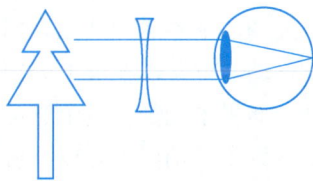

（2）远视眼：眼睛不经调节时，平行光入射会聚在视网膜之后，即眼睛的会聚能力减弱（见图 4-70），这种眼睛称为远视眼。

多数远视眼是由于眼球前、后距离变小，即眼轴过短引起；少数远视眼是由于角膜和晶状体对光线的折射能力过弱引起。前者为轴性远视，后者为屈光性远视。

无论是属于哪种远视眼，它们的近点与远点都远移，需要佩戴会聚透镜进行物理矫正（见图 4-71），这种会聚透镜称为远视镜。

本实验中利用透镜 A 作为眼睛，像屏作为视网膜来模拟眼睛的成像过程。通过前、后移动像屏来模拟轴性近视和远视眼的屈光不正成像原理，利用透镜 B（焦距小于透镜 A）和透镜 C（焦距大于透镜 A）来模拟屈光性近视和远视眼的屈光不正成像原理，并用一块凹透镜 D 和一块凸透镜 E 分别模拟矫正眼睛屈光不正的近视镜和远视镜，最后通过高斯公式来求出

矫正镜的焦距。

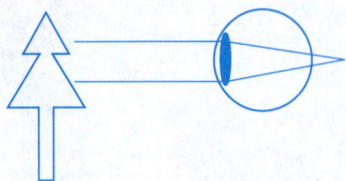

图 4-70　远视眼成像原理　　　　　　　　　　　图 4-71　远视眼物理矫正

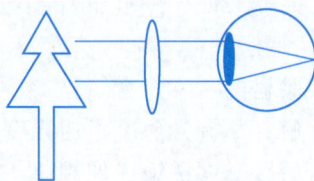

三、实验仪器

实验仪器包括光具座及附件、光源、物屏、像屏及不同焦距的透镜。

透镜共 5 片：透镜 A 焦距为 200mm（模拟眼睛）；透镜 B 焦距为 150mm（模拟屈光性近视眼）；透镜 C 焦距为 250mm（模拟屈光性远视眼）；透镜 D 焦距为 –150mm（模拟近视眼矫正镜）；透镜 E 焦距为 600mm（模拟远视眼矫正镜）。

四、实验内容

1. 共轴调节

透镜成像存在着像差，成像系统应尽量在近轴区域。为达到上述要求，应使各光学元件的主光轴重合，习惯上称同轴等高，即共轴。

此外，成像系统中的各量，如物距、像距及透镜移动的距离等都是沿着主光轴计算长度的。长度是按光具座的刻度来读取的。为测量准确，透镜主光轴应与光具座导轨平行。共轴调节可分为粗调和细调两步来做。

首先粗调，将各光学元件置于光具座上，并靠拢排列，调节其高、低、左、右，使光源、物屏、透镜、像屏等的中心同高共线并平行于导轨。各元件所在的平面要相互平行且垂直于导轨轴线。

然后再细调，依靠成像规律来判断，将像屏、物屏置于光具座上，使其距离 $l>4f$。插入透镜并左右移动其位置，在屏上分别得到放大像和缩小像，调节各元件，使放大像与缩小像的中心重合。如果系统是由多个透镜等元件组成的，均用这种方法使所有像的中心重合在一个位置，则达到了共轴要求。以下所有实验都是在共轴条件下进行的。

2. 模拟正常眼成像过程

（1）将焦距为 200mm 的透镜 A 放在物屏和像屏之间，调节光源、物屏、像屏及透镜共轴等高。

（2）将物屏和像屏间的距离调整为 850mm，调节透镜 A 的位置，使像屏上呈现清晰的像，以模拟正常眼睛的成像过程。

3. 模拟近视眼成像过程

（1）将像屏向后移动 50mm 模拟轴性近视眼成像过程，此时成像会变模糊。将透镜 D（焦距为 –150mm）放在物屏与透镜 A 之间模拟近视眼矫正镜，调节透镜 D 的位置，使像屏上所成的像清晰，记录下物屏、透镜 A 及像屏（单次测量）的位置，用多次测量（至少 5 次）记录下透镜 D 的位置。

（2）利用高斯公式计算出透镜 D 的焦距。

（3）还原正常眼睛的成像过程，将透镜 A 换成透镜 B（焦距为 150mm）模拟屈光性近视眼成像过程，此时成像会变模糊，将透镜 D 放在物屏与透镜 B 之间模拟近视眼矫正镜，调节透镜 D 的位置，使像屏上所成的像清晰，记录下物屏、透镜 B 及像屏（单次测量）的位置，用多次测量（至少 5 次）记录下透镜 D 的位置。

（4）利用高斯公式计算出透镜 D 的焦距。

4．模拟远视眼成像过程

（1）还原正常眼睛的成像过程，将像屏向前移动 30mm 模拟轴性远视眼成像过程，此时成像会变模糊。将透镜 E（焦距为 600mm）放在物屏与透镜 A 之间模拟远视眼矫正镜，调节透镜 E 的位置，使像屏上所成的像清晰，记录下物屏、透镜 A 及像屏（单次测量）的位置，用多次测量（至少 5 次）记录下透镜 E 的位置。

（2）利用高斯公式计算出透镜 E 的焦距。

（3）还原正常眼睛的成像过程，将透镜 A 换成透镜 C（焦距为 250mm）模拟屈光性远视眼成像过程，此时成像会变模糊，将透镜 E 放在物屏与透镜 C 之间模拟远视眼矫正镜，调节透镜 E 的位置，使像屏上所成的像清晰，记录下物屏、透镜 C 及像屏（单次测量）的位置，用多次测量（至少 5 次）记录下透镜 E 的位置。

（4）利用高斯公式计算出透镜 E 的焦距。

5．实验数据记录表及数据处理所用公式

（1）实验数据记录表。模拟近视眼和远视眼成像过程数据记录表分别见表 4-21、表 4-22，每个表格轴性近视和屈光性近视各画一个。

表 4-21　　　　　　　　　　模拟近视眼成像过程数据记录表

物屏位置 P=　　　　　　透镜 A（B）位置=　　　　　像屏位置 P′=

测量次数	1	2	3	4	5
透镜 D 位置（mm）					

表 4-22　　　　　　　　　　模拟远视眼成像过程数据记录表

物屏位置 P=　　　　　　透镜 A（C）位置=　　　　　像屏位置 P′=

测量次数	1	2	3	4	5
透镜 E 位置（mm）					

（2）数据处理所用公式。设物屏与透镜 D（E）的间隔为 S_1，透镜 A（B、C）与像屏的间隔为 S_2，物屏与像屏的间隔为 L，透镜 A（B、C）的焦距为 $f_A(f_B、f_C)$，则轴性近视眼模拟过程焦距公式为

$$f_D = \frac{(S_2 - f_A)S_1^2}{f_A L - S_2 L + S_2^2} + S_1$$

屈光性近视眼模拟过程焦距公式为

$$f_D = \frac{(S_2 - f_B)S_1^2}{f_B L - S_2 L + S_2^2} + S_1$$

轴性远视眼模拟过程焦距公式为

$$f_E = \frac{(S_2 - f_A)S_1^2}{f_A L - S_2 L + S_2^2} + S_1$$

屈光性远视眼模拟过程焦距公式为

$$f_E = \frac{(S_2 - f_C)S_1^2}{f_C L - S_2 L + S_2^2} + S_1$$

误差分析所用公式：

1）近视眼：$S_1 = |D - P|$，$u_P = \frac{1}{3}\Delta$，$S_D = \sqrt{\dfrac{\sum\limits_{i=1}^{n}(D_i - \bar{D})^2}{n(n-1)}}$，$U_{S_1} = \sqrt{u_P^2 + s_D^2}$。轴性近视眼焦距不确定度传递公式为

$$U_{f_D} = \left[\frac{2(S_2 - f_A)S_1}{f_A L - S_2 L + S_2^2} + 1 \right] U_{S_1}$$

屈光性近视眼焦距不确定度传递公式为

$$U_{f_D} = \left[\frac{2(S_2 - f_B)S_1}{f_B L - S_2 L + S_2^2} + 1 \right] U_{S_1}$$

2）远视眼：$S_1 = |E - P|$，$u_P = \frac{1}{3}\Delta$，$S_E = \sqrt{\dfrac{\sum\limits_{i=1}^{n}(E_i - \bar{E})^2}{n(n-1)}}$，$U_{S_1} = \sqrt{u_P^2 + s_E^2}$。轴性远视眼焦距不确定度传递公式为

$$U_{f_E} = \left[\frac{2(S_2 - f_A)S_1}{f_A L - S_2 L + S_2^2} + 1 \right] U_{S_1}$$

屈光性远视眼焦距不确定度传递公式为

$$U_{f_E} = \left[\frac{2(S_2 - f_C)S_1}{f_C L - S_2 L + S_2^2} + 1 \right] U_{S_1}$$

五、注意事项

（1）透镜要轻拿轻放，尽量避免用手触摸透镜表面，严禁用任何物体划透镜。

（2）安装透镜时须小心，确保透镜被牢固安装在透镜夹上，切勿将透镜掉在地上。

（3）透镜使用完毕后，用透镜纸将其包好，并按照实际焦距放回贴有焦距标签的塑料袋中，切勿乱放。

实验 21　数字资源

实验 21　分光计的调节和使用

　　　　分光计是用来观察光谱、测量光谱线波长和偏向角及棱镜角等的精密仪器。在光学实验中，分光计常用来测定光线方向和各种角度等。由于它的基本结构和调节方法与许多光学仪器，如摄谱仪、单色仪、折射率计等类似，因此是一种典型的光学仪器。

一、实验目的

（1）了解分光计的结构及调节原理。

（2）掌握分光计的调节方法。

（3）学习用分光计测量三棱镜顶角的方法。

二、实验原理

1. 分光计的结构

JJY 型分光计的结构如图 4-72 所示，它主要由底座、望远镜系统、载物平台、度盘、准直管（平行光管）五部分组成。

（1）底座。底座是整个分光计的基础，其中央有一个固定的中心主轴，望远镜、载物平台、度盘等均可绕此轴转动。

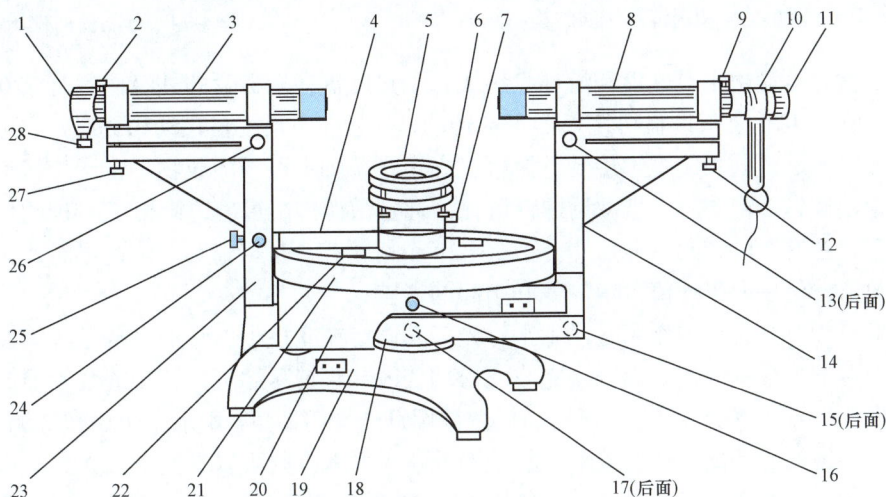

图 4-72 JJY 型分光计的结构

1—狭缝装置；2—狭缝装置销紧螺钉；3—准直管（平行光管）部件；4、18—制动架（二）；

5—载物平台；6—载物平台调平螺钉（3 只）；7—载物平台销紧螺钉；8—望远镜部件；9—目镜销紧螺钉；

10—阿贝式自准直目镜；11—目镜视度调节手轮；12—望远镜光轴高低调节螺钉；13—望远镜光轴水平调节螺钉；

14—支臂；15—望远镜微调螺钉；16—转座与度盘止动螺钉；17—望远镜止动螺钉；19—底座；20—转座；21—度盘；

22—游标盘；23—立柱；24—游标盘微调螺钉；25—游标盘止动螺钉；26—准直管光轴水平调节螺钉；

27—准直管光轴高低调节螺钉；28—狭缝宽度调节螺钉

（2）望远镜系统。望远镜系统是用来观察和确定光线前进方向的。它安装在支臂上，支臂与转座固定在一起，并套在仪器主轴上，转座与度盘可以相对转动。望远镜系统主要由物镜和目镜组成，如图 4-73 所示。为了调节和测量，在物镜和目镜之间安装了分划板，分划板上刻有双十字叉丝。在叉丝竖线下方紧贴着一块小棱镜，棱镜与分划板之间夹有一个刻着透明十字线的绿色膜片，在小灯泡的照明下成了一个绿色十字的"发光体"。分划板的视场如图 4-74 所示。

转动目镜视度调节手轮，可以改变目镜与分划板之间的距离，用以看清分划板上的刻线。松动望远镜上的目镜销紧螺钉后，望远镜的内筒可在外筒内沿光轴方向前后移动，改变物镜与分划板之间的距离。调节望远镜光轴高低调节螺钉可改变望远镜的俯仰角。

（3）载物平台。载物平台可放置光学元件或待测物体，它通过载物平台销紧螺钉固定在转轴上，当螺钉松动时，可沿轴向调节载物平台的高低。在台面下还有三个带弹簧的载物平台调平螺丝，用来调节平台的水平。

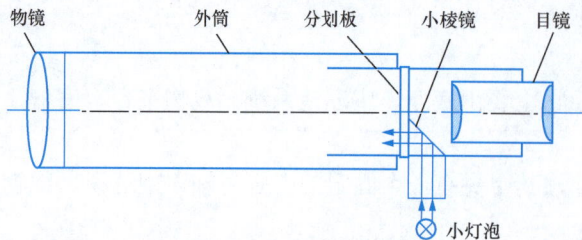

图 4-73　望远镜系统的结构

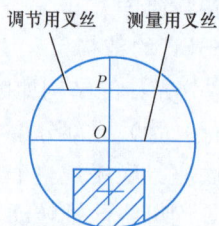

图 4-74　分划板的视场

（4）度盘。度盘由主尺度盘和游标盘组成。主尺度盘在游标盘的外缘，刻有 720 个等分刻线，每格值为 30'。主尺度盘可绕仪器主轴转动，当紧固主尺度盘止动螺钉时，它可与转座固定，并跟随望远镜同步绕主轴旋转。游标盘固定在转轴上可以随载物平台同步转动，如固定游标盘止动螺钉，转动游标盘微调螺钉可使游标盘微调。在圆盘边缘相对 180° 的位置上有两个角游标，各有 30 个等分刻线，与主尺上 29 个格对齐，每格值为 1'。测量时，读出两个位置坐标数值，然后取平均值可消除偏心引起的误差。

（5）准直管。准直管的作用是产生平行光，其固定在立柱上，管的一端是狭缝装置，狭缝宽度可由调节狭缝宽度调节螺钉来完成。松动狭缝装置销紧螺钉可使狭缝装置沿筒前、后移动；管的另一端是物镜。准直管可用高低微调螺钉改变俯仰角，用水平微调螺钉调节方位。改变狭缝与物镜间的距离，使狭缝落在物镜的前焦平面上，则可以产生平行光。

此外，还有光源变压器，它输入电压为 220V，输出电压为 6.3V，用于望远镜系统及手持小放大镜的照明。

2. 分光计的调节原理

分光计的观察系统基本是由三个平面所组成：一是待测光路所在的平面，这个平面是由准直管产生的平行光和经待测元件反射与折射后的光路所共同确定的，对于精度高的元件，该平面一般应平行于载物平台的台面；二是观察平面，这是由望远镜主光轴绕仪器主轴旋转时形成的，当望远镜主光轴与仪器主轴垂直时，得到的是一个平面，否则将是一个圆锥面；三是读值平面，这是一个读取数据的平面，它由游标盘和主尺刻度盘组成。

分光计若处于正确的工作状态，必须使待测光路平面同观察平面重合，并与读值平面平行。

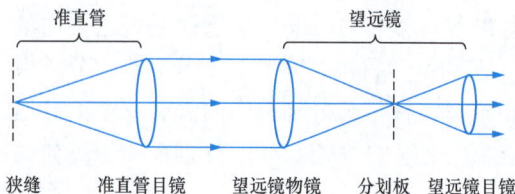

图 4-75　分光计调节原理光路图

分光计的光学系统由望远镜和准直管组成，其光路如图 4-75 所示。准直管能够射出平行光，必须是狭缝处在准直管物镜的焦平面上；望远镜能够接收平行光，分划板、物镜和目镜的焦平面三者必须重合，这样透镜射出的来自焦平面上的光必定是平行光。利用分光计可以测量出三棱镜的顶角。

三、实验仪器

实验仪器包括分光计、平面镜、三棱镜、水准仪、钠光灯等。

四、实验内容

1. 调节分光计

调节分光计的主要要求有三个：①望远镜接收平行光；②望远镜和平行光管的主光轴与仪器的转动主轴垂直；③平行光管出射平行光。

（1）粗调仪器水平。在度盘上放置水准仪，用垫置底座三个脚高低的方法调整度盘水平；将水准仪沿载物平台调平螺钉三个方向分别放在载物平台上，用调平螺钉将平台调节水平；再用水准仪通过望远镜和准直管光轴高低微调螺钉将望远镜和准直管调节水平，并用望远镜和准直管光轴水平调节螺钉调整它们共轴。这些步骤虽然是粗调，但是须认真操作，以达到水平要求，否则会给后续实验带来困难。

（2）调节望远镜接收平行光。如图 4-75 所示，当分划板是物镜及目镜的焦平面时，望远镜才能接收平行光。

首先进行目镜调焦。通过转动目镜视度调节手轮改变目镜与分划板之间的距离，直到看到清晰的黑色双十字叉丝像为止（若视场比较暗，可将带放大镜的照明小灯置于望远镜物镜附近照亮背景）。

然后进行物镜调焦。先将平面镜放在载物平台上，其平面应平行于载物平台调平螺钉中任意两个的连线，如图 4-76 所示。再松动游标盘止动螺钉，缓慢地转动游标盘，带动载物平台和平面镜一起绕仪器主轴转动，同时通过望远镜目镜寻找由平面镜反射回来的绿

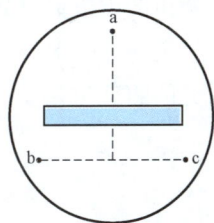

图 4-76　平面镜的放置位置

十字像。如绿十字像不太清晰，则说明物镜的焦平面尚未处在分划板上。松动目镜销紧螺钉，前、后滑动目镜装置改变分划板与物镜之间的距离，直至绿十字反射像清晰，如图 4-77 所示。

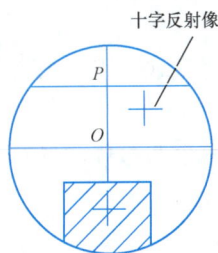

图 4-77　绿十字反射像

如眼睛左、右晃动时反射像与叉丝之间无相对移动，则说明物镜的焦平面已调到分划板上，拧紧目镜销紧螺钉，望远镜便已调好。

（3）调望远镜主光轴与仪器主轴垂直。望远镜光轴只要垂直平面镜的正、反两个平面，望远镜的主光轴就与仪器的主轴垂直了。

首先调节望远镜主光轴与平面镜垂直。调节载物平台下的螺钉 a，不调 b 或 c，使图 4-77 中的绿十字反射像与调节叉丝 P 的距离减少一半，再调节望远镜光轴高低调节螺钉改变望远镜的俯仰角，消除余下的一半距离，使绿十字反射像与 P 点重合，这种调节方法称为逐渐逼近法，又称为二分之一法，如图 4-78 所示。此时望远镜主光轴垂直于平面镜。

然后再调节望远镜主光轴与仪器主轴垂直。转动游标盘，带动载物平台和平面镜一起绕仪器主轴转动 180°，找到反射回来的绿十字像，再用逐渐逼近法使绿十字像与 P 点重合。反复调节使平面镜的两个面都与望远镜主光轴垂直，这样望远镜的主光轴与仪器的主轴已垂直。

（4）调节准直管出射平行光。取下平面镜，打开钠光灯照亮狭缝装置，待钠灯正常发光后，松动狭缝装置销紧螺钉，前后移动狭缝装置，改变狭缝与准直管物镜之间的距离，直到通过望远镜能够观察到目镜分划板上清晰而无

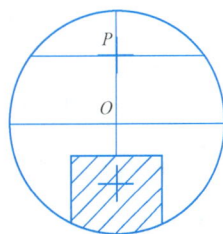

图 4-78　望远镜光轴与平面镜垂直时绿十字反射像与 P 重合

像差的狭缝像为止。同时转动狭缝装置，使狭缝像与双十字叉丝竖线平行，并固定狭缝装置

销紧螺钉。这时狭缝已处在准直管物镜的焦平面上，准直管出射的光已是平行光。

（5）调准直管主光轴与仪器主轴垂直。仍以望远镜为标准，调节准直管上的高低微调螺钉改变准直管的俯仰角，使狭缝像被分划板 0 刻线平分，并使狭缝像处于分划板 PO 线中心对称位置。

（6）调整读数系统。转动游标盘，使两个游标左右对称于准直管主光轴，拧紧游标盘止动螺钉；松动转座与度盘止动螺钉，转动外度盘，使盘上 0°刻度线（或 180°刻度线）对准望远镜支臂（这样可便于以后的读数和数据处理），拧紧止动螺钉，至此分光计已全部调整完毕。

2. 测量三棱镜的顶角

（1）测量三棱镜顶角的方法可用平行光法。当一束平行光被三棱镜的两个光学面同时反射，测出两束反射光间的夹角便可计算出三棱镜的顶角 A，平行光法的光路如图 4-79 所示。若三棱镜 AB 面上的反射光的位置是 θ_1 和 θ_1'，AC 面上的反射光的位置是 θ_2 和 θ_2'，那么两束反射光间的夹角为

$$2A = \frac{1}{2}\left[\left|\theta_2 - \theta_1\right| + \left|\theta_2' - \theta_1'\right|\right]$$

所以

$$A = \frac{1}{4}\left[\left|\theta_2 - \theta_1\right| + \left|\theta_2' - \theta_1'\right|\right]$$

用平行光法测顶角 A 的不确定度评定公式

$$U_A = \frac{1}{4}\sqrt{U_{\theta_2}^2 + U_{\theta_1}^2 + U_{\theta_2'}^2 + U_{\theta_1'}^2}$$

（2）测量三棱镜顶角的方法也可用自准直法。三棱镜按图 4-80 放置，将望远镜正对棱镜的 AB 面，利用自准直法调节，使绿十字反射像与调节用叉丝线的 P 点重合，如图 4-78 所示。记录下此时两游标的位置 θ_1 和 θ_1'。再将望远镜转向 AC 面，同样调整后记录下两游标的位置 θ_2 和 θ_2'。

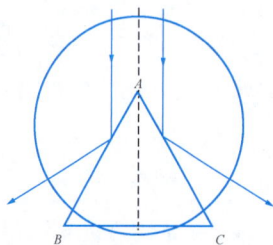

图 4-79 平行光法的光路   图 4-80 自准直法的光路

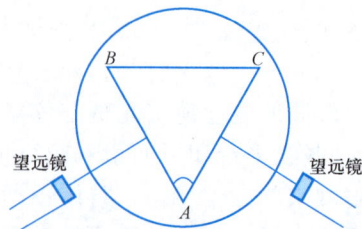

望远镜由 AB 面转向 AC 面，其转角刚好是顶角 A 的补角 ϕ，即

$$A = 180° - \phi$$

其中

$$\phi = \frac{1}{2}\left[\left|\theta_2 - \theta_1\right| + \left|\theta_2' - \theta_1'\right|\right]$$

分光计测量的数据记录表格见表 4-23。

表 4-23   分光计测量的数据记录表格

次数 \ 待测量	左游标位置		右游标位置	
	θ_1（AB 面）	θ_2（AC 面）	θ_1'（AB 面）	θ_2'（AC 面）
1				
2				
3				
4				
5				

五、思考题

（1）分光计有哪几个主要部件？各部件的主要作用是什么？

（2）分光计的调节原理是什么？调节分光计的基本要求有哪些？

（3）如何测定棱镜顶角？

（4）用自准直原理调节望远镜时，如何判断叉丝位于物镜焦平面的前面还是后面？

实验 22　偏振现象的实验研究

一、实验目的

（1）观察光的偏振现象，熟悉偏振的基本规律。

（2）了解椭圆偏振光、圆偏振光的产生和各种波片的作用。

二、实验原理

1. 偏振光的基本概念

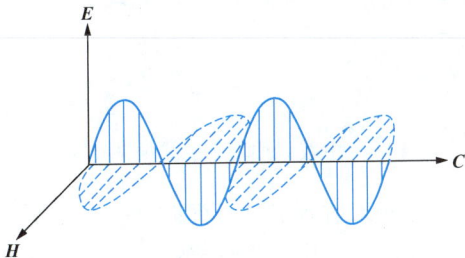

图 4-81　电矢量、磁矢量和光的传播方向的关系

光是电磁波，它的电矢量 E 和磁矢量 H 相互垂直，且都垂直于光的传播方向，如图 4-81 所示。通常用电矢量 E 代表光的振动方向，并将电矢量 E 和光的传播方向 C 所构成的平面称为光振动面，在传播过程中，电矢量的振动方向始终在某一确定方向的光称为平面偏振光或线偏振光，如图 4-82（a）所示。光源发射的光是由大量原子或分子辐射构成的。单个原子或分子辐射的光是偏振的，但由于大量原子或分子的热运动和辐射的随机性，它们所发射的光的振动面出现在各个方向的概率是相同的。一般说，在 10^{-6} s 时间内各个方向电矢量的平均值相等，故这种光源发射的光对外不显现偏振的性质，称为自然光，如图 4-82（b）所示。在发光过程中，有些光的振动面在某个特定方向上出现的概率大于其他方向，即在较长时间内电矢量在某一方向上较强，这样的光称为部分偏振光，如图 4-82（c）所示。还有一些光其振动面的末端在垂直于传播方向的平面上的轨迹呈椭圆或圆，这种光称为椭圆偏振光或圆偏振光。

2. 获得偏振光的常用方法

将非偏振光变成偏振光的过程称为起偏，起偏的装置称为起偏器。常用的起偏装置主要有反射起偏器、晶体起偏器、偏振片三种。

（1）反射起偏器（或透射起偏器）。当自然光在两种媒质的界面上反射和折射时，反射光和折射光都将成为部分偏振光。逐渐增

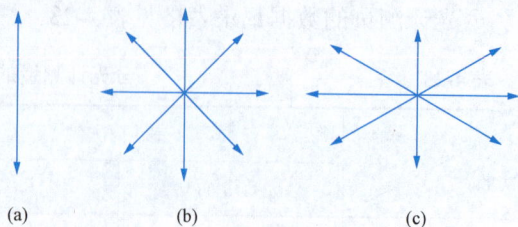

图 4-82 自然光、线偏振光和部分偏振光
(a) 线偏振光；(b) 自然光；(c) 部分偏振光

大入射角，当达到某一特定值 φ_b 时，反射光成为完全偏振光，其振动面垂直于入射面，如图 4-83 所示。这里角 φ_b 称为起偏振角，也叫做布儒斯特角。由布儒斯特定律可得

$$\tan\varphi_b = \frac{n_2}{n_1}$$

一般媒质在空气中的起偏振角在 53°～58°。例如，当光由空气（$n_1 = 1$）射向 $n_2 = 1.54$ 的玻璃板时，$\varphi_b = 57°$。

若入射光以起偏振角 φ_b 射到多层平行玻璃片上，如图 4-84 所示，经过多次反射最后透射出来的光也就接近于线偏振光，其振动面平行于入射面。由多层玻璃片组成的这种透射起偏器又称为玻璃片堆。

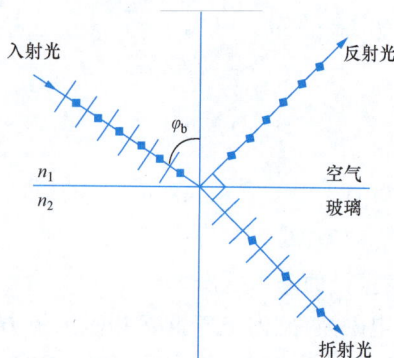

图 4-83 布儒斯特角入射产生反射全偏振光

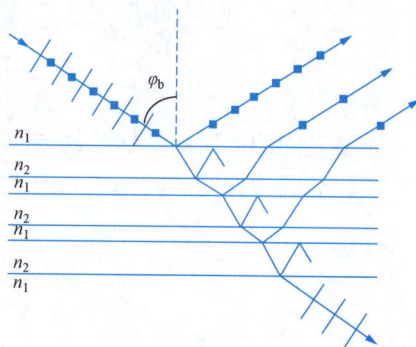

图 4-84 用玻璃片堆产生线偏振光

（2）晶体起偏器。晶体具有双折射现象，当一束自然光入射到晶体表面时，会产生两束折射光，其中一束光的折射满足折射定律，这束光叫做寻常光，也叫做 o 光；另一束光的折射不满足折射定律，这束光叫做非寻常光，也叫做 e 光。o 光和 e 光都是线偏振光。晶体起偏器就是利用晶体的双折射现象来获得线偏振光的，如尼科耳棱镜等。

（3）偏振片（分子型薄膜偏振片）。聚乙烯醇胶膜内部含有刷状结构的链状分子。在胶膜被拉伸时，这些链状分子被拉直并平行排列在拉伸方向上。由于吸收作用，拉伸过的胶膜只允许振动取向平行于分子排列方向（此方向称为偏振片的偏振轴）的光通过。利用它可获得线偏振光，如图 4-85 所示。偏振片是一种常用的"起偏"元件，用它可获得截面积较大的偏振光束，而且出射偏振光的偏振程度可达 98%。

3. 偏振光的检测

鉴别光的偏振状态的过程称为检偏，它所用的装置称为检偏器。实际上，起偏器和检偏

器是通用的。用于起偏的偏振片称为起偏器，将它用于检偏就成为检偏器。

按照马吕斯定律，强度为 I_0 的线偏振光通过检偏器后，透射光的强度为

$$I = I_0 \cos^2 \theta$$

式中，θ 为入射光偏振方向与检偏器偏振轴之间的夹角。显然，当以光线传播方向为轴转动检偏器时，透射光强度 I 将发生周期性变化。当 $\theta = 0°$ 时，透射光强度最大；当 $\theta = 90°$ 时，透射光强度为极小值（消光状态），接近于全暗；当 $0° < \theta < 90°$ 时，透射光强度介于最大值和最小值之间。因此，根据透射光强度变化的情况，可以区别线偏振光、自然光和部分偏振光。图 4-86 表示了自然光通过起偏器和检偏器的变化过程。

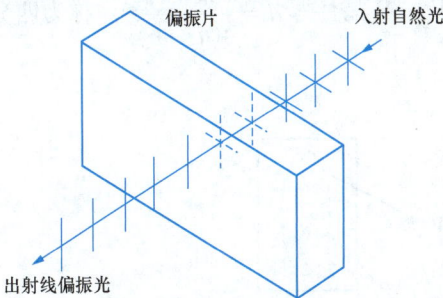

图 4-85 用偏振片产生线偏振光

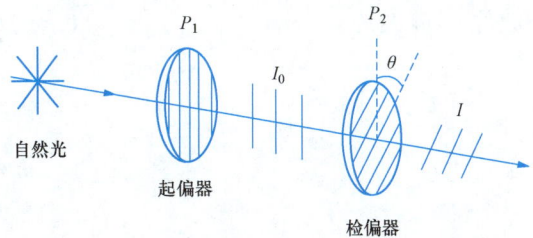

图 4-86 自然光通过起偏器和检偏器的变化过程

4. 椭圆偏振光及圆偏振光的产生

当线偏振光垂直射到厚度为 d、表面平行于自身光轴的单晶片时，由于晶体的双折射，变为两束相互垂直的线偏振光——o 光和 e 光。图 4-87 表示了迎着光看时 o 光和 e 光振动方向和光轴的关系。虽然 o 光和 e 光这两束光沿同一方向前进，但传播的速度不同。对于负晶体 $v_e > v_o$（对于正晶体 $v_e < v_o$），振动方向平行于光轴的 e 光速度比垂直于光轴的 o 光速度快（正晶体相反）。这两种偏振光通过晶片后，它们的位相差为

$$\varphi = \frac{2\pi}{\lambda}(n_o - n_e)d$$

图 4-87 迎着光看时 o 光和 e 光振动方向和光轴的关系

式中，λ 为入射偏振光在真空中的波长，n_o 和 n_e 分别为晶片对 o 光和 e 光的折射率，d 为晶片的厚度。

两个振动方向相互垂直，且频率相同有固定位相差的简谐振动，其振动方程分别为

$$x = A_e \sin \omega t \tag{4-74}$$

$$y = A_o \sin(\omega t + \varphi) \tag{4-75}$$

这两个振动的合振动（例如通过晶片后的 e 光和 o 光的振动）的方程式，可从式（4-74）和式（4-75）中消去 t，经三角运算后得到

$$\frac{x^2}{A_e^2} + \frac{y^2}{A_o^2} - \frac{2xy}{A_e A_o} \cos \varphi = \sin^2 \varphi \tag{4-76}$$

一般地说，此式为一椭圆方程，即合振动的轨迹在垂直于传播方向的平面内，且呈一椭圆形。它代表椭圆偏振光。

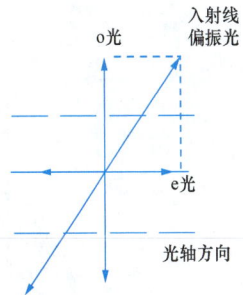

（1）当$\varphi=k\pi$（k=0，1，2，…）时，式（4-76）变为直线方程，其合振动为线偏振光。

（2）当$\varphi=(2k+1)\dfrac{\pi}{2}$，（$k$=0，1，2，…）时，式（4-76）变为正椭圆方程，这时的合振动为正椭圆偏振光（在$A_o=A_e$时，合振动为圆偏振光）。

（3）当φ不等于上述各值时，合振动为不同长短轴组合的椭圆偏振光，如图 4-88 所示。如果晶片的厚度 d 能使 o 光和 e 光产生位相差$\varphi=(2k+1)\pi$（相当于光程差为 $\lambda/2$ 的奇数倍），即 $d=\dfrac{(2k+1)\lambda}{2(n_e-n_o)}$，则称该晶片为半波片（$\lambda/2$ 波片）。与此相似，能使 o 光和 e 光产生位相差$\varphi=(2k+1)\dfrac{\pi}{2}$（相当于光程差为 $\lambda/4$ 的奇数倍）的晶片，其晶片厚 $d=\dfrac{(2k+1)\lambda}{4(n_e-n_o)}$，称为四分之一波片（$\lambda/4$ 波片）。

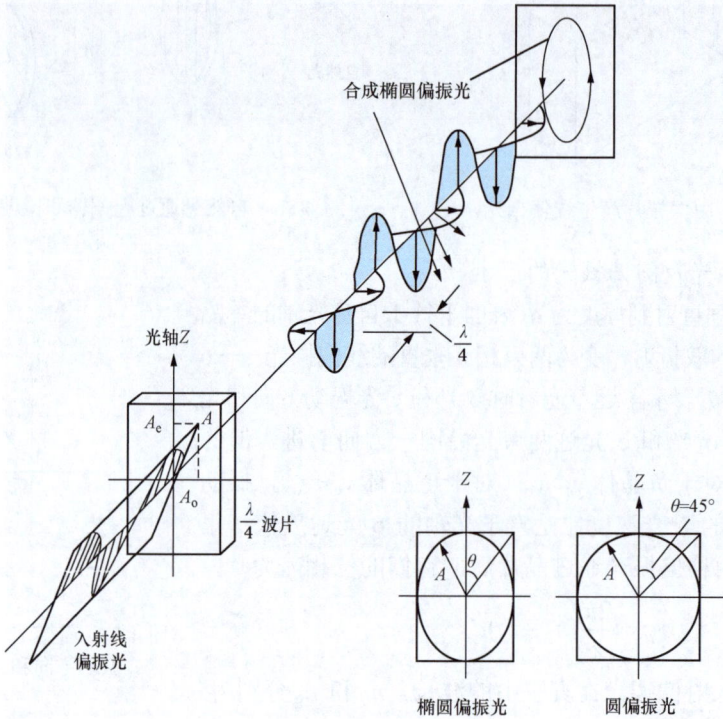

图 4-88　椭圆偏振光和圆偏振光的产生

（1）振幅为 A 的线偏振光垂直射到 $\lambda/4$ 波片，且振动方向与波片成θ 角时，如图 4-88 所示。由于 o 光和 e 光的振幅分别为 $A\sin\theta$ 和 $A\cos\theta$，是 θ 的函数，所以通过 $\lambda/4$ 波片后合成光的偏振状态也将随角度 θ 的变化而不同：

1）θ=0 时，获得振动方向平行于光轴的线偏振光。

2）$\theta=\pi/2$ 时，获得振动方向垂直于光轴的线偏振光。

3）$\theta=\pi/4$ 时，$A_e=A_o$，获得圆偏振光。

4）θ 为其他值时，经过 $\lambda/4$ 波片后透出的光为椭圆偏振光。

（2）振幅为 A 的线偏振光垂直射到 $\lambda/2$ 波片，且振动方向与波片光轴成θ 角时，出射光仍是线偏振光，但振动方向偏转 2θ 角。

三、实验仪器

实验仪器包括光具座、偏振片三个、$\lambda/4$ 波片一个、$\lambda/2$ 波片一个、单色光源、光屏、光电检测装置等。

四、实验内容

1. 起偏与检偏及鉴别自然光和偏振光

（1）将所有器件按顺序摆放在光具座上，调至共轴。

（2）起偏。在光源和光屏之间放上一块偏振片，光源发出的光经第一块偏振片后得到什么偏振态的光？旋转偏振片（以下讲到旋转偏振片，都指在垂直光传播方向的平面内旋转），观察光的变化，能否根据观察到的现象断定从光源发出的光是偏振的还是非偏振的？

（3）消光。放上第二块偏振片，将起偏器固定，旋转检偏器，使起偏器的偏振轴与检偏器的偏振轴相互垂直，观察消光现象。

（4）三块偏振片的实验。使前两块偏振片处于消光位置，再在它们之间插进第三块偏振片。解释此时为什么有光通过？旋转第三块偏振片，取什么位置时能使光最强？什么位置时光最弱？

2. 考察平面偏振光通过 $\lambda/2$ 波片时的现象

（1）在两块正交（即处于消光现象时）偏振片之间插入 $\lambda/2$ 波片，旋转检偏器 360°，观察消光的次数并解释此现象。

（2）将 $\lambda/2$ 波片转任意角度，这时消光现象被破坏。再将检偏器转动 360°，观察发生的现象并作出解释。

（3）仍使起偏器和检偏器处于正交，插入 $\lambda/2$ 波片，转动波片使消光，再将波片转 15°，破坏其消光。转动检偏器至消光位置，并记录检偏器所转动的角度。

（4）继续将 $\lambda/2$ 波片转 15°（即总转动角为 30°），记录检偏器达到消光所转总角度。依次使 $\lambda/2$ 波片总转角为 45°、60°、75°、90°，记录检偏器消光时所转总角度。将实验数据记录在表 4-24 中。

表 4-24　　　　　　　　　　研究 $\lambda/2$ 波片作用的数据记录表

$\lambda/2$ 波片转角 θ	15°	30°	45°	60°	75°	90°
检偏器转角 θ'						

3. 用 $\lambda/4$ 波片产生圆偏振光和椭圆偏振光

（1）仍使起偏器和检偏器正交，用 $\lambda/4$ 波片代替 $\lambda/2$ 波片，转动 $\lambda/4$ 波片使消光。

（2）再将 $\lambda/4$ 波片转动 15°，然后将检偏器转动 360°，观察现象，并分析这时从 $\lambda/4$ 波片出来光的偏振状态。

（3）依次将转动总角度调整为 30°、45°、60°、75°、90°，每次将检偏器转动 360°，观察光强的变化，记录所观察到的现象，并由此说明 $\lambda/4$ 波片的出射光的偏振情况（包括指出椭圆的"正""斜"）。将实验数据记录在表 4-25 中。

当 $\theta = 45°$ 时观察到的现象与实验内容 1 观察到的现象加以比较；将 $\lambda/4$ 波片处于其他位置（0°、90° 不包括在内）时观察是部分偏振光吗？为什么？

表 4-25　　　　　　　　　　　　研究 λ/4 波片作用的数据记录表

λ/4 波片转角 θ	转检偏器 360°观察到的现象	光的偏振情况

表 4-26 为各种偏振光的判别方法。

表 4-26　　　　　　　　　　　　　各种偏振光的判别方法列表

鉴别步骤特征 偏振态	第一步	第二步	
	检偏器旋转观察	λ/4 位置	检偏器旋转观察
自然光	无光强变化	任意方位	无光强变化
平面偏振光	有光强变化，有光强为零处		
圆偏振光	无光强变化	任意方位	有光强变化，有光强为零处
椭圆偏振光	有光强变化，但无光强为零处	光轴平行于强度最大处	有光强变化，有光强为零处
自然光和平面偏振光	有光强变化，但无光强为零处	光轴平行于强度最大处	有光强变化，强度最大仍在原处
自然光和圆偏振光	无光强变化	任意方向	有光强变化，但无光强为零处
自然光和椭圆偏振光	有光强变化，但无光强为零处	光轴平行于强度最大处	有光强变化，强度最大的位置改变

五、思考题

（1）求在下列情况下理想起偏器和理想检偏器两个偏振轴之间的夹角为多少？

1）透射光是入射自然光强度的 1/3。

2）透射光是最大透射光强度的 1/3。

（2）如果在相互正交的偏振片 P_1、P_2 中间插入一块 λ/2 波片，使其光轴和起偏器的偏振轴平行，那么透过检偏器 P_2 的光斑是亮的还是暗的？为什么？将检偏器 P_2 转动 90°后，光斑亮暗是否有变化？为什么？

（3）假如有自然光、圆偏振光、自然光与圆偏振光的混合光三种光，请设计一个方案将它们判别出来。

（4）如何设计一个实验装置，用来区别椭圆偏振光和部分偏振光？

（5）三块外形相同的偏振片、λ/2 波片、λ/4 波片被弄混了，能否将它们区分开来？需要借助什么工具？

实验 23　单 缝 衍 射

光具有波粒二象性，即表现出波动性和粒子性。正确认识光的这些特性，对认识光有很大的帮助，本实验就是通过仪器定性研究光的波动性，以及定量计算波动性的技术指标。

一、实验目的

（1）通过屏幕观测单缝衍射现象，并测量其相对光强分布。

（2）利用衍射图样测量光源的波长。

二、实验原理

光的衍射现象是光的波动性的一种表现，可分为菲涅耳衍射与夫琅禾费衍射两类。菲涅耳衍射是近场衍射，夫琅禾费衍射是远场衍射，又称平行光衍射，见图4-89。将单色点光源放置在透镜 L 的前焦面上，经透镜后的光束成为平行光垂直照射在单缝 AB 上，按惠更斯-菲涅耳原理，位于狭缝的波阵面上的每一点都可以看成是一个

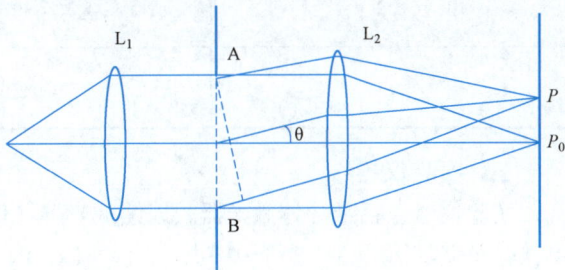

图 4-89　平行光衍射

新的子波源，它们向各个方向发射球面子波，这些子波相叠加经透镜 L_2 会聚后，在 L_2 的后焦面上形成明暗相间的衍射条纹，其光强分布规律为

$$I = I_0 \frac{\sin^2 \varphi}{\varphi^2} \tag{4-77}$$

其中 $\varphi = \frac{\pi}{\lambda} a \sin \theta$，$a$ 是单缝宽度，θ 是衍射角，λ 为入射光波长。

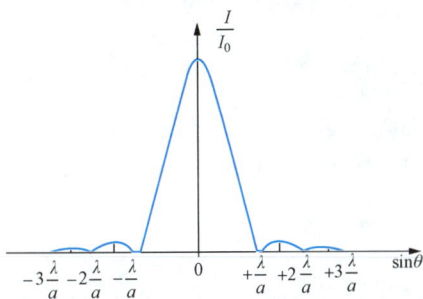

图 4-90　单缝衍射的光强分布

如图 4-90 所示，由式（4-77）可知：

（1）当 $\theta = 0$ 时，$I = I_0$，为中央主极大的强度，光强最强，绝大部分的光能都落在中央明纹上。

（2）当 $\sin \theta = \frac{K\lambda}{a}$，（$K = \pm 1, \pm 2, \cdots$）时，$I = 0$，为第 K 级暗纹。由于夫琅禾费衍射时，θ 很小，有 $\theta \approx \sin \theta$，因此暗纹出现的条件为

$$\theta = \frac{K\lambda}{a} \tag{4-78}$$

（3）由式（4-78）可见，当 $K = \pm 1$ 时，为主极大两侧第一级暗条纹的衍射角，由此决定了中央明纹的宽度 $\Delta\theta_0 = \frac{2\lambda}{a}$，其余各级明纹角宽度 $\Delta\theta_K = \frac{\lambda}{a}$，所以中央明纹宽度是其他各级明纹宽度的两倍。

（4）除中央主极大外，相邻两级暗纹间存在着一些次最大，这些次最大的位置可以从对式（4-77）求导，并使之等于零而得到，见表4-27。

表 4-27　　　　　　　　　　　　　相邻两级暗纹间次最大位置

级数 K	次最大时 θ	相对光强 $\frac{I}{I_0}$
± 1	$\pm 1.43 \frac{\lambda}{a}$	0.047

级数 K	次最大时 θ	相对光强 $\dfrac{I}{I_0}$
± 2	$\pm 2.46\dfrac{\lambda}{a}$	0.017
± 3	$\pm 3.47\dfrac{\lambda}{a}$	0.008

三、实验仪器

实验仪器包括半导体激光器、连续减光器（偏振减光方式，360°调节）、组合光栅（单缝/单丝、单缝/双缝、3～5 缝……共七组）、CCD 光强分布测量仪、SB14 数显示波器（图 4-91 为 LM 系列 CCD 光强仪内部电路结构框图）。

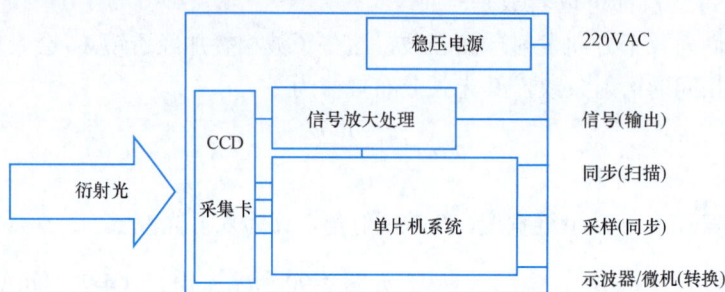

图 4-91　LM 系列 CCD 光强仪内部电路结构框图

CCD 器件是一种可以电扫描的光电二极管列阵，有面阵（二维）和线阵（一维）之分。LM 系列各型号的 CCD 光强仪所用的是线阵 CCD 器件，其参数见表 4-28。

表 4-28　　　　　**LM 系列各型号的 CCD 光强仪所用的线阵 CCD 器件参数**

参数 ＼ 型号	LM401	LM501	LM601	LM801
光敏元（个）	1024	2048	2592	5000
光敏元尺寸（μm）	14×14	14×14	11×11	7×7
光敏元中心距（μm）	14	14	11	7
光敏元线阵有效长（mm）	14.34	28.67	28.67	35.0
光谱响应范围（μm）	0.4～1.0	0.4～1.0	0.35～0.9	0.35～0.9
光谱响应峰值（μm）	0.65	0.65	0.56	0.56

LM 系列各型 CCD 光强仪机壳统一尺寸为 150mm×100mm×50mm，CCD 器件的光敏面至光强仪前面板距离为 4.5mm。

CCD 光强仪后面板各插孔标记含义是：

（1）"示波器/微机"开关：当光强仪配接的是 CCD 数显示波器或通用示波器时，将此开关打在"示波器"位置，"同步"脉冲频率为 50Hz；当配接的是安装有 CCD 采集卡的微机系统时，将开关打在"微机"位置，"同步"脉冲频率为 1～5Hz，"采样"脉冲频率为 10～15kHz。

（2）"同步"：启动 CCD 器件扫描的触发脉冲，主要供示波器 X 轴外同步触发和采集卡同步用。"同步"的含义是"同步扫描"。

（3）"采样"：每一个脉冲对应于一个光电二极管，脉冲的前沿时刻表示外接设备可以读取光电管的光电压值，"采样"信号是供 CCD 采集卡"采样"同步和供 CCD 数显示波器作 X 位置计数的。此脉冲也可作为几何形状测量时的计数脉冲。

（4）"信号"：CCD 器件接收的空间光强分布信号的模拟电压输出端。

四、实验内容

实验内容包括以下几部分：

（1）调试观察衍射图样。

（2）学会 CCD 光强分布测量仪及 SB14 控制器的使用方法。

（3）测量光源的波长。

具体实验方法及步骤为：

（1）摆放光路。按图 4-92 摆放好光路。

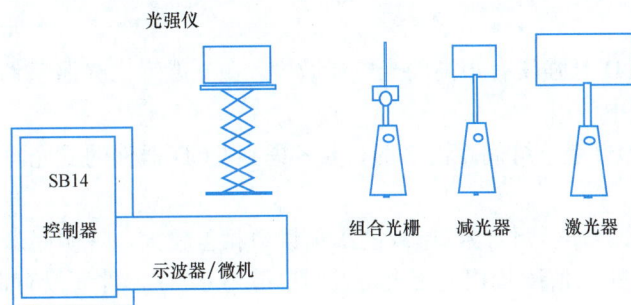

图 4-92　实验系统安置图

（2）连接仪器，并且对仪器进行调试。

（3）调出稳定的衍射图样。

（4）测量数据，记录显示器上的 X、Y 值，记录在表 4-29 中。

表 4-29　　　　　　　　　　　　位置与光强数据记录表

空间位置		光强		相对光强 $\left(\dfrac{I}{I_0}\right)$	$\sin\theta$
（X）	mm	（Y）	电压		

（5）计算和比较。根据实验数据，可以计算出各级明纹和暗纹的衍射角和相对光强，还

可以计算出所用单缝的缝宽 a 和所用光源的波长 λ，与理论值相比较，作出误差分析，记录在表 4-30 中。

表 4-30　　　　　　　　　　　　　实验值与理论值对照表

项目	实验值		理论计算值	
	$\theta = \dfrac{\Delta X}{L}$	相对光强 $\dfrac{I}{I_0}$	$\theta = K\dfrac{\lambda}{a}$	相对光强 $\dfrac{I}{I_0}$
中央明纹				1
一级暗纹				0
一级亮纹				0.0472
二级暗纹				0
二级亮纹				0.0165
三级暗纹				0

五、注意事项

（1）LM 各型 CCD 光强仪有很高的光电灵敏度，在一般室内光照条件下已趋饱和，无信号输出，需在暗环境中使用。

（2）测量 CCD 器件至单缝间距离 Z 时，要考虑到 CCD 器件的受光面在光强仪前面板后 4.5mm 处。

（3）如较高级次暗纹与较低级次暗纹的 Y 值读数相差较大，说明尚未满足远场条件；如正方向与负方向暗纹的 Y 值读数相差较大，说明单缝与 CCD 器件还没有调垂直。

（4）测量相对光强比时，须以暗纹的 Y 值为"基准"，不能直接用 Y 值相比较。

（5）曲线稳定调节。光强曲线幅值涨落或突跳是激光器输出功率不稳造成的，常发生在采用 He-Ne 激光器时，如采用半导体激光器则不会有这种情况。

（6）曲线对称调节。一般的衍射花样是一种对称图形，但有时显示器显示的图形左右不对称，这主要是各光学元件的几何关系没有调好引起的。实验时，调节单缝的平面与激光束垂直。检查方法是观察从缝上反射回来的衍射光，应在激光出射孔附近。调节缝与光强仪采光窗的水平方向垂直（或调节光强仪）。

（7）曲线"削顶"调节。光强曲线出现"削顶"（"平顶"），有两种可能：一是 CCD 器件饱和；二是 SB14 控制器上 Y 增益调得太大。一般先将 Y 增益调小，观察波形是否改善，如仍"削顶"，转动减光器，增大减光量。

（8）曲线顶部凹陷调节。单缝衍射曲线主极大顶部出现凹陷，常发生在使用质量欠佳的玻璃基板的单缝时，主要是单缝的黑度不够，有漏光现象。如将衍射光直接投射到屏上，可观察到主极大中间有一道黑斑。

（9）曲线不圆滑漂亮。将衍射光直接投射到屏上，如发现衍射花样很乱，边缘不清晰，一个原因是缝的边缘不直或刀口上有尘埃；另一个原因是 CCD 光强仪采光窗上有尘埃，可左、右移动光强仪，寻找较好的工作区间。

实验 24　用迈克尔逊干涉仪测波长

实验 24　数字资源

迈克尔逊干涉仪是物理学和光学领域最重要的仪器之一，是 1881 年美国物理学家迈克尔逊和莫雷合作，为研究"以太"漂移而设计制造出来的精密光学仪器。它是利用分振幅法产生双光束以实现干涉，否定了"以太"的存在，推动了物理学和光学的革命性发展。科学探索的道路是曲折的，对真理的探索不仅要深入认识前人理论，更要在学习和研究中始终坚持否定之否定的唯物辩证思想，才能站在巨人的肩膀上看得更远。

一、实验目的

（1）掌握迈克尔逊干涉仪的结构原理及调节、使用方法。

（2）观察等倾干涉和等厚干涉现象。

（3）测定 He-Ne 激光的波长。

二、实验原理

1. 迈克尔逊干涉仪

图 4-93 是迈克尔逊干涉仪的原理光路图。从光源 S 发出的光束射到玻璃板 G_1 上，G_1 的前、后两个面严格平行，后表面镀有银或铝的半反射膜，光束被半反射膜分为两束，图 4-93 中用（1）表示反射的一束，用（2）表示透射的一束。因 G_1 与平面镜 M_1、M_2 均成 45°角，所以两束光分别近似于垂直入射 M_1、M_2。两束光经反射后在 E 处相遇，形成干涉。G_2 为补偿板，其材料与厚度均与 G_1 相同。G_2 的作用是补偿光束（2）的光程，以使光束（2）与光束（1）在玻璃板 G_1、G_2 中的光程相等。反射镜 M_2 是固定的，M_1 可在精密导轨上前、后移动以改变两光束的光程差。M_1 的移动采用涡轮蜗杆传动系统，其最小读数可精确到 10^{-4}mm，可估读到 10^{-5}mm。平面镜 M_1、M_2 背面各有三个螺丝，用以调节 M_1、M_2 的倾斜度。M_2 的下端还附有两个方向相互垂直的微动螺丝，用以精确调节 M_2 的倾斜度。

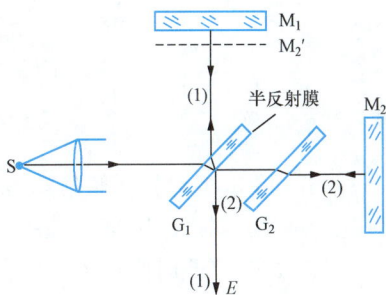

图 4-93　迈克尔逊干涉仪的原理光路图

2. 干涉花纹的图样

迈克尔逊干涉仪所产生的两光束是从 M_1 和 M_2 反射而来，因此可以画出 M_2 被 G_1 反射所成的虚像 M_2'，研究干涉花样时，M_2' 与 M_2 完全等效。

图 4-94　两虚光源的光程差

（1）点光源产生的非定域干涉花样。用凸透镜会聚的激光束是一个强度很大的点光源。点光源发射的球面波，经 M_1、M_2 反射后，相当于由两个虚光源 S_1 和 S_2 发出的两相干球面波。

S_1 和 S_2 的距离为 M_1 和 M_2' 的距离 d 的两倍，即 $2d$。S_1 和 S_2 发出的球面波在相遇空间处处相干，呈现出非定域的干涉花样。当将接收屏置于不同空间位置时，可以观察到圆、椭圆、双曲线等条纹。通常是将接收屏置于垂直于 S_1、S_2 连线的方向上，这时干涉花纹是一组同心圆环，圆心在 S_1、S_2 延长线和屏的交点 E 上。

设两虚光源 S_1、S_2 发出的光线到达屏上距 E 点为 R 的某点 A 时的光程差为 δ，如图 4-94 所示，则

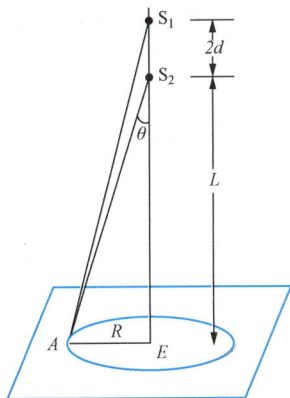

$$\begin{aligned}
\delta &= \overline{S_1 A} - \overline{S_2 A} \\
&= \sqrt{(L+2d)^2 + R^2} - \sqrt{L^2 + R^2} \\
&= \sqrt{L^2 + 4Ld + 4d^2 + R^2} - \sqrt{L^2 + R^2} \\
&= \sqrt{L^2 + R^2}\left(\sqrt{1 + \frac{4Ld + 4d^2}{L^2 + R^2}} - 1\right)
\end{aligned} \qquad (4\text{-}79)$$

通常 $L \gg d$，利用展开式

$$\sqrt{1+x} = 1 + \frac{1}{2}x - \frac{1}{2 \times 4}x^2 + \cdots$$

可将式（4-79）改写成

$$\begin{aligned}
\delta &= \sqrt{L^2 + R^2}\left[\frac{1}{2}\frac{4Ld + 4d^2}{L^2 + R^2} - \frac{1}{8}\frac{16L^2 d^2}{(L^2 + R^2)^2}\right] \\
&= \frac{2Ld}{\sqrt{L^2 + R^2}}\left[1 + \frac{dR^2}{L(L^2 + R^2)}\right] \\
&= 2d\cos\theta\left(1 + \frac{d}{L}\sin^2\theta\right)
\end{aligned} \qquad (4\text{-}80)$$

由式（4-80）可知，倾角同为 θ 的光线，光程差必相等，因而干涉情况也相同。当 M_1 与 M_2 完全垂直，即 M_1 和 M_2' 严格平行时得到以 E 点为中心的环形等倾干涉条纹。

当 $\theta = 0$ 时，此时光程差最大 $\delta = 2d$，即 E 点对应的干涉级别最高。当倾角 θ 不太大时，式（4-80）可以简化为 $\delta = 2d\cos\theta$，根据干涉形成的条件，第 k 级亮条纹对应的入射光应满足的条件是 $k\lambda = 2d\cos\theta$，而第 $k+1$ 级亮条纹应在 k 级条纹的内侧，旋转涡轮蜗杆使 M_1 移动。若 d 增加时，可以看到圆环一个一个从中心"长出"而后往外扩张；若 d 减小时，则圆环逐渐收缩，最后"消失"在中心处。每"长出"或"消失"一个圆环，相当于 S_1、S_2 的距离变化一个波长 λ 的大小。设"长出"（或"消失"）圆环的数目为 N 时，则相应的平面镜 M_1 将移动 Δd，公式为

$$\Delta d = \frac{1}{2}\delta = \frac{1}{2}N\lambda$$

从仪器读出 Δd，数出相应的 N，就可以测出光波的波长。

当 d 增大时，光程差 δ 每改变一个波长所需的 θ 的改变值变小，看上去条纹变细变密。

（2）单色扩展光源产生的等倾干涉花样。当镜 M_1 和 M_2' 完全平行时，所得到的干涉为等倾干涉，干涉条纹位于无限远或透镜的焦平面上。考查第 k 级亮环，它是由满足式（4-81）的入射光束反射后造成的，公式为

$$\delta = 2d\cos i_k = k\lambda \qquad (4\text{-}81)$$

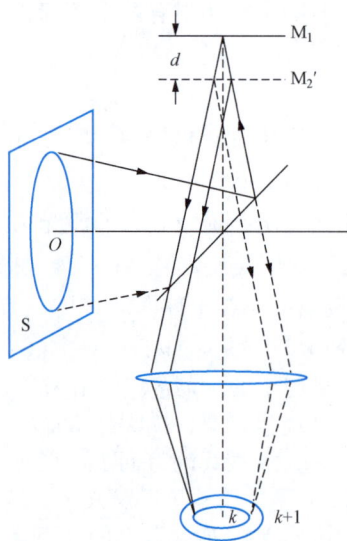

图 4-95   等倾干涉条纹的形成

如图 4-95 所示，在实际垂直观察方向的扩散光源 S 上，自 O 点为中心的圆周上各点发出的光有相同的倾角。因而干涉花样是同心圆环，与点光源的干涉花样相类似。当 d 减小时条纹将缩回中心，条纹逐渐变粗变稀。

（3）单色扩展光源产生的等厚干涉条纹。当 M_1 和 M_2' 有一很小角度时，$M_1 M_2'$ 之间形成劈尖形的空气薄膜，这时会产生等厚干涉条纹，如图 4-96 所示。光源 S 发出不同方向的光线（1）和（2）经 M_1 和 M_2' 反射后在镜面附近相交产生干涉。当夹角很小时，光线（1）和（2）的光程差仍可近似的以 $\delta=2d\cos\theta$ 表示，其中 d 是观察点 P 处空气层的厚度，θ 为入射角。在 M_1、M_2' 两镜相交处 $d=0$，如果不考虑光束（1）在 G_1 反射时的附加光程差，光程差为零，应出现直亮纹，称为中央亮纹。如果入射角不大于 $\cos\theta=1-\dfrac{\theta^2}{2}$，则

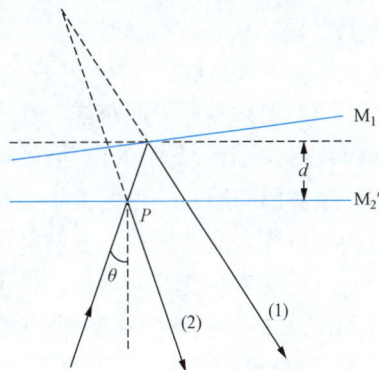

图 4-96 等厚干涉条纹的形成

$$\delta = 2d\left(1-\frac{1}{2}\theta^2\right) = 2d - d\theta^2$$

在中央亮纹附近，d 很小故 $d\theta^2$ 项可以忽略，因此光程差主要取决于厚度的变化，所以厚度相同的地方光程差相同，这里观察到的是平行于两镜交棱的直线干涉条纹。随着 θ 角和厚度的增大，$d\theta^2$ 项不能忽略，为使 $2d\left(1-\dfrac{\theta^2}{2}\right)=k\lambda$，必须增大 d 以弥补由于 θ 增大而引起的光程差的减小，所以干涉条纹在 θ 逐渐增大的地方弯曲，使得干涉条纹变成弧形，而且凸向两镜交棱的方向。

三、实验仪器

实验仪器包括迈克尔逊干涉仪、He-Ne 激光器、小孔光阑、扩束镜、毛玻璃等。

四、实验内容

（1）观察点光源产生的非定域干涉花样，测量 He-Ne 激光的波长。

1）使 He-Ne 激光束大致垂直于 M_2，在光源面前放一小孔光阑，使光束通过小孔射到 M_2 上。调整 M_2 后面的三个螺丝（动作要细，用力宜轻），使反射光束仍通过小孔，这时可以看到两排光点，调节 M_2，使移动的一排光点的最亮点与激光器的小圆孔重合。调节 M_1，使由 M_1 反射的光束也和光源圆孔重合。这时 M_1 和 M_2 大致相互垂直，M_1 与 M_2' 相互平行。

2）取去小孔光阑，放上扩束镜，使激光束会聚成一点光源，用毛玻璃作观察屏，只要两反射光束与小孔重合得好，就可以观察到干涉条纹，再调节 M_2 下面的两个相互垂直的微动螺丝，使 M_1 和 M_2' 严格平行，屏上就出现非定域的干涉条纹。

3）旋动 M_1 镜的传动系统，使 M_1 前、后移动观察条纹变化规律和条纹特征，记下观察到的现象。

4）熟悉粗动与微动手轮的用法并能正确读取 M_1 位置的坐标读数（见后面注意事项中的调零方法），然后便可慢慢转动微动手轮随即可观察到条纹中心向外一个个地"长出"或向内一个个地"消失"。测量时选取视见度较好的状态为基准，记下 M_1 镜的初始位置，继续向同一方向旋动手轮，每隔 50 条条纹作一次读数，连续对 550 个条纹进行测量，可得 12 个数据，用逐差法处理数据，求出环纹改变 300 条时 M_1 镜平均移动的距离 Δd，然后计算出波长。

（2）观察等倾干涉花样。将毛玻璃放在扩束镜的前面，使球面波经过漫反射成为扩展光源，用调焦到无穷远处的眼睛直接观察，可看到圆形条纹，进一步调节 M_2 下的螺丝，使眼

睛上、下、左、右移动时，各环大小不变，而仅仅是圆心随眼睛的移动而移动，这时看到的就是等倾干涉条纹。

（3）观察等厚干涉花样。在观察等倾干涉条纹的基础上，移动 M_1 镜，使 M_1 镜和 M_2' 镜大致重合。调节 M_1 下的微动螺丝，使 M_1 和 M_2' 有一很小的夹角，视场中出现直线干涉条纹。干涉条纹的间距与交角的大小成反比。取条纹间距为 1mm 左右，移动 M_1，观察干涉条纹从弯变直再变弯曲的现象，并解释原因。

在干涉条纹变直的附近，换上白光光源。这时可能观察不到干涉条纹，继续沿原方向移动 M_1，直到在视场中观察到彩色条纹为止。彩色条纹的对称中心就是 M_1 和 M_2' 的交线，记下此时 M_1 镜的位置 d_0，就可以确定 M_1 与 M_2' 重合的位置。由于白光干涉条纹的数目较少，因此必需耐心调节。M_1 的移动必须非常缓慢，否则白光干涉一晃而过，很不易找到（此项内容选作）。

五、注意事项

（1）干涉仪是极精密的仪器，其各光学表面绝对不能用手或其他东西摸、擦。动手操作之前要弄清楚仪器的使用方法。仪器的传动系统精度很高，调整和测量时动作要稳、手要轻，严禁强扭硬扭。

（2）在转动微动手轮时，粗动手轮随之转动，但反之则不然，因此在准备读数之前应先调零。方法是将微调手轮沿某一方向转至零，然后以同一方向转动粗调手轮对齐读数窗口中某一刻度，以后测量时，使用微动手轮仍向同一方向转动，这样两个读数盘才能相互啮合，微动手轮约有 20 多周的反向空程，使用时应始终向一个方向旋转，如需反向测量时，则需要重新调整零点。

实验 25　声 速 的 测 量

声波是一种能在弹性介质中传播的机械波。通过声速的测量，可研究声波在媒质中传播的特性，了解被测媒质的性质、状态及变化等。测声速的原理还可直接或间接地运用于制造各种测量仪器、遥控开关、自动控制仪等。测量声速是一个综合性的实验，可加深对振动及波动的理解，进一步熟悉示波器等一些电子仪器的使用。

一、实验目的

（1）了解声波的产生、传播特性，加深对波的几个特征量的理解。

（2）学会用驻波法和相位比较法测定空气中的声速。

（3）进一步熟悉示波器等仪器的使用。

二、实验原理

声波是由声振动源产生的，它以纵波的形式在弹性媒质中传播。声波在空气中的传播速度公式为

$$v = \sqrt{\frac{\gamma R T}{\mu}}$$

式中，$\gamma = c_p / c_v$ 为空气的比热容比，R 为摩尔气体常数，μ 为混合空气的摩尔质量，T 为绝对温度。在标准状态下的声速为 $v_0 = 331.45\,\text{m/s}$。

波速、频率和波长之间的关系是

$$v = f\lambda \tag{4-82}$$

若用实验方法测出声波的频率 f 和波长 λ，就可求出声速 v。

本实验用频率超过 20000Hz 的超声波，具有频率高、波长短、方向性强且不受一般音频信号干扰等特点。

测波长的方法有两种：一是驻波法（又称干涉法），二是相位比较法（又称行波法）。

1. 驻波法

由波动理论可知：振动方向、振幅和频率都相同的两列简谐波沿轴的正、反两个方向传播时就会形成驻波。驻波相邻的两个波腹或相邻的两个波节之间的距离恰好等于半波长，即 $\lambda/2$。在声波的驻波中，波腹点声压最小，而在波节处声压最大。声速测定仪就是依据这些重要特性，用一个压电超声换能器发射声波，而在其正对面有个相同的压电超声换能器作为接收器，如图 4-97 所示。接收器 B 的端面严格平行于发射器 A 的端面，为的是既能接收声波又能反射回去一部分声波。超声波在 A、B 间往返反射，相互干涉形成驻波。若固定 A，移动 B 的位置，则接收器 B 上的信号极大值将周期性地出现。从一个极大值变到另一个极大值时，表明 B 从一个波节处移到了另一个波节处，此时 B 移动的距离满足半波长的整数倍，即

$$\Delta l = n\frac{\lambda}{2}, \qquad n = 1,2,3,\cdots \tag{4-83}$$

只要准确记录各波节的位置，就可计算出波长 λ。

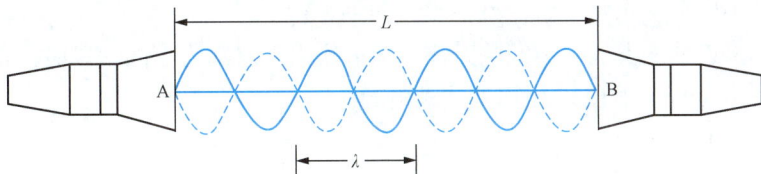

图 4-97 压电超声换能器

2. 相位比较法

声波从 A 端传播到 B 端，B 端的振动将比 A 端的振动落后一个相位差 $\Delta\varphi$。如果将发射端 A 的信号引入示波器的 Y 端，而将从接收端 B 收到的信号引入 X 端，于是，相互垂直的两个振动就可以合成 1:1 李萨如图形。逐渐增加（或减少）A、B 之间的距离，就可在示波器上观察到图形总是按斜线、圆、斜线、圆、斜线的规律周期性变化，如图 4-98 所示。记下屏上各个完全相同斜线图形出现时 B 的位置。因某图形出现到相邻的完全相同的图形出现相位恰好经过了一个相位周期 2π，此时 B 的两个位置示值之差就等于波长 λ。

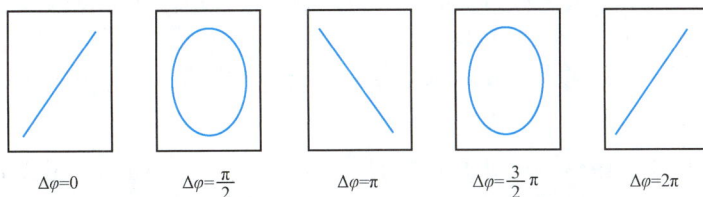

$\Delta\varphi=0$ $\Delta\varphi=\dfrac{\pi}{2}$ $\Delta\varphi=\pi$ $\Delta\varphi=\dfrac{3}{2}\pi$ $\Delta\varphi=2\pi$

图 4-98 一个周期内图形的变化

三、实验仪器

实验仪器包括 SBZ-A 型超声声速测定仪、信号源、频率计、示波器。

四、实验内容

（1）按图 4-99 连好电路。如信号源有数字显示，可不用频率计。

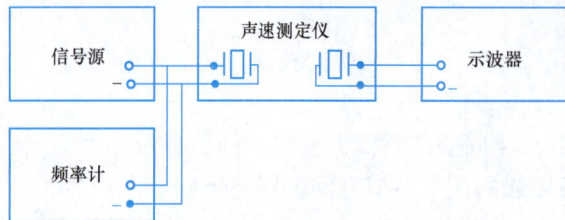

图 4-99　实验装置布置图

（2）调整发射器 A 上固定卡环的螺丝，使 A 的发射端平面与游标尺的滑动方向垂直，拧紧卡环螺丝。再将接收器 B 移近发射器 A，注意切勿太近以致两换能器端接触，损坏压电晶体。调整 B 上固定卡环的螺丝，使 B 的接收端面与 A 的发射端面严格平行，然后锁定。

（3）将信号源及示波器各旋钮调到工作位置，经检查后通电开机。

（4）移动 B，逐渐加大 A、B 间的距离，同时观察示波器显示接收信号幅度达到极大时 B 的位置。当第一次出现最大值时，记下 B 的位置 x_1，然后再依次记录 $x_2, x_3, \cdots, x_n$，$n \geqslant 12$，则可用逐差法求出 Δl，并由式（4-83）求出 λ。

（5）重新调整 A、B 两端面的相互位置。仿照前面步骤（2），此次只调整 B 的端面，使之从原来严格平行的位置上稍微偏 3°左右，然后锁定。这样 A、B 间就不能形成驻波，剩下的只是 A 端发射、B 端接收平面简谐行波。

（6）将 A 端信号再接到示波器的"Y 轴输入"。调节示波器的 X、Y 轴衰减和增益旋钮，使示波器上李萨如图形大小和长宽比例适当，便于观察。

（7）移动 B，逐渐加大 A、B 间的距离。第一次出现斜率为正的线段时，记下 x_1，然后再依次记录 $x_2, x_3 \cdots x_n$，$n \geqslant 12$，用逐差法求出 λ。

（8）测出声波的频率 f。

（9）由两种测量法测得的波长值 λ 代入式（4-82）分别算出两种方法测得的声速 v 及测量不确定度 U_v。

五、注意事项

（1）注意仔细检查线路、仪器的挡位范围，特别是正、负极性切勿弄错。要防止信号源短路，以免烧坏仪器。

（2）在实验过程中，信号源发出的信号频率要一直保持不变。

六、思考题

（1）在测量时能否直接取接收器 B 的一个位置的测量值来计算波长 λ 呢？

（2）为什么换能器要在谐振频率条件下进行声速测定？

（3）空气的比热容比 γ 值是很重要的物理量，能否通过声速的测量求出 γ 值？

实验 26　密立根油滴实验

R·A·密立根（1868—1953）花费了大约 11 年时间（1907—1917），用"油滴法"精确地测出了基本电荷值，即著名的"密立根油滴实验"。该实验以巧妙的设计思想将微观量转化为宏观量的测量，证明了任何带电体所带电荷都是某一最小电荷——基本电荷的整数倍，明确了电荷的不连续性，并精确地测定了基本电荷的数值，对物理学的发展做出了卓越的贡献。因此 R·A·密立根在 1923 年获诺贝尔物理学奖。

一、实验目的

（1）测定电子的电荷值 e，并验证电荷的不连续性原理。

（2）学习本实验的设计思想，培养对实验工作的严谨科学态度。

二、实验原理

质量为 m，带电量为 q 的油滴，在两块加有直流电压 U 的平行板之间受力，如图 4-100 所示。一个是重力 $F=mg$，一个是静电力 $F=qE$。如果调节两极电压 U，可使油滴在平行板间平衡，这时

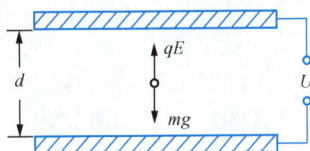

图 4-100　带电油滴的平衡

$$mg = qE = q\frac{U}{d}$$

则

$$q = mgd\frac{1}{U} \tag{4-84}$$

为了测出油滴所带的电量 q，除了测量 d、U 之外，还需要精确测量油滴的质量 m，但由于油滴质量 m 很小，需要特殊方法来决定。

当平行板没有加电压时，油滴受重力作用加速下落，但空气的黏滞阻力 f_r 与油滴下降速度成正比，因此油滴下落一小段距离后达到极限速度 v_g，这时重力与阻力平衡（空气浮力忽略不计）。根据斯托克斯定律，有

$$f_r = 6\pi\eta r v_g = mg \tag{4-85}$$

式中，η 为空气的黏滞系数，r 为油滴的半径。

设油滴的密度为 ρ，则油滴的质量为

$$m = \frac{4}{3}\pi r^3 \rho \tag{4-86}$$

由式（4-85）和式（4-86）得油滴的半径为

$$r = \sqrt{\frac{9\eta v_g}{2\rho g}} \tag{4-87}$$

对于半径小到 10^{-6}m 的油滴，空气已不能认为是连续均匀的介质了，在这种情况下空气的黏滞系数 η 应做如下的修正

$$\eta' = \frac{\eta}{1+\dfrac{b}{pr}}$$

因而斯托克斯定律修正为

$$f_r' = \frac{6\pi\eta r v_g}{1+\dfrac{b}{pr}}$$

式中，b 为一修正常数，$b = 6.17\times10^{-6}$m·cmHg；p 为大气压强（cmHg），这时油滴的半径为

$$r = \sqrt{\frac{9\eta v_g}{2\rho g} \frac{1}{1 + \dfrac{b}{pr}}} \tag{4-88}$$

式（4-88）中右端含有未知量 r，但因它处于修正项中，不需要十分精确，可由式（4-87）算出后代入式（4-88）。将式（4-88）代入式（4-86）中，得

$$m = \frac{4}{3}\pi\rho \left(\frac{9\eta v_g}{2\rho g(1 + \dfrac{b}{pr})} \right)^{3/2} \tag{4-89}$$

式中，v_g 是油滴匀速下落的速度，可以通过当两极板电压为零，油滴在匀速下落时，下落的距离 s 与时间 t 测得

$$v_g = \frac{s}{t} \tag{4-90}$$

将式（4-90）代入式（4-89），再将式（4-89）代入式（4-84）得

$$q = \frac{18\pi}{\sqrt{2\rho g}} \left[\frac{\eta s}{t\left(1 + \dfrac{b}{p}\sqrt{\dfrac{2\rho g t}{9\eta s}}\right)} \right]^{3/2} \frac{d}{U} \tag{4-91}$$

式（4-91）就是本实验的理论公式。

下面对理论式（4-91）进行简化，令

$$A = \frac{18\pi}{\sqrt{2\rho g}} (\eta s)^{3/2} d$$

$$B = \frac{b}{p}\sqrt{\frac{2\rho g}{9\eta s}}$$

则式（4-91）可简化为

$$q = \frac{A}{[t(1 + B\sqrt{t})]^{3/2}} \frac{1}{U} \tag{4-92}$$

在确定的实验条件下，A、B 为常数，可以具体计算出来。

实验证明，对于同一个油滴，如果它的带电量分别为 q_1，q_2，$\cdots$，q_n，则能使油滴在电场中平衡的电压分别为 U_1，U_2，$\cdots$，U_n，这些电压只能是一些不连续的特定值，这个事实揭示了电荷存在着最小的基本单元，油滴所带的电荷只能是电荷最小单元 e 的整数倍。即

$$q = ne \, (n = \pm 1, \ \pm 2, \ \cdots)$$

实验中测出各个油滴的电荷值 q_1，q_2，$\cdots$，q_n，然后求它们的最大公约数，这个最大公约数就是电子的电荷。

三、实验仪器

实验仪器包括 MOD-5 型密立根油滴仪、CCD 摄像头、显示器、计时器、喷雾器等。

MOD-5 型密立根油滴仪的俯视图见图 4-101。

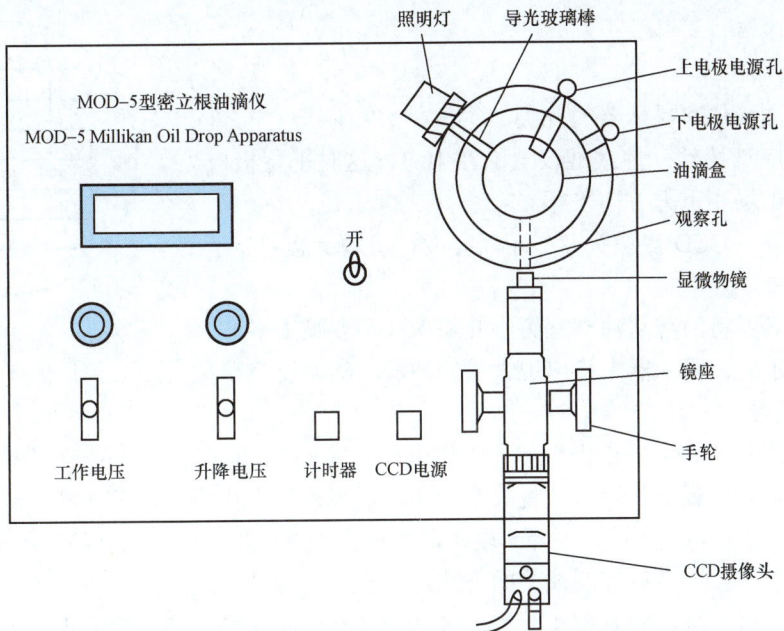

图 4-101　MOD-5 型密立根油滴仪的俯视图

电源提供三种电压：①2.2V 交流电压，供聚光灯小灯泡用；②500V 直流工作电压，该电压可连续调节，数值可从数字电压表上读出，工作电压开关拨在中间"0"位时，上、下极板短路，并接零电位，开关拨在"+"位时，表明达到平衡时油滴带正电，反之，油滴带负电；③250V 左右的直流电压，通过拨动升降电压开关使电压叠加在工作电压上，该电压可起移动油滴的作用。

油滴仪包括：油滴盒、防风罩、照明装置、显微镜、CCD 摄像头、显示器等部分。其中油滴盒是核心部分，油滴盒剖面图如图 4-102 所示,油滴盒是由两块经过精磨的平行电极板上电极和下电极组成的，间距 d =5.00mm，上

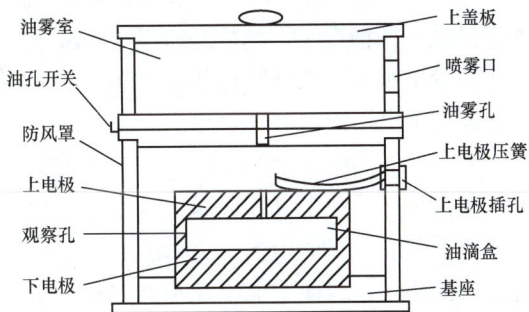

图 4-102　油滴盒剖面图

电极中央有一个直径为 0.4mm 的小孔，以供油滴落入。整个油滴盒装在有机玻璃的防风罩中，防风罩上面是油雾室，油滴用喷雾器喷入，经油雾孔入油滴盒，油雾室底部有油孔开关，关闭可使油滴不再落入油滴盒。CCD 摄像头可将油滴图像转换成电信号后送到显示器显示出来。

照明装置包括灯室和导光玻璃棒，灯室中装 2.2V 聚光小灯泡。由于灯泡功率小发热量很小，并有导光玻璃隔热，因此可大大减少油滴盒中的空气对流。

显示器用来观察、测量油滴运动。显微镜目镜中装有分划板，见图 4-103。垂直方向共有 6 格，每格相当于视场中的 0.50mm，用分划板测量油滴匀速运动的速度 v。计时采用石英液晶显示的电子停表，利用石英振荡器频率作为时间基准，精度为 0.01s。

四、实验内容

1．仪器调节

（1）打开油滴仪和显示器的开关。

（2）调节底部螺丝，使水准仪气泡在中央，这时平行极板处于水平位置，电场和重力方向平行。

（3）仔细调节 CCD 摄像头及显示器亮度，使显示器中显示的分划板叉丝清晰。

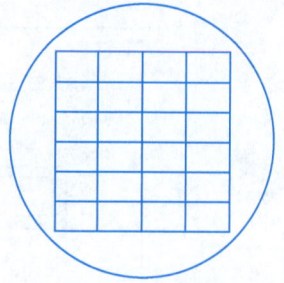

图 4-103　显微镜目镜分划板

（4）用喷雾器将油雾从油雾室旁小孔喷入（不要喷太多），仔细调节显微镜手轮。显示器中将出现大量的油滴，犹如夜空繁星。

2．测量练习

（1）练习控制油滴。平行极板加上工作电压（应大于 200V，"＋"或"–"均可），这时许多油滴被驱走，仅剩下几滴。注视其中一滴，仔细调节工作电压，使这滴油滴平衡。然后去掉工作电压，使其匀速下降，下降一段距离后加上工作电压，再加上升降电压使油滴上升。如此反复练习多次，以掌握控制油滴的方法。

（2）练习选择油滴。做好本实验的关键是选择好被测油滴，油滴的体积不可太大，否则必须带很多电荷才能平衡，结果不易测准；油滴体积也不能太小，否则由于热扰动和布朗运动自由降落速度的涨落很大也不易测准。选择油滴可根据工作电压大于 200V 和油滴匀速下降 2mm 需 10～30s 时间来判断，根据经验满足这组数据的油滴比较合适。

3．正式测量

由式（4-92）可知，进行本实验每次只需要测出工作电压 U 和该油滴下降一段距离（在取定常数 B 的情况下，这段距离为 2mm，即视场中分划板上的四个格长）的时间 t。

测量工作电压必须经过仔细调节，而且应将油滴悬于分划板上某条横线的附近，以便于能准确判断出这滴油滴是否处于平衡。

为了保证油滴下落的速度均匀，应使其下降一段距离后再测量时间，选定测量时间的距离，应在平行板的中央部分即视场中分划板的中央部分。

由于有涨落，对于同一油滴进行 5 次以上的测量，同时还应对不同的油滴（不少于 5 个），进行反复测量，这样才能验证不同油滴所带的电荷是否都是基本电荷的整数倍。

4．数据处理

（1）根据式（4-92）进行计算时，应知道常数 A、B 的具体数据，它们由仪器和实验条件确定。对于这个实验，相应的各量之值为：

1）修正常数 $b=6.17×10^{-8}$m・mHg。

2）平行极板距离 $d=5.00×10^{-3}$m。

3）油滴匀速下落距离 $s=2.00×10^{-3}$m。

4）大气压强 $p=0.75$mHg。

5）空气黏滞系数 $\eta=1.83×10^{-5}$kg（m・s）。

6）重力加速度 $g=9.806$m/s²。

7）油的密度 $\rho=981$kg/m³（20℃时）。

于是，A、B 的值为

$$A=1.43×10^{-14}\text{kg・m}^2/\text{s}^{1/2}$$

$$B=1.99\times10^{-2}\text{s}^{1/2}。$$

本实验近似满足上述实验条件。其近似的原因是油滴密度与空气的黏滞系数都是温度的函数,重力加速度和大气压强也随实验地点和条件的变化而变化。可以证明,在一般情况下,取以上数据由于它们引起的误差仅为1%左右,而带来的优势是运算方便得多。

(2)为了证明电荷的不连续性和所有电荷都是基本电荷 e 的整数倍,并得到 e 值,应对实验测得的各个电荷值求最大公约数,这个最大公约数就是 e。但由于所测的数据量较少,而由于各种原因测量出的电荷值误差又偏大,要求出这个最大公约数很困难,因此在实验中采用"倒过来验证"的办法进行数据处理。即用公认值 $e=1.602\times10^{-19}\text{C}$ 去除实际测得的 q 值,得到一个近于某个整数的数值,然后去其小数取其整数,这个整数就是油滴所带的电荷数 n。再用这个 n 去除测得的电荷值,所得的结果即为电子的电荷值。

五、注意事项

(1)调焦后的显微镜跟踪油滴时,有时油滴像变模糊,应随时微调显微镜手轮,使其聚焦。

(2)工作电压太小时,结果易不准确,平衡电压最好大于200V。

六、思考题

在油滴仪实验中,有哪些因素影响实验结果?这些因素各会带来什么性质的误差?如何设法消除或减少?

实验 27　用转动实验仪测量转动惯量

转动惯量是刚体转动时惯性大小的量度,是表明刚体特性的一个重要物理量。在涉及物体转动问题的研究中,确定一些特定物体的转动惯量是极为重要的。刚体转动惯量不仅与其质量有关,还与转轴的位置以及刚体的质量分布(即形状、大小和密度分布)有关。如果刚体形状简单且质量分布均匀,可以通过有关公式计算其绕特定转轴转动的转动惯量。对于形状较复杂、质量分布不均匀的刚体,例如机械部件、枪炮的弹丸、电动机转子等,计算将极为复杂,此时一般采用实验方法来确定其转动惯量。

一、实验目的

(1)用转动实验仪验证刚体的转动定律。

(2)观察刚体的转动惯量随其质量、质量分布及转动轴的不同而改变的情况。

(3)学习用作图法处理数据。

二、实验原理

刚体转动实验仪装置图如图4-104所示。A是装在支架K上的塔轮,它具有五个不同的半径,从上至下分别为 1.50、2.50、3.00、2.00、1.00cm;B 和 B′是固定在转动轴OO′上的两根对称伸出的均匀细

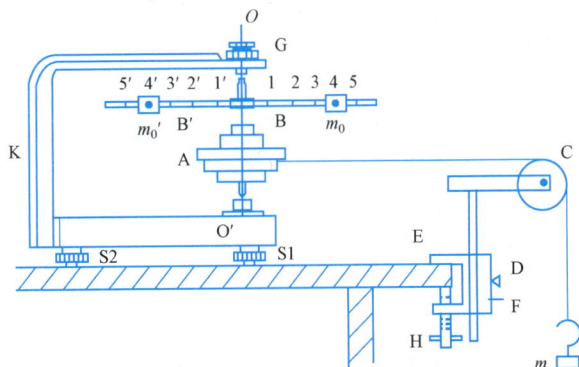

图4-104　刚体转动实验仪装置图

柱，上面有等分刻度，并各有一个可以移动的圆柱形重物 m_0、m_0'；A、B、B'、m_0、m_0' 组成一个绕固定轴 OO'转动的刚体系统。塔轮上缠绕一条细线，使细线通过滑轮 C 与砝码 m 相连，当砝码下落时，就对转动系统施以外力矩。D 是可升降的滑轮支架，以使绕在塔轮不同的半径上时与转轴垂直。台架 E 下有一标记 F，用来判断砝码下落时的位置。H 是固定台架的螺旋扳手。做实验时，先取下塔轮换上铅直准钉，调节底脚螺钉使转轴 OO'铅直，然后换上塔轮，使塔轮转动自如后用螺丝 G 固定，即可进行各项测量。

根据转动定律，当刚体绕定轴转动时，有

$$M = I\beta \tag{4-93}$$

式中，M 是作用在转动系统上的合外力矩，I 为系统绕 OO'轴的转动惯量，β 为角加速度。若 Tr（T 是细绳的张力，r 为细绳缠绕塔轮上的半径，相当于力臂）是细绳的张力矩，M_μ 为系统的摩擦力矩。则

$$M = Tr - M_\mu \tag{4-94}$$

如果略去滑轮和细绳的质量，及滑轮轴的摩擦力，并认为绳子长度不变，则砝码 m 以匀加速度 a 下落，有

$$mg - T = ma \tag{4-95}$$

或

$$T = m(g-a) \tag{4-96}$$

设 m 由静止开始下落，下落高度为 h，时间为 t，则有

$$h = \frac{1}{2}at^2 \tag{4-97}$$

又因

$$a = r\beta \tag{4-98}$$

将式（4-94）、式（4-95）、式（4-96）、式（4-97）、式（4-98）代入式（4-93），得

$$m(g-a)r - M_\mu = \frac{2hI}{rt^2} \tag{4-99}$$

如果实验中保持 $a \ll g$，则式（4-99）可简化为

$$mgr - M_\mu \approx \frac{2hI}{rt^2} \tag{4-100}$$

下面就 M_μ 为一常数的条件下，分别讨论几种情况。

（1）若保持 m_0 的位置不变，保持 r、h 数值不变，改变 m 测出相应的下落时间 t，则式（4-100）变为

$$m = \frac{2hI}{gr^2t^2} + \frac{M_\mu}{gr} = k_1\frac{1}{t^2} + C_1$$

式中，$k_1 = \frac{2Ih}{gr^2}$，$C_1 = \frac{M_\mu}{gr}$。

用直角坐标纸将测得的数据作 m-$\frac{1}{t^2}$ 曲线，将得到一条直线，求出其斜率 k_1、截距 C_1，即可求出 I 及 M_μ。

（2）若保持 m_0 的位置不变，保持 m、h 数值不变，改变 r 测出相应的下落时间 t，则式（4-100）变为

$$r = \frac{2hI}{mgrt^2} + \frac{M_\mu}{mg} = k_2 \frac{1}{rt^2} + C_2$$

式中，$k_2 = \frac{2Ih}{mg}$，$C_2 = \frac{M_\mu}{mg}$。

用直角坐标纸将测得的数据作 $r - \frac{1}{rt^2}$ 曲线，将得到一条直线，求出其斜率 k_2、截距 C_2，即可求出 I 及 M_μ。

三、实验仪器

实验仪器包括刚体转动实验仪、秒表、米尺、砝码。

四、实验内容

（1）在直角坐标纸上绘制 $m - \frac{1}{t^2}$ 曲线，验证转动定律。

1）调节实验装置，取下塔轮，换上铅直准钉，调 OO′ 轴铅直。装上塔轮，并使之转动自如后用固定螺丝 G 固定。

2）调节滑轮支架的位置，使细绳与转轴垂直，同时也与塔轮边缘相切。

3）选定 $r = 2.50\text{cm}$，将 $m_0 = 30.00\text{g}$ 置于（5，5′）位置。

4）使 $m = 5.00\text{g}$ 从一固定点（D′点）由静止开始下落，测出下落 $h = 50.00\text{cm}$ 所需时间 t，重复三次，取平均值。

5）改变 m，每次增加 5.00g，都重复步骤（4），直到 $m = 25.00\text{g}$ 为止。

6）在直角坐标纸上以 m 为纵轴，$\frac{1}{t^2}$ 为横轴，作 $m - \frac{1}{t^2}$ 曲线，求出斜率 k_1、截距 C_1，计算 I、M_μ，验证转动定律。

（2）在直角坐标纸上绘制 $r - \frac{1}{rt^2}$ 曲线，再验证转动定律。

1）选定 $m = 10.00\text{g}$，$m_0 = 30.00\text{g}$ 仍位于（5，5′）位置，$r = 2.50\text{cm}$。

2）调节滑轮支架的位置，使细绳与转轴垂直，同时也与塔轮边缘相切。

3）测出 m 从 D′点由静止开始，下落 $h = 50.00\text{cm}$ 所需时间，重复三次，取平均值。

4）改变 r，重复步骤 2）、3）。

5）在直角坐标纸上以 r 为纵轴，$\frac{1}{rt^2}$ 为横轴，作 $r - \frac{1}{rt^2}$ 曲线，求出斜率 k_2、截距 C_2，计算 I、M_μ，验证转动定律。

五、思考题

（1）如何在实验中保证 $a \ll g$ 的条件？

（2）本实验是如何验证转动定律的？

（3）通过本实验，你对作图法的优点有哪些体会？

实验 28 用力敏传感器测量不规则物体和液体密度

固体和液体的密度测量是物理实验的一个基本课题，具有丰富的物理思想和训练内容。目前，力敏传感器在物理实验中已经得到较为广泛地应用，它的方便、快捷、准确已得到了普遍的认可。为此可利用力敏传感器，对不规则物体的密度和液体的密度进行测量，同时也便于学生掌握力敏传感器的特性。

一、实验目的

（1）了解压阻式力敏传感器。

（2）设计一种用电学量测量不规则物体密度的方法。

（3）设计一种测量液体密度的方法。

二、实验原理

1. 硅压阻式力敏传感器

硅压阻式力敏传感器是由弹性梁和贴在梁上的传感器芯片组成，该芯片由 4 个扩散电阻集成一个微型的惠斯通电桥。当外界拉力作用于梁上时，在拉力的作用下，梁产生弯曲，硅压阻式力敏传感器受力的作用，电桥失去平衡，有电压输出，输出电压与所加外力呈线性关系，即

$$U = KF$$

式中，U 为传感器输出电压，F 为外力大小，K 为传感器的灵敏度。

2. 固体密度的测量

设被测量物体的质量为 M，烧杯中液体的密度为 ρ_0，V 为烧杯中液体的变化量，即所测量物体的体积，g 为重力加速度。

当物体没有浸入到液体中时，有

$$U_1 = KF_1 = KMg \tag{4-101}$$

当物体完全浸入水中时，有

$$U_2 = KF_2 = K(Mg - \rho_0 gV) \tag{4-102}$$

由式（4-101）、式（4-102）可得

$$M = \frac{U_1}{gK}$$

$$V = \frac{U_1 - U_2}{\rho_0 gK}$$

因此所求物体的密度为

$$\rho = \frac{M}{V} = \frac{U_1 \rho_0}{U_1 - U_2}$$

由此可知，不用测出待测物体的质量和体积，只要已知烧杯中液体的密度，即可求出被测物体的密度。若已知液体的密度，还可以求其他不同液体的密度，以及研究不同浓度的液体与密度的关系。

3. 液体密度的测量

测量液体的密度时可通过已知密度的液体（如水）进行，借助于不溶于已知液体并且和被测液体不发生化学反应的物体（如玻璃块等），用一悬丝将质量为 m_1 的物体固定在力敏传感器的挂钩上，同样有 $U_1 = KF_1$，并且 $F_1 = m_1 g$，悬吊在被测液体中时有 $U_3 = KF_3$，并且 $F_3 = m_3 g$，悬吊在水中时有 $U_2 = KF_2$，并且 $F_2 = m_2 g$，由此可求得待测液体的密度为

$$\rho = \frac{m_1 - m_3}{m_1 - m_2}\rho_0 = \frac{U_1 - U_3}{U_1 - U_2}\rho_0$$

三、实验仪器

实验仪器包括压阻式力敏传感器、数字电压表、烧杯、已知密度的液体、待测不规则物体、待测液体等。

1. 实验装置

用力敏传感器测量密度实验装置见图4-105。

2. 实验要求

（1）要求学生在掌握实验原理的基础上自行设计实验步骤和实验方法，预习报告要求写出实验原理和实验步骤，并设计出原始数据记录表。

（2）测量出待测不规则物体的密度。

（3）测量出待测液体的密度。

（4）写出完整的实验报告。

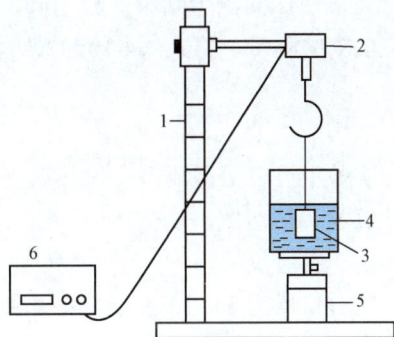

图 4-105　用力敏传感器测量密度实验装置

1—立柱；2—力敏传感器；3—待测物；

4—烧杯；5—升降台；6—数字电压表

实验 29　固体线胀系数的测量

一、实验目的

（1）了解控温和测温的基本知识。

（2）掌握使用千分表测量微小长度变化的方法。

（3）学会测量固体物质平均线膨胀系数的方法。

二、实验原理

在温度升高时，一般固体由于原子的热运动加剧而发生膨胀，设 L_0 为物体在温度为0℃时的长度，则在某个温度 T（单位为℃）时物体的长度为

$$L_T = L_0(1 + \alpha T) \tag{4-103}$$

式中，α 就是该物体的线膨胀系数，在温度变化不大时，α 是一个常数，可以将式（4-104）写为

$$\alpha = \frac{L_T - L_0}{L_0 T} = \frac{\delta L}{L_0}\frac{1}{T} \tag{4-104}$$

由式（4-104）可知，α 的物理意义是，当温度每升高1℃时物体的伸长量 δL（$\delta L = L_T - L_0$）与它在0℃时的长度之比。α 是一个很小的量，当温度变化较大时，α 与 T 有关，可用 T 的多项式来描述

$$\alpha = a + bT + cT^2 + \cdots$$

式中，a, b, c 为常数。

在实际测量中，通常测得的是材料在室温 T_1 下的长度 L_1，及其在温度 T_1 至 T_2 之间的伸长量，这样得到的线膨胀系数 α 应该是平均线膨胀系数

$$\alpha \approx \frac{L_2 - L_1}{L_1(T_2 - T_1)} = \frac{\delta L_{21}}{L_1(T_2 - T_1)} \tag{4-105}$$

式中，L_1 和 L_2 为物体分别在温度 T_1 和 T_2 下的长度，$\delta L_{21} = L_2 - L_1$ 是长度为 L_1 的物体在温度从 T_1 升至 T_2 的伸长量。实验中需要直接测量的物理量是 δL_{21}、L_1、T_1 和 T_2。

为了使 α 的测量结果比较精确，不仅要对 δL_{21}、T_1 和 T_2 进行测量，还要扩大到对 δL_{i1} 和相应的 T_i 的测量。将式（4-105）改写为以下的形式

$$\alpha = \frac{\delta L_{i1}}{L_1(T_i - T_1)} \qquad i = 1, 2, \cdots$$

实验中可以等间隔改变加热温度（如改变量为 10℃），从而测量对应的一系列 δL_{i1}，然后计算 α，最后取平均值。

三、实验仪器

实验仪器为 FD-LEA 线膨胀系数测定仪。FD-LEA 线膨胀系数测定仪如图 4-106 所示，由恒温炉、恒温控制器、千分表和待测样品等组成。

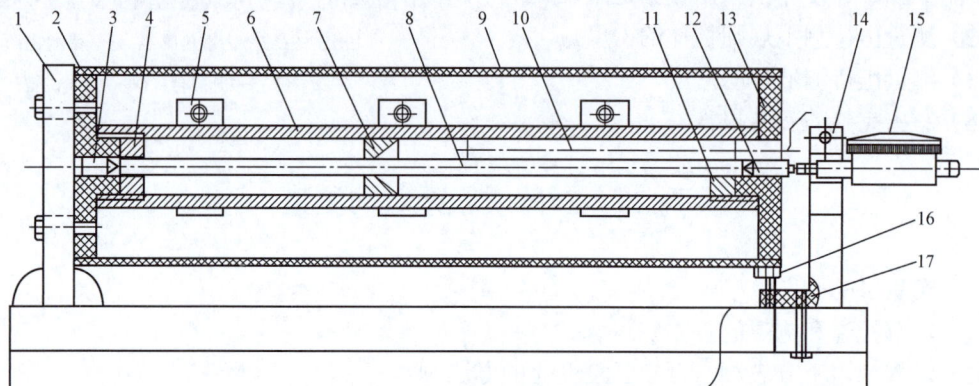

图 4-106　FD-LEA 线膨胀系数测定仪

1—托架；2—隔热盘 A；3—隔热顶尖；4—导热衬托 A；5—加热器；6—导热均匀管；

7—导向块；8—被测材料；9—隔热罩；10—温度传感器；11—导热衬托 B；12—隔热棒；

13—隔热盘 B；14—固定架；15—千分表；16—支撑螺钉；17—坚固螺钉

四、实验内容

1. 恒温控制器使用方法

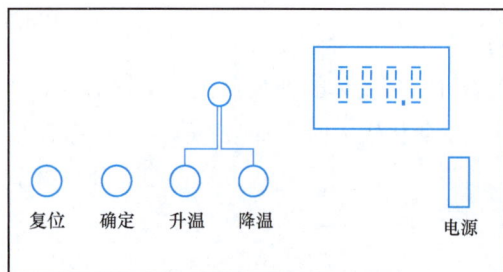

图 4-107　恒温控制器面板图

图 4-107 是恒温控制器面板图。

（1）当电源接通数字显示为"A×××.×"时，表示当时传感器温度；数字显示为"b= =.="表示等待设定温度。

（2）按升温键，数字即由零逐渐增大至所需的设定值，最高可选 80℃。

（3）如果数字显示值高于用户所需要的温度值，可按降温键，直至所需的设定值。

（4）当数字设定值达到所需的值时，按确定键，开始对样品加热，同时指示灯亮，发光频闪与加热速率成正比。

（5）确定键的另一用途可作选择键，可选择观察当时的温度值和先前设定值。

（6）如果需要改变设定值可按复位键重新设置。

2．千分表的使用方法

千分表是一种将量杆的直线位移通过机械系统传动转变为主指针的角位移，沿度盘圆周上有均匀的标尺标记，可用于绝对测量、相对测量、形位公差测量和作为检测设备的读数头。

（1）使用前的准备工作。

1）检验千分表的灵敏程度。左手托住表的后部，度盘向上，右手拇指轻推表的测量头，检验量杆移动是否灵活。

2）检验千分表的稳定性。先将表夹在表架或专用支架上，所夹部位应尽量靠近下轴根部（不可影响旋动表圈），夹牢即可，不可夹得过紧。使测头处于工作状态，拉起和放松手提测量杆的圆头，反复几次，观看指针是否指向原位。

（2）校对零位。旋转表的外圈，使度盘的"0"位对准指针。校对零位时，应使表的测量头对好基准面，并使量杆有 0.02～0.2mm 的压缩量。对零后还要复检表的稳定性，直到针位既稳定又准确方可使用。

（3）测量。测平面时，应使表的量杆轴线与所测表面垂直，谨防出现倾斜现象。测量圆柱体时，量杆轴线应通过工件中心并与母线垂直。测量过程中，大、小针都在转动，大针转一圈，小针转一格，大针每转一格为 0.001mm。测量时，应记住大、小指针的起始值，待测量后所测取数值再减去起始值。记录读数时，视线应垂直于度盘，以防出现视差，如果针位停在刻线之间，可以估读到万分位。

（4）使用千分表的注意事项。

1）不能用表去测量表面粗糙的毛坯工件或者凹凸变化量很大的工件，以防过早损坏表的零件。使用中应避免量杆过多地做无效运动，以防加快传动件的磨损。

2）测量时，量杆的移动不宜过大，更不可超过其量程，绝对不可敲打表的任何部位，以防损坏表的零件。

3）禁止无故拆卸表内零件，不允许将表浸放在冷却液或其他液体内使用。

4）千分表在使用后要擦净装盒，不能任意涂擦油类，以防黏上灰尘影响灵活性。

3．实验步骤

（1）接通加热器与恒温控制器输入、输出接口和温度传感器的航空插头。

（2）旋松千分表固定架螺栓，转动固定架致使被测样品（$\phi 8 \times 400$mm 金属棒）能插入紫铜管内，再插入低导热体（不锈钢）用力压紧后转动固定架。在安装千分表架时注意被测物体与千分表测量头保持在同一直线。

（3）安装千分表在固定架上，并且扭紧螺栓，使千分表不转动，再向前移动固定架，使千分表读数值在 0.2～0.4mm 处，将固定架固定。然后稍用力压一下千分表滑络端，使它能与绝热体有良好的接触，再转动千分表表圈使读数为零。

（4）接通恒温控制器的电源，设定需加热的值，一般可分别增加温度为 20、30、40、50℃，按确定键开始加热。

（5）当显示值上升到大于设定值时，计算机自动控制到设定值，记录 ΔT 和 ΔL，并计算线膨胀系数。

（6）换不同的金属棒样品，分别测量并计算各自的线膨胀系数。

实验 30　液体比热容的测定

一、实验目的
（1）学习用冷却法测定液体比热容的方法。
（2）了解比较法的优点和条件。
（3）学习用最小二乘法求经验公式中直线的斜率。
（4）了解热学系统的冷却速率同系统与环境间温度差的关系。

二、实验原理
由牛顿冷却定律可知，一个表面温度为 θ 的物体，在温度为 θ_0 的环境中自然冷却（$\theta > \theta_0$），在单位时间里物体散失的热量 $\dfrac{\delta q}{\delta t}$ 与温度差 $\theta - \theta_0$ 关系为

$$\frac{\delta q}{\delta t} = k(\theta - \theta_0) \tag{4-106}$$

当物体温度的变化是准静态过程时，式（4-106）可改写为

$$\frac{\delta \theta}{\delta t} = \frac{k}{c_S}(\theta - \theta_0) \tag{4-107}$$

式（4-107）中，$\dfrac{\delta \theta}{\delta t}$ 为物体的冷却速率，c_S 为物质的热容，k 为物体的散热常数，与物体的表面性质、表面积、物体周围介质的性质和状态以及物体表面温度等许多因素有关，θ 和 θ_0 分别为物体的温度和环境的温度，k 为负数，$\theta - \theta_0$ 的数值应该很小，在 10～15℃。

如果在实验中使环境温度 θ_0 保持恒定（即 θ_0 的变化比物体温度 θ 的变化小很多），则可以认为 θ_0 是常量，对式（4-107）进行数学处理，可以得到公式

$$\ln(\theta - \theta_0) = \frac{k}{c_S}t + b \tag{4-108}$$

式中，b 为（积分）常数。

式（4-108）可以看成两个变量的线性方程的形式：自变量为 t，因变量为 $\ln(\theta - \theta_0)$，直线斜率为 $\dfrac{k}{c_S}$。本实验利用式（4-108）进行测量，实验方法是：通过比较两次冷却过程，其中一次含有待测液体，另一次含有已知热容的标准液体样品，并使这两次冷却过程的实验条件完全相同，从而测量式（4-108）中未知液体的比热容。

在上述实验过程中，使实验系统进行自然冷却，测出系统冷却过程中温度随时间的变化关系，并从中测定未知热学参量的方法，叫做冷却法；对两个实验系统在相同的实验条件下进行对比，从而确定未知物理量，叫做比较法。比较法作为一种实验方法，有广泛的应用。利用冷却法和比较法来测定待测液体（如饱和食盐水）的热容的具体方法如下。

利用式（4-108）分别写出对已知标准液体（即水）和待测液体（即饱和食盐水）进行冷却的公式分别见式（4-109）与式（4-110）。

$$\ln(\theta' - \theta_0') = \frac{k'}{c_S'}t + b' \tag{4-109}$$

$$\ln(\theta'' - \theta_0'') = \frac{k''}{c_s''}t + b'' \qquad (4\text{-}110)$$

式（4-109）、式（4-110）中 c_s' 和 c_s'' 分别是系统盛水和饱和食盐水时的热容。如果能保证在实验中用同一个容器分别盛水和饱和食盐水，并保持在这两种情况下系统的初始温度、表面积和环境温度等基本相同，则系统盛水和饱和食盐水时的系数 k' 与 k'' 相等，即

$$k' = k'' = k$$

令 S' 和 S'' 分别代表由式（4-109）和式（4-110）作出的两条直线的斜率，即

$$S' = \frac{k}{c_s'} \qquad S'' = \frac{k}{c_s''}$$

可得

$$S'c_s' = S''c_s'' \qquad (4\text{-}111)$$

式中，S' 和 S'' 的值可由最小二乘法得出，热容 c_s' 和 c_s'' 分别为

$$c_s' = m'c' + m_1c_1 + m_2c_2 + \delta c'$$
$$c_s'' = m''c_x + m_1c_1 + m_2c_2 + \delta c''$$

其中 m'、m''、c'、c_x 分别为水和饱和食盐水的质量及比热容；m_1、m_2、c_1、c_2 分别为量热器内筒和搅拌器的质量及比热容；$\delta c'$ 和 $\delta c''$ 分别为温度计浸入已知液体和待测液体部分的等效热容。由于数字温度计测温按着浸入液体部分的等效热容相对系统的很小，故可以忽略不计，利用式（4-111），有

$$c_x = \frac{1}{m''}\left[\frac{S'c_s'}{S''} - (m_1c_1 + m_2c_2)\right]$$

其中水的比热容为

$$c' = 4.18 \times 10^3 \, \text{J} / (\text{kg} \cdot \text{K})$$

量热器内筒和搅拌器通常用金属铜制作，其比热容为

$$c_1 = c_2 = 0.389 \times 10^3 \, \text{J} / (\text{kg} \cdot \text{K})$$

三、实验仪器

实验仪器为 FD-LCD-A 型液体比热容实验仪，其示意图见图 4-108。

如图 4-108 所示，FD-LCD-A 型液体比热容实验仪主要由实验容器和实验主机组成。实验容器是具有实验内、外筒的专用量热器。外筒是一个很大的有机玻璃筒，外筒及其中水热容量比量热器热容量大很多，以保持恒温，并以此作为实验的"环境"。内筒是用金属铜制作的，内盛待测液体（或已知液体），内筒和液体组成所要考虑的系统。该装置基本满足了实验系统需在温度恒定环境中冷却的条件。

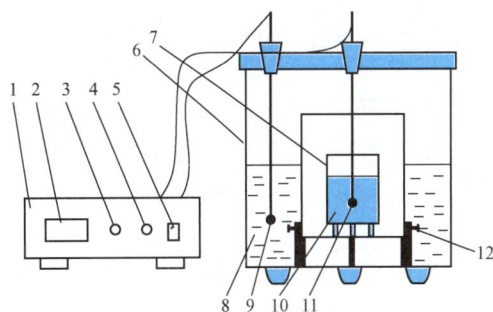

图 4-108　FD-LCD-A 型液体比热容实验仪示意图

1—实验主机；2—温度显示表；3—查阅按钮；4—复位按钮；

5—电源开关；6—实验外筒；7—实验内筒；8—环境水；

9—传感器 BT；10—被测液体；11—传感器 AT；12—坚固螺丝

FD-LCD-A 型液体比热容实验仪的功能介绍：

（1）定时报时功能。开机运行后，主机会在每分钟的最后 2s 启动内置的蜂鸣器发声，表示 1min 时间到了。

（2）数字温度传感器。仪器配备有两个 DS18B20 温度传感器，温度量程为 0～100℃，显示分辨率为 0.1℃。这两个温度传感器分别测量内筒液体温度 TA、外筒液体温度 Tb。实验时，按照仪器后面板的标签，将外筒温度传感器放入外筒"环境水"中，将内筒温度传感器放入内筒被测液体中。开机运行后，温度显示表会自动切换显示 TA、Tb 的值。切换的规律：每分钟的前 58s 显示 TA，最后 2s 显示 Tb。显示 TA 时，第一位数码管显示成"A"；显示 Tb 时，第一位数码管显示成"b"。注意：显示 Tb 时，蜂鸣器会发声报警，不要惊慌。

（3）自动保存数据功能。实验过程中，仪器有自动记录温度的功能：开机或复位的前 20min，仪器会在每分钟的最后 1s 自动保存 TA 的温度值。实验结束后，在仪器前面板上按"查询"键，就可以查阅这些数据。

（4）数据查阅功能。每次实验开始的前 20min，在每分钟末，TA 值被自动保存一次。实验结束后，按"查询"键，即可依次读取保存的 TA 值。查询时，第一位数码管表示温度值的编号为：

1）"0"表示第 1min 末时记录的 TA 值。
2）"1"表示第 2min 末时记录的 TA 值。
3）"8"表示第 9min 末时记录的 TA 值。
4）"9"表示第 10min 末时记录的 TA 值。
5）"0."表示第 11min 末时记录的 TA 值。
6）"1."表示第 12min 末时记录的 TA 值。
7）"8."表示第 19min 末时记录的 TA 值。
8）"9."表示第 20min 末时记录的 TA 值。

按一下"查询"键，则读取下一个 TA 值。读取 20 个后，从第一个重新读取。查询完毕后，按"复位"键可重新实验，同时，所有 TA 值自动清除。注意：实验过程中按下"查询"或"复位"键，会使当前的实验终止。

四、实验内容

（1）将外筒冷却水加至适当高度（要求 θ_0 的波动幅度不超过 ±0.5℃）。

（2）用内部干燥的量热器内筒取占内筒 2/3 体积、温度 θ 比 θ_0 高 10～15℃的纯净水。称其质量后，放入隔离筒，每隔 1min 分别记录一次纯净水温度 θ 和外筒冷却水的温度 θ_0，共测 20min。

（3）用清洗过的内筒盛取约占内筒 2/3 体积的饱和食盐水。饱和食盐水的初温与纯净水初温之差不超过 1℃。称其质量后，放入隔离筒，每隔 1min 记录一次食盐水温度 θ 和外筒冷却水的温度 θ_0，共测 20min。

（4）在同一张直角坐标纸中，对纯净水及饱和食盐水分别作"$\ln(\theta-\theta_0)$－t"图，检验得到的是否为一条直线。如果是一条直线，则可以认为检验了式（4-108），并间接检验了式（4-107），即被研究系统的冷却速率同系统与环境之间的温度差成正比。

（5）对水和饱和食盐水分别取 $\ln(\theta-\theta_0)$ 及相应的 t 的数据，用最小二乘法分别求出两条

直线的斜率 S' 和 S''，并由此得出未知饱和食盐水的比热容 c_x。

五、注意事项

（1）要避免直接用火对内筒加热，这样会引起内筒表面的氧化，以致其表面性质发生改变，从而使散热常数 k 发生变化。

（2）待测液体与水的初温相差不超过 1℃，它们所处的环境温度应该相同，体积应取得大致相等。

（3）实验过程中，通过旋动两个温度传感器搅拌液体，可以使其温度均匀。

（4）被测液体温度较高时，谨防烫伤。

实验 31　数字温度计设计实验

一、实验目的

（1）了解常用的集成温度传感器的基本原理。

（2）学习使用集成温度传感器测量温度的方法。

（3）掌握数字温度计的设计和调试技巧。

二、实验原理

集成温度传感器是将温敏晶体管与相应的辅助电路集成在同一芯片上，它能直接给出正比于绝对温度的理想线性输出，一般用于 –50～+150℃ 的温度测量。温敏晶体管是利用晶体管的集电极电流恒定时，基极与发射极之间电压与温度呈线性关系制成的。为克服温敏晶体管生产时 U_b 的离散性，集成温度传感器均采用了特殊的差分电路。集成温度传感器有电压型和电流型两种，电流型集成温度传感器在一定温度下相当于一个恒流源，因此它不易受接触电阻、引线电阻、电压噪声的干扰，具有很好的线性特性。AD590 温度传感器的工作电源范围是 4～30V，在终端使用一只取样电阻（一般为 10kΩ），即可实现电流到电压的转换，测量精度比电压型高，其灵敏度为 1uA/℃。

三、实验仪器

实验仪器包括 YJ-SWS 数字温度计设计实验仪、数字温度计实验模板（见图 4-109）、AD590 温度传感器、恒温加热器、3.5mm 双香蕉插头连接线若干、1.5mm 双香蕉插头连接线若干。

四、实验内容

1. AD590 温度传感器温度特性的测量

（1）将 AD590 温度传感器插入恒温器盘中，传感器电缆接入数字温度计实验模板（见图 4-109）的输入端口，短接 b 和 R_1，实验模板电源端与实验仪电源输出相连，打开电源开关，用数字电压表测量 R_1 两端的电压。

（2）顺时针调节"温度粗选"和"温度细选"钮到底，打开加热开关，加热指示灯发亮（加热状态），同时观察恒温加热盘温度的变化，当恒温加热盘温度即将达到所需温度（如50.0℃）时，逆时针调节"温度粗选"和"温度细选"钮使指示灯闪烁（恒温状态），仔细调节"温度细选"使恒温加热盘温度恒定在所需温度（如 50.0℃）。用数字电压表测量出所选择温度时取样电阻 R_1 两端的电压。

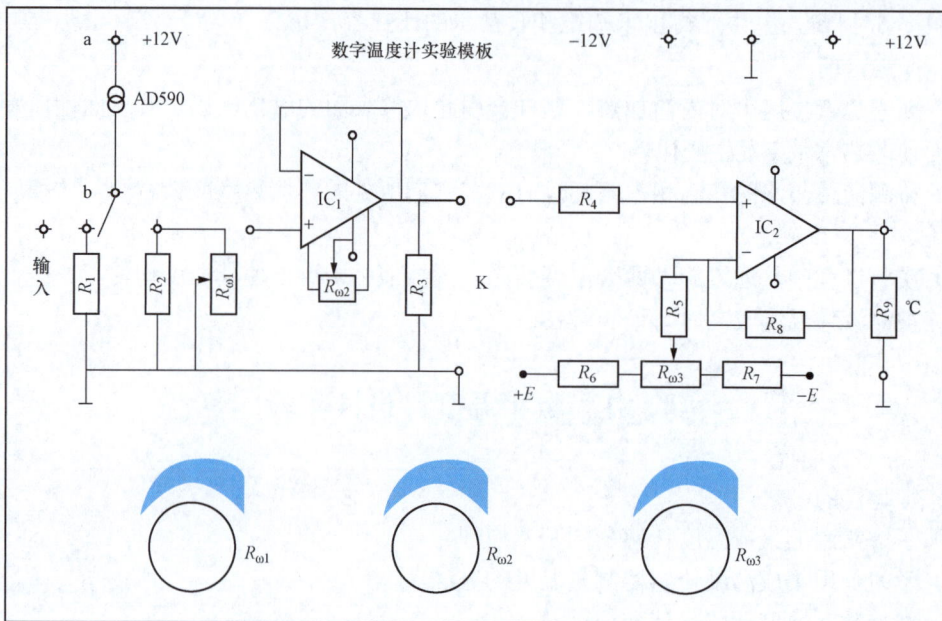

图 4-109　数字温度计实验模板

（3）重复以上步骤，选择温度为 60.0、65.0、70.0、75.0、80.0、85.0、90.0、95.0、100.0℃，测出 AD590 温度传感器在上述温度点时取样电阻 R_1 两端的电压。

（4）根据上述实验数据，绘出 $U\text{-}t$，$I\text{-}t$ 关系图，求直线的斜率。

（5）如在前四步的作图中得知 AD590 温度传感器的灵敏度不是 10mV/℃，则短接 b 和 R_2，调节 R_{W1} 来改变 R_{W1} 和 R_2 的并联电阻值，使其灵敏度是 10mV/℃。

2．设计数字温度计

（1）放大器调零。将 AD590 温度传感器引线接入实验模板，将电源引入模板，用连接线短接 IC_1 的同向输入端接地，调节 R_{W2} 使放大器输出为 0。

（2）将 AD590 温度传感器置于恒温加热器中，选择恒温加热器温度恒定在 50.0℃。去掉 IC_1 的同向输入端的短路线，将 IC_1 的同向输入端与 b 连接。此时 IC_1 的输出端电压为 2.732V+0.500V=3.232V，AD590 温度传感器灵敏度是 10mV/K，3.232V 相当于 323.2K，即开尔文温度。

（3）将开尔文温度转化为摄氏温度。将 IC_1 的输出端与 IC_2 的输入端短接，调节 R_{W3} 使 IC_2 的输出端电压为 0.500V，相当于 50.0℃。

（4）选择恒温加热器温度恒定在 100.0℃，检验 IC_2 的输出端电压是否为 1.000V，相当于 100.0℃。

（5）重复（2）、（3）、（4）步，使偏差最小。

实验 32　用电位差计测电动势

用电位差计测量未知电动势（或电压），就是将未知电动势（或电压）与电位差计上的已知电压相比较。电位差计区别于电压表，无需从待测线路中分流，因而不干扰待测电路。测量结果仅仅依赖于准确度极高的标准电池、标准电阻以及高灵敏度的检流计。所以电位差计测量的相对误差可到 0.01% 或更小。它是精密测量中应用最广泛的仪器之一，不但用来精确测量电动势、电压、电流和电阻等，还可以用来校准电表和直流电桥等直读式仪表，在非电量（如温度、压力、位移和速度等）的电测法中也占有非常重要的地位。

一、实验目的

（1）掌握补偿法测电动势的原理。

（2）掌握电位差计的结构、原理及使用方法，测量电池的电动势。

（3）学习用电位差计校正电压表。

二、实验原理

1. 补偿法测电动势原理

若将电压表并联到电池两端测量电动势，见图 4-110，则电流 I 通过电池内部，由于电池有内电阻 r，在电池内部不可避免地存在电位降落 Ir，因而电压表指示值只是电池两端电压

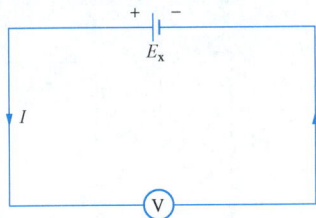

图 4-110　电压表测电动势

$U=E_x-Ir$ 的大小，显然只有当 $I=0$ 时，电池两端的电压 U 才等于电动势 E_x。

要想精确测出电池电动势，必须在电池内部电流为零的情况下，测得电池两端的电位差。

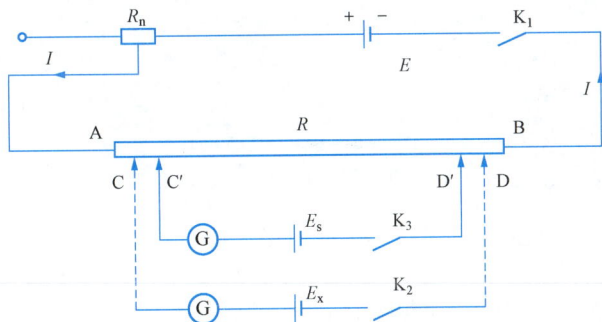

图 4-111　电位差计原理图

补偿法就可满足上述要求，如图 4-111 所示，接通 K_1 后电流 I 通过电阻丝 AB，并在电阻丝上产生电压降落 IR，如果再接通 K_2，可能出现三种情况：

（1）当 $E_x>U_{CD}$ 时，G 中有自右向左流动的电流，指针偏向某一侧。

（2）当 $E_x<U_{CD}$ 时，G 中有自左向右流动的电流，指针偏向另一侧。

（3）当 $E_x=U_{CD}$ 时，G 中无电流，指针不偏转，此时电位差计处于补偿状态，

或者说待测电路得到了补偿。在补偿状态时

$$E_x=IR_{CD} \tag{4-112}$$

2. 比较法原理

将可变电阻 R_n 的滑动端固定，保持工作电流不变，再用一个电动势为 E_s 的标准电池替换图 4-8 中的 E_x，适当地将 CD 位置调至 C′D′ 同样可使检流计 G 的指针不偏转，达到补偿状态，设这时 C′D′ 段电阻为 $R_{C'D'}$，则

$$E_s=I R_{C'D'} \tag{4-113}$$

将式（4-112）与式（4-113）相比较，有

$$E_x = E_s \frac{R_{CD}}{R_{C'D'}} \tag{4-114}$$

式（4-114）表明，待测电池的电动势 E_x 可用标准电池的电动势 E_s 和在同一工作电流下电位差计处于补偿状态时测得的 R_{CD} 和 $R_{C'D'}$ 值确定。

三、实验仪器

实验仪器包括学生式电位差计、电阻箱、标准电池、待测电池等。

1. 87-1 型学生式电位差计

学生式电位差计具有线路简单、直观、原理清晰、便于分析讨论等优点，而且测量结果较准确，87-1 型学生式电位差计电路图见图 4-112，两个排成圆环形的电阻 R_A、R_B 相当于图 4-111 中的电阻 R，可见 B_A^+ 和 R^- 两个接头相应于图 4-111 中的 A、B 两点，E^-、E^+ 两个接头则相应于 C、D 两点。R_A 全电阻是 160Ω，分 16 段，每段 10Ω；R_B 全电阻是 11Ω。仪器规定的工作电流为 10mA，所以 R_A 上每段电阻电压降为 0.1V，而 R_B 全段的电压降是 0.11V。

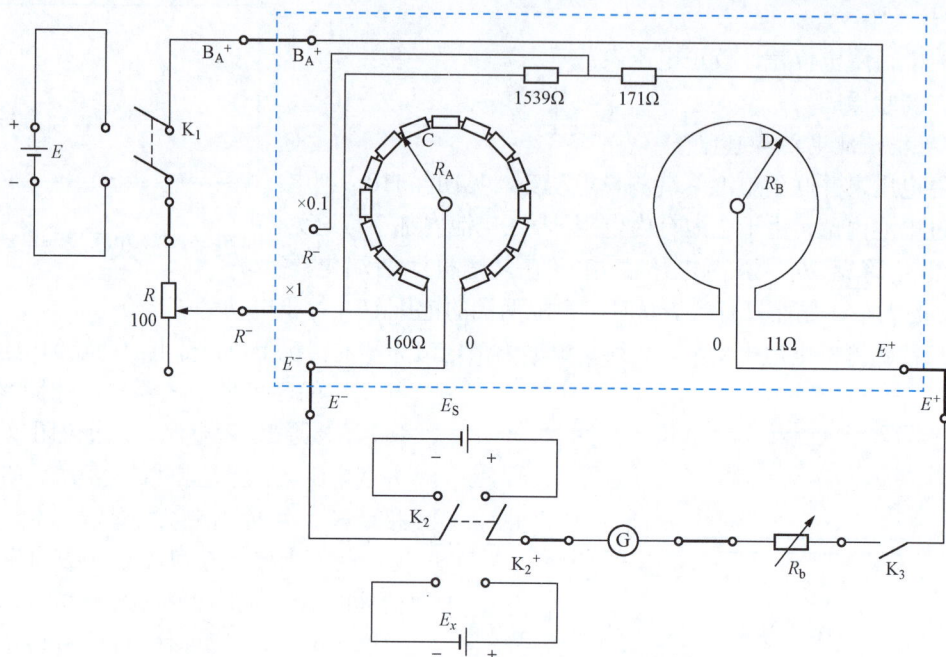

图 4-112   87-1 型学生式电位差计电路图

87-1 型学生式电位差计面板图如图 4-113 所示。左边旋钮每次变动刻度 0.1V 作粗调，右边旋钮转动一周时指示的刻度为 110 格，每格代表 0.001V，即可估计到 10^{-4}V，用作细调。如 R_A（C 点）的读数为 1.4，R_B（D 点）的读数为 0.0168，则 C、D 两点电位差是 1.4168V。

使用电位差计时须加接外电路，如图 4-112 所示。而 R_A、R_B（由 C 到 D）和外电路的检流计 G、保护电阻 R_b 等组成补偿回路。K_1 为电源开关，K_2 可互换 E_s 和 E_x，K_3 作检流计的开关，R_b 是电阻箱，用以保护检流计和标准电池。

2. 标准电池

国际规定的标准电池 E_s 又称韦斯顿标准电池，标准电池结构如图 4-114 所示。这是一种汞镉电池，在 H 形封闭的玻璃管内，电池正极为纯汞，负极为镉汞剂（Cd 含量为 12.5%，Hg 含量为 87.5%），在正极上放有硫酸镉和硫酸亚汞的混合物作为去极化剂，电池的电解液为硫酸镉溶液。

此电池的电动势，在正常使用条件下极为稳定，虽与温度有关，但温度系数小，而且有规律可修正之，修正公式为

$$E_s(t)=E_s(20)-[39.94(t-20)+0.929(t-20)^2+0.0090(t-20)^3+0.00006(t-20)^4]\times10^{-6} （V）$$

式中，$E_s(20)$ 为 1.01855～1.01868V，是 20℃时标准电池的电动势，其值由标准电池的型号确定。一般可取 E_s=1.0186V。

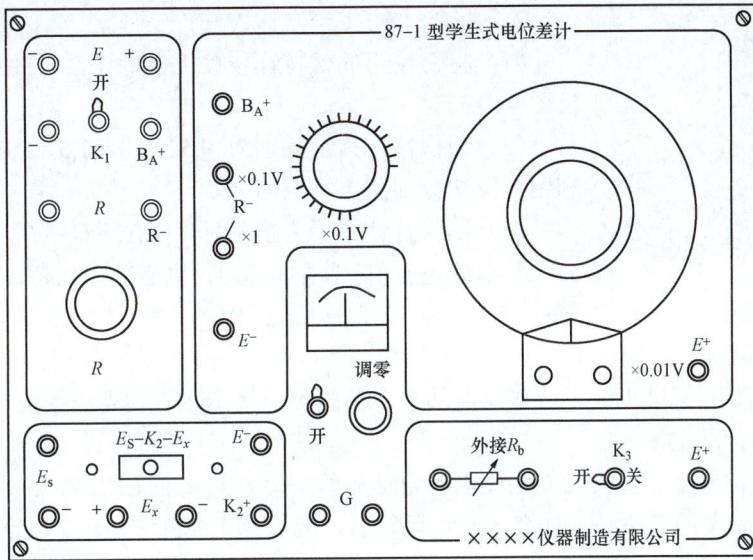

图 4-113　87-1 型学生式电位差计面板图

标准电池可分为 Ⅰ、Ⅱ、Ⅲ三个等级。Ⅰ、Ⅱ级最大允许电流为 1μA，内阻不大于 1000Ω，Ⅲ级的最大允许电流为 10μA，电阻不大于 600Ω。可见，标准电池只是电动势的参考标准，不能作为电源使用，也不允许用一般的伏特计测量其电压。

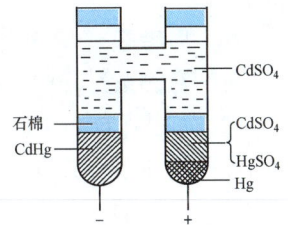

图 4-114　标准电池结构

四、实验内容

1. 测量电池电动势。

（1）校准电位差计。

1）按图 4-112 连接线路，连接时需要注意断开所有的开关，并特别注意工作电源 E 的正负极应与标准电池 E_s（或待测电池 E_x）的正负极相对。

2）将 R_A、R_B 调到其电压刻度等于标准电池电动势，打开检流计的阻尼开关 K_4，使检流计处于开路状态。

3）反复检查无误后，接入工作电源 E，R_b 先取电阻箱的最大值，合上 K_1、K_3，将 K_2 推向 E_s（间歇使用），并同时调节 R 和 R_b 使检流计无偏转（指零）为止。

4）反复开、合 K_2，以判断 G 是否有电流通过，如 G 无偏转，则主回路工作电流 I 已达到规定值。

（2）测量电池电动势。

1）按待测电池电动势的近似值调好 R_A、R_B，将保护电阻 R_b 重新调到较大值，将 K_2 倒向待测量电池 E_x，并同时调 R_A、R_B 和 R_b 使检流计无偏转。

2）此时 R_A、R_B 显示的电压读数值即为待测电池的电动势，记录在数据表内。打开 K_1、

K_2、K_3 各开关。

3）重复"校准"和"测量"两个步骤，共对待测电池 E_x 测量五次，最后给出测量结果并分析误差。

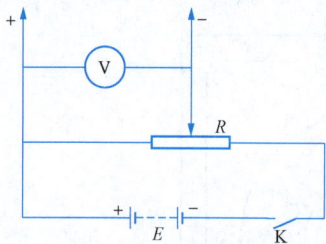

2*. 校正伏特计

（1）将待校正的伏特计按校正伏特计电路接入原来 E_x 处，见图 4-115。

（2）使伏特计指示分别为 0.5、1.0、1.5、2.0、2.5V 等，利用补偿法分别测出相应的 E_x。

图 4-115　校正伏特计电路图

（3）以伏特计指示为横坐标，以 $\Delta U = U_s - U_b$（U_s 为由电位差计测出的电压值，即各 E_x 值）为纵坐标作伏特计校正曲线（连成折线）。

五、注意事项

（1）工作电源、标准电池、待测电池的正、负极不能接错，否则无法找到平衡点，也容易损坏检流计和标准电池。

（2）为了保护电池和检流计并避免电池电动势改变，须先接通主线路，再接补偿线路。

（3）工作电流 I 的调整必须仔细，一经调好后，应保持主线路中电流 I 恒定。

（4）测量的时间应尽量短，否则易引起线路发热和电池极化。

（5）标准电池极易损坏，不允许摇动，更不允许用电表测量其电压和内阻。

（6）测量结束后须关闭检流计的阻尼开关 K_4，使检流计处于短路状态，以保护检流计指针。

六、思考题

（1）在测量过程中，如检流计指针总是偏向一侧，试分析有哪些可能的原因。

（2）如果任选一个标准电阻（阻值已知），你能否用电位差计测量一未知电阻？试写出测量原理并设计出实验方案。

实验 33　串　联　谐　振

一、实验目的

（1）了解交流电路串联谐振的基本原理和品质因数的物理意义。

（2）掌握 RLC 串联谐振曲线的测定方法。

（3）学会使用 SG1643 功率型函数信号发生器和真空管毫伏表。

二、实验原理

RLC 串联电路如图 4-116 所示，其交流电压 U 和交流电流 I（均为有效值）的关系为

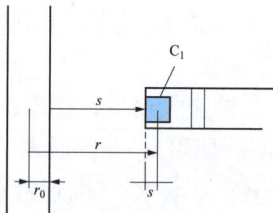

图 4-116　探测点与直导体轴线距离示意图

$$I = \frac{U}{\sqrt{R^2 + \left(\omega L - \dfrac{1}{\omega C}\right)^2}}$$

（4-115）

其中 $Z=\sqrt{R^2+\left(\omega L-\dfrac{1}{\omega C}\right)^2}$ 称为交流电路的阻抗。由于回路的阻抗和交流电压的圆频率 ω 有关，如果保持交流电压 U 不变，那么从式（4-115）可知，回路中电流的大小将随 ω 的变化而变化。当 ω 满足 $\omega L-\dfrac{1}{\omega C}=0$ 时，阻抗 $Z=R$ 达到最小值，这时阻抗表现为纯电阻，回路中的电流达到最大值，这一现象称为串联谐振。

RLC 串联回路处于谐振状态时有以下特性：

（1）谐振时 $I=\dfrac{U}{R}$，电流达最大值，且此时电流与电压无位相差，电路阻抗最小，$Z=R$。

（2）谐振时 $\omega L-\dfrac{1}{\omega C}=0$，故此时谐振圆频率为 $\omega=\dfrac{1}{\sqrt{LC}}=\omega_0$，其中 $\omega=2\pi f$，f 在实验中就是信号发生器的输出。

（3）谐振时，回路中的电感和电容上的电压振幅（即峰值）相等，位相相反，且为电压的 Q 倍，即

$$Q=\frac{U_L}{U}=\frac{U_C}{U}=\frac{1}{\omega_0 CR}=\frac{\omega_0 L}{R}$$

常用 Q 值标志谐振电路的性质，Q 称为电路的品质因数。因 Q 往往是大于 1 的，所以 U_C 和 U_L 可以比 U 大得多，故串联谐振常称为电压谐振。

本实验从式（4-115）出发，研究当 U 保持不变时，电流 I 随 ω 的变化情况，当 $\omega=\omega_0=\dfrac{1}{\sqrt{LC}}$ 时，Z 有一极小值，I 有一极大值，作 I-f 图就可以得到一有尖锐峰值的谐振曲线，如图 4-117 所示，图中 $R_1<R_2<R_3$。

Q 值还标志着电路的频率选择性，即谐振峰的尖锐程度。通常规定 I 值为最大值 I_m 的 $\dfrac{1}{\sqrt{2}}$ 时两频率 f_1 和 f_2 之差为谐振曲线的通频带宽度，如图 4-118 所示。根据这个定义由式（4-115）出发可以导出

$$\Delta f=f_2-f_1=\frac{f_0}{Q} \tag{4-116}$$

可见，Q 值越大带宽就越小，谐振曲线也就更尖锐，由图 4-117 可知 R 越小 Q 越大即谐振曲线越尖锐。从式（4-116）可知，当回路的谐振曲线测出后，我们就可以从谐振曲线上求出回路的品质因数。

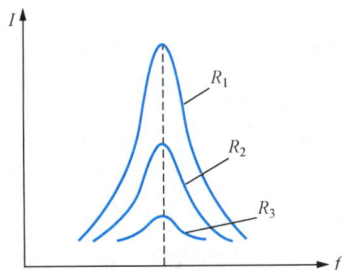

图 4-117　谐振曲线

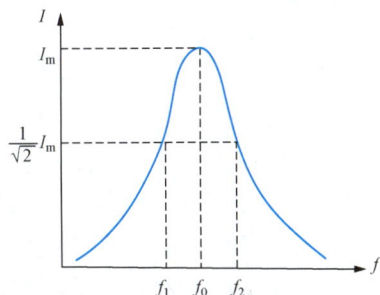

图 4-118　谐振曲线的通频带宽度

谐振现象在无线电技术里应用十分普遍，例如各广播电台以不同频率的电磁波向空间发射信号，调节收音机中谐振电路的可变电容，就可将不同频率的各个电台分别收到。

三、实验仪器

实验仪器包括音频信号发生器、真空管毫伏表、电阻箱、标准电感、标准电容。

四、实验内容

本实验要求测量并绘制 $R=100\Omega$ 和 $R=400\Omega$ 时的串联谐振曲线。

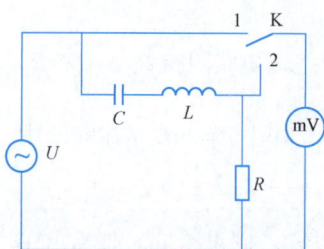

图 4-119　串联谐振电路图

（1）按图 4-119 连接串联谐振电路，取电阻箱电阻 $R=100\Omega$。

（2）选择真空管毫伏表量程为 1V，并校正零点。

（3）将开关 K 与 1 接通，调节信号发生器的输出电压为 1V，在实验过程中必须随时进行测量，以保证输出电压始终维持在 1V。

（4）将开关 K 与 2 接通，连续改变信号发生器的输出频率，同时观察真空管毫伏表的读数，找到谐振点，并确定引起电压谐振的整个频率范围。

（5）在上述频率范围内选定 20 个以上的点，测出电阻 R 上的电压值 U_R 及相应的频率 f。

（6）取电阻箱电阻 $R=400\Omega$，重复上述测量步骤。

（7）利用公式 $I=\dfrac{U_R}{R}$ 计算出与不同频率相对应的电流值，以频率 f 为横坐标，以电流 I 为纵坐标，画出电压谐振曲线。

（8）由测得的谐振曲线，求出谐振频率 f_0 和 Q 值，并与理论值相比较。

实验 34　用伏安法测量二极管的伏安特性

伏安法测量电阻是一种方便、简单的常用方法，虽然它的接入误差（系统误差）不可避免，但是，根据测量对象选择合适的连接方法和适当的量程能使测量误差减少，甚至小到可忽略，特别是在测量非线性电阻及动态电阻时显得格外优越。

一、实验目的

（1）了解二极管的导电性能及特点。

（2）掌握用伏安法测量非线性电阻的方法。

（3）掌握正确作图（特别是坐标轴比例的选取）的方法。

二、实验原理

1. 半导体二极管简介

导电性能在导体与绝缘体之间的物质称为半导体，用作半导体二极管的材料有晶体硅和锗。纯净的硅、锗晶体中掺入少量其他元素（杂质），则晶体的导电性能增加成为半导体。半导体硅（锗）晶体中掺进少量的磷（是五价元素），硅晶体中某些硅原子被磷原子所代替，磷原子多余的一个价电子成为自由电子，此半导体可以导电，这种电子导电型半导体称为 N 型半导体。若在硅晶体中掺进少量的硼（是二价元素），硼原子代替硅原子后，硅晶体中因缺少电子而空出了位置，称之为"空穴"，空穴可被其他电子递补，因而空穴在硅晶体中可以移动，从而使晶体能导电成为半导体，这种空穴导电型半导体称为 P 型半导体。

P 型与 N 型半导体紧密接触组成一个 PN 结，N 型半导体主要靠电子多数载流子导电（空穴为极少数），P 型半导体主要靠空穴多数载流子导电（电子为极少数），组成 PN 结后，由于电子和空穴的浓度不同，在交界处，N 区电子向 P 区扩散而 P 区中空穴则向 N 区扩散。因此 N 区因失去电子而带正电，P 区因失去空穴而带负电，因而形成由 N 区指向 P 区的内部电场 E_N。这个电场阻止电子和空穴的进一步扩散，在一定大小的 E_N 时达到平衡，这个带电荷层称阻挡层亦即 PN 结。见图 4-120，一个简单的 PN 结就是一个半导体二极管。

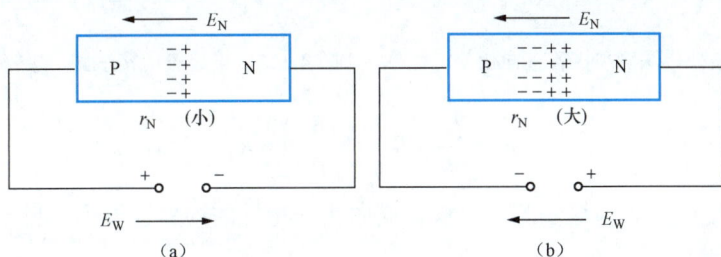

图 4-120　PN 结的单向导电机构

（a）在 PN 结上加正向电压；（b）在 PN 结上加反向电压

当在 PN 结上加正向电压，见图 4-120（a），由于 E_W 与 E_N 方向相反，使阻挡层变薄，此时正向电压 E_W 大于阈值电压（硅为 0.5～0.6V，锗为 0.1V），于是电子和空穴能顺利互向对方区域扩散，使导电电流随 E_W 的增大而增大，这就是 PN 结的正向多数载流子导电性，此时二极管呈现很小的电阻。反之，在 PN 结上加上反向电压，见图 4-120（b），由于 E_W 与 E_N 的方向相同，阻挡层变厚，此时二极管的反向电流较大，从而使电子与空穴互相向对方扩散的阻碍作用增加，因此反向电流随 E_W 的增加而减小（绝对值仍然增加），但这个反向电流属于少数载流子导电，它比正向电流小得多（如硅为 0.01～1μA），而且随反向电压的增加趋向一个饱和值。当反向电压继续增加而超过某一数值时，反向电流急剧增加，此时二极管失去单向导电机构，实际上因发热而被烧坏，此电压称为最大反向击穿电压。使用时要注意，不能超过最大反向击穿电压。

2. 伏安法测量二极管的伏安特性

图 4-121 所示的是晶体二极管的伏安特性，表明了通过二极管的电流与外加电压之间的关系。

伏安法测量二极管的伏安特性通常有两种连接方法。图 4-122 所示的是电流表外接法测二极管正向伏安特性，因为二极管的正向电阻 R_+ 很小，而电压表的内阻 r_m 比较大（量程越大，r_m 越大），所以 $R_+/r_m \ll 1$，有

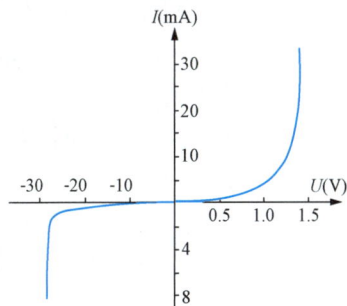

图 4-121　晶体二极管的伏安特性

$$R_x = \frac{U}{I} = R_+\left(1 + \frac{R_+}{r_m}\right)^{-1} \approx R_+ \qquad (4\text{-}117)$$

式（4-117）说明，用电流表外接法测量二极管正向伏安特性的测量误差很小，甚至可忽略。

图 4-123 所示的是电流表内接法测量二极管反向伏安特性，因为二极管的反向电阻 R_- 很

大，而电流表的内阻 R_g 比较小（量程越大，R_g 越小），因此 $\dfrac{R_g}{R_-} \ll 1$，有

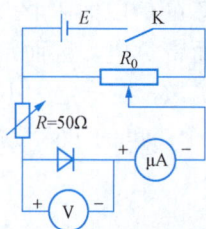

图 4-122 电流表外接法测二极管正向伏安特性   图 4-123 电流表内接法测二极管反向伏安特性

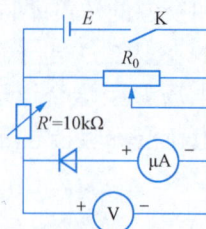

$$R_x = \frac{U}{I} = R_- \left(1 + \frac{R_g}{R_-}\right) \approx R_-$$

因此可见，用电流表内接法测量二极管反向伏安特性的误差也很小，也可忽略不计。

三、实验仪器

实验仪器包括直流稳压电源、多量程电压表和电流表及滑动变阻器、电阻箱、待测量二极管等。

四、实验内容

（1）测定二极管的正向伏安特性。按图 4-122 接线，选择电源电压为 3V，选择电表的合适量程。

取保护电阻 R 为 50Ω，移动滑动变阻器的滑动头以改变电压，测出二极管在不同电压 U 时所流过的电流 I，直到测出额定正向电流为止（例如，2CW5D，I≤12mA；2AP25，I≤20mA）。

为了测绘好实验曲线，需要合理地选择实验数据点，在电流随电压变化较缓慢时，数据可少取一些；在电流随电压变化较迅速的部分，应多取一些数据点。

（2）测定二极管的反向伏安特性。按图 4-123 接线，选择合适的电压（例如，2CW5D 为 15V，2AP25 为 50V），取保护电阻 R' 为 10kΩ，调节滑动变阻器的滑动头以改变电压，测定二极管在不同反向电压时的电流值。对于 2CW5D，反向电压增加到 11V 以后，就得缓缓地变化电压，注意电流的突变，以免电流过大。

（3）在坐标纸上作出二极管的伏安特性曲线。

五、思考题

图 4-124 表头保护电路

（1）为什么测定二极管反向特性的伏特表接法与正向特性时接法不同？为什么选取保护电阻的大小也不同？

（2）有些万用电表在表头的两端并联上两只二极管，如图 4-124 所示，用以保护电流表，试说明其工作原理。

（3）如何作二极管的伏欧曲线？

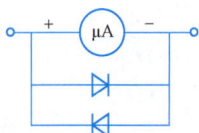

实验 35 用霍尔效应法测量磁场

霍尔效应是霍尔于 1879 年发现的一种电磁效应。利用霍尔效应可以很快地测出磁场中各点的磁感应强度。现在广泛使用的高斯计，其探头就是利用霍尔效应制成的半导体霍尔器件。

利用霍尔效应还可以测量电流、压力、转速及半导体材料的多种参数等。在自动控制和半导体材料的研究等方面霍尔效应都具有非常广泛的应用。

一、实验目的

（1）了解产生霍尔效应的物理过程。

（2）学会利用霍尔效应测量磁场的原理和方法。

二、实验原理

如图 4-125 所示，把一块长为 a、宽为 b，厚度为 d 的半导体薄片放在磁场中，并且使薄片表面的法线与磁场方向一致。沿片长 3、4 方向通以电流，则在薄片两侧面 1、2 间产生电位差 $U_H = U_1 - U_2$，这里的 U_H 称为霍尔电压。这个半导体薄片就称为霍尔片。

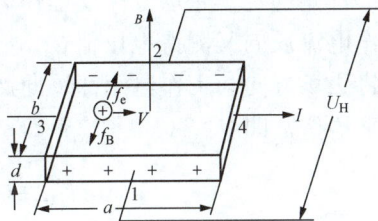

图 4-125　霍尔效应原理图

霍尔电压的出现是由于当电流沿 3、4 方向通过半导体薄片时，薄片内定向移动的载流子（假定是空穴）要受到洛伦兹力 f_B 的作用而偏转。洛伦兹力为

$$f_B = qv \times B$$

式中，q、v 分别是载流子的电量和移动速度，B 为磁感应强度。当 v 与 B 垂直时，则

$$f_B = qvB \tag{4-118}$$

载流子在 f_B 的作用下发生偏转，结果使电荷在 1、2 两个侧面积聚而形成静电场，这个静电场又给载流子一个与 f_B 方向相反的电场力

$$f_E = qE \tag{4-119}$$

开始时，$f_B > f_E$，电荷可继续在侧面上积累，但随着积累的电荷不断增多，f_E 也逐渐增大，直到载流子受到的电场力与洛伦兹力相等，$f_E = -f_B$ 达到动态平衡。此时 1、2 间形成稳定的霍尔电场 E_H，有

$$f_E = qE_H = q\frac{U_H}{b} \tag{4-120}$$

由于 $f_E = f_B$，将式（4-118）、式（4-119）代入，可得

$$U_H = bvB \tag{4-121}$$

若载流子的浓度（单位体积中的载流子个数）用 n 表示，则电流强度 I 与运动速度 v 的关系为

$$I = nbdqv$$

代入式（4-121）可得

$$U_H = \frac{IB}{qnd} = K_H IB \tag{4-122}$$

这里 $K_H = \dfrac{1}{qnd}$ 称为霍尔元件的灵敏度，其大小与材料性质（种类、载流子浓度等）及霍尔片的尺寸（厚度）有关。式中各个量的单位是：U_H 为 mV、I 为 mA、B 为 mT，则 K_H 的单位为 mV/（mA·mT）。每个霍尔片都有各自的灵敏度，一般需用实验方法测得。本实验所用霍尔元件的 K_H 值可由实验室给出。

　　由式(4-122)可知，如已知霍尔元件的 K_H 值，用仪器分别测出工作电流 I 及霍尔电压 U_H，就可算出磁场 B 的大小，这就是利用霍尔效应测量磁场的原理。

　　需要指出的是，用电位差计测量 1、2 两端所得的电势差 U_{12}，并非是真正的霍尔电压 U_H，而是 U_H 与其他副效应所引起的附加电势差之和。这些附加电势差给 U_H 值的测量带来误差。但附加电势差中的大部分随工作电流或磁场方向的换向而换向，可采取以下方法消除它们：首先选定一磁场方向及工作电流方向测得一电压值 U_{H1}，然后保持磁场方向不变而使工作电流反向又测得电压值 U_{H2}，再使磁场方向反向而工作电流不变测得电压值 U_{H3}，最后将磁场方向与工作电流都反向测得电压值 U_{H4}。这样，取这四个电压值（都取绝对值）的平均值，即

$$U_H = \overline{U_H} = \frac{1}{4}(U_{H1} + U_{H2} + U_{H3} + U_{H4}) \tag{4-123}$$

　　将平均值 $\overline{U_H}$ 作为霍尔电压 U_H，就可基本消除副效应所引起的附加电势差的影响，提高霍尔电压 U_H 的测量精度。

　　半导体材料有 N 型（电子型）和 P 型（空穴型）两种，N 型的载流子为电子，带负电；P 型的载流子为空穴，带正电。设电流 I 及磁场 B 的方向如图 4-22 所示，若载流子为空穴（图 4-125 中所画情况），则霍尔电压的极性是 1 高 2 低；若载流子为电子，则 U_H 的极性正好与图所画情况相反，是 2 高 1 低。据此原理还可确定半导体的类型。

三、实验仪器

　　实验仪器包括直流稳压电源、霍尔效应仪、直流安培表、直流毫安表、电位差计、电阻箱、滑动变阻器、开关等。

四、实验内容

　　(1) 按图 4-126 连接实验线路。图中 T 为电磁铁，H 为霍尔元件，M 为垂直移动尺，N 为水平移动尺。整个线路以 K_1、K_2 和 K_3 三个双刀双掷开关为中心分成三个部分，是三个独立的回路，分别提供励磁电流、工作电流和测量霍尔电压。K_1、K_2 的倒向可以分别改变磁场 B 和工作电流 I 的方向，当 B 或 I 换向引起 1、2 之间电极极性改变时，可用 K_3 倒向，使接至测量仪器的正、负极性不变。

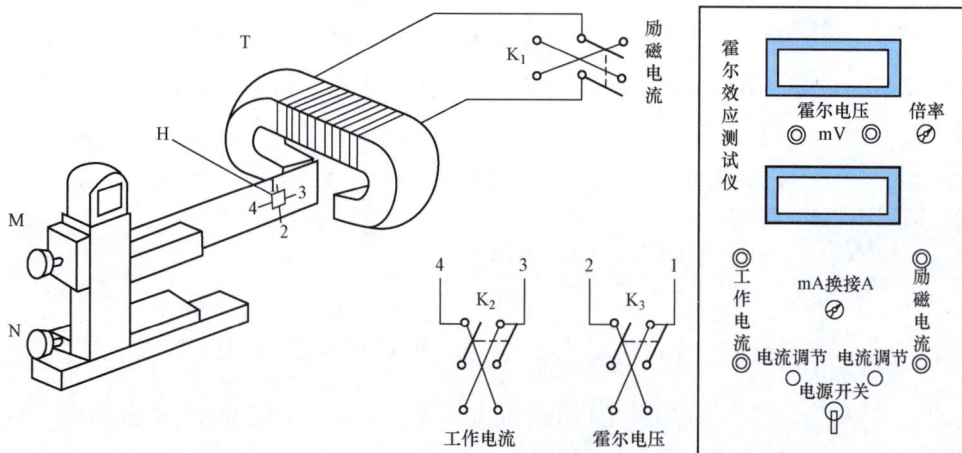

图 4-126　霍尔效应实验装置及接线图

（2）确定半导体载流子类型（是电子还是空穴）。

1）调节垂直移动尺和水平移动尺，使霍尔元件位于电磁铁磁极的中心部位。

2）合上 K_1，调节励磁电流为 0.5A 左右，根据电磁铁线圈的绕向和励磁电流方向确定电磁铁磁极间的磁场方向。

3）合上开关 K_2，调节工作电流为 5mA，并确定通过霍尔元件的工作电流方向是由 3 到 4 还是 4 到 3。

4）由测试仪数字电压表上的正、负号判断出霍尔片 1、2 面上霍尔电压的极性，从而判断出霍尔片的载流子类型。判断方法通过作图表示出来。

（3）测量电磁铁磁极间磁感应强度 B 与水平位置 x 的分布曲线。

1）调节水平移动尺 N，使霍尔片位于电磁铁磁极最右端（或最左端）外侧，记录下该点的位置 x_0。

2）调节励磁电流为 0.50A，工作电流为 5.00mA。

3）用电位差计测出 1、2 端电压 U_{H1}，然后分别由 K_1 及 K_2 将 B 和 I 换向，分别测出相应的 1、2 端电压 U_{H2}、U_{H3}、U_{H4}，填入自拟的表格中。

4）按式（4-123）计算出 $\overline{U_H}$，再由式（4-122）计算出 x_0 处的磁感应强度 B_0。

5）调节 N 向左（或右）移动霍尔片，每隔一定距离重复一次以上过程，测出磁感应强度 B_i（最少要测 10 个点，变化率大的地方测试点可多一些），直到磁极最左端（或最右端）外侧。

6）根据测得的各点磁感应强度 B，画出 B-x 分布曲线。

（4）测量励磁电流 I_B 与磁感应强度 B 的关系曲线。调整工作电流为 10.0mA 并保持不变，再将励磁电流依次调节为 0.10、0.20、0.30、0.40、0.50、0.60A，测出相应的霍尔电压 U_H，算出相应的磁感应强度 B，绘出 I_B-B 关系曲线。

（5）测量工作电流 I 与霍尔电压 U_H 的关系曲线。保持励磁电流为 0.50A 不变，使工作电流依次为 1.00、2.00、3.00、…、10.00mA，测出相应的霍尔电压 U_H，并作出 I-U_H 关系曲线。

五、注意事项

（1）霍尔元件价高、质脆、引线细，使用时不可碰压、扭弯、挤摔等，务必小心，轻拿轻放，以防损坏。特别是在霍尔片进、出磁隙时要注意是否与磁隙有刮碰的现象。

（2）霍尔元件的工作电流引线 3、4 和霍尔电压引线 1、2 不能弄混；工作电流 I 不得超过额定值（$I \leqslant 10.00\text{mA}$），否则霍尔元件可能被烧毁。

（3）调节励磁电流及工作电流时，应只合上相应的开关。记录完相应数据后，要立即断开电源，以防电磁铁过热和消耗电池的能量。

六、思考题

若磁场与霍尔元件薄片不垂直，能否准确测出磁场？

实验 36　组装望远镜和显微镜

显微镜和望远镜在天文学、电子学、生物学和医学等领域中都起着十分重要的作用。显微镜主要用来帮助人们观察近处的微小物体，而望远镜则主要是帮助人们观察远处的目标，它们常被组合在其他光学仪器中。为了适应不同的用途，显微镜和望远镜的种类很多，构造也各有差异，但是它们的基本光学结构都是由物镜和目镜组成的。

一、实验目的

（1）理解显微镜和望远镜的工作原理。

（2）设计组装简单的显微镜和望远镜。

（3）掌握用自组的望远镜测量透镜焦距的方法。

二、实验原理

1. 显微镜的工作原理

显微镜是用来观察近距离微小目标的目视光学仪器，由物镜和目镜两个共轴光学系统组成。由于显微镜筒长的限制，显微镜的物镜焦距很短，目镜焦距较长。显微镜的成像原理是：被观察物体放在物镜的一倍焦距和两倍焦距之间，根据高斯公式，将在物镜的两倍焦距外得到放大倒立的实像，该实像又位于目镜的一倍焦距之内，这样目镜又起到一个放大镜的作用，将该实像再次放大成倒立的虚像，显微镜的成像光路如图 4-127 所示。由于被观测物体经过了显微镜的两次放大，因此其放大倍率为物镜放大倍率与目镜放大倍率的乘积。

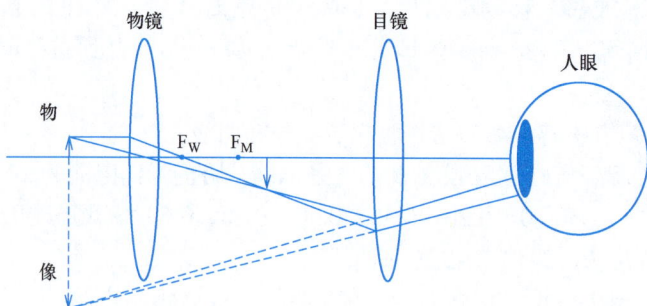

图 4-127   显微镜的成像光路

2. 望远镜的工作原理

望远镜有开普勒望远镜和伽利略望远镜两种基本类型。开普勒望远镜的目镜和物镜均为正透镜，伽利略望远镜的目镜是负透镜，物镜是正透镜。开普勒望远镜所成的像是倒像，而伽利略望远镜所成的像是正像。由于伽利略望远镜不存在中间像，因此其不能安置用于测量的分划板，使用用途受到了一定的限制。目前伽利略望远镜主要用于民用和激光扩束，开普勒望远镜主要用于计量及军用仪器中。

望远镜的基本特点是物镜的焦点与目镜的焦点重合，这样远处物体传来的平行光将由物镜聚焦到焦点处，再由目镜变为平行光入射到人眼中，相当于人眼观察到的仍然是远处物体发射的平行光，望远镜的成像光路图如图 4-128 所示。

望远镜的视角放大率可表示为

$$M = \frac{\tan\omega'}{\tan\omega} = -\frac{f_1}{f_2}$$

其中 f_1 和 f_2 分别为物镜和目镜的焦距。

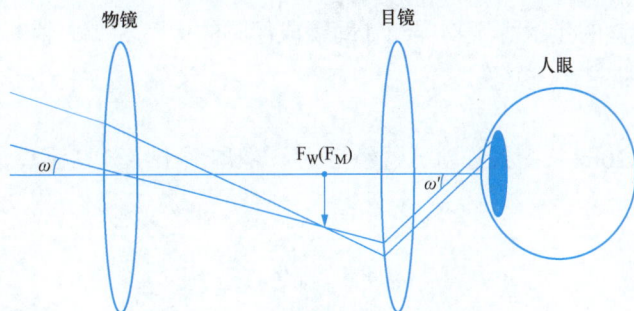

图 4-128　望远镜的成像光路图

3. 用望远镜测量透镜焦距的工作原理

（1）凸透镜焦距的测量。由于望远镜观察的是远处的物体，其入射光要求为平行光，因此人眼利用望远镜观察位于近处的物屏时是无法看清的。若在物屏前放置一凸透镜并调节两者间的相对距离，则当物屏恰好位于凸透镜的焦点处时，物屏上的点经过透镜所发射的光即为平行光，这样通过望远镜便可以清晰地看到物屏的像。于是物屏与凸透镜间的距离即为凸透镜的焦距，望远镜测凸透镜焦距原理图如图 4-129 所示。

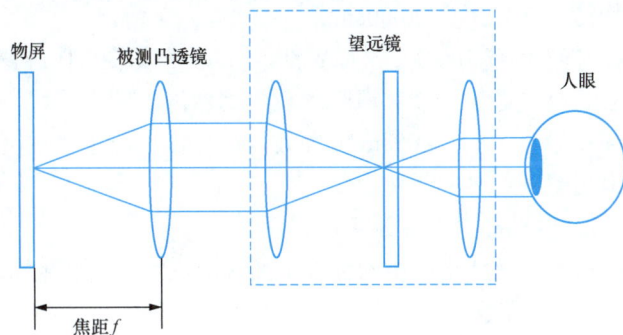

图 4-129　望远镜测凸透镜焦距原理图

（2）凹透镜焦距的测量。由于凹透镜具有发散特性，因此无法单独依靠物屏和凹透镜来产生平行光，需要利用凸透镜作为辅助镜，望远镜测凹透镜焦距原理图如图 4-130 所示。

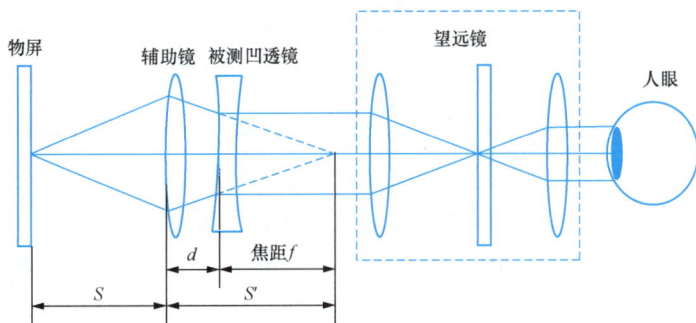

图 4-130　望远镜测凹透镜焦距原理图

物屏首先经过辅助镜凸透镜成一次像，该像恰好位于被测凹透镜的焦点处，这样经过凹透镜后所发出的光即为平行光，于是通过望远镜便可以清晰地看到物屏的像。从图 4-130 中可以看出，被测凹透镜的焦距等于物屏经辅助镜成像时的像距 S' 减去辅助镜与被测凹透镜间的距离 d。

三、实验仪器

实验仪器包括 1.20m 长槽式导轨、透镜 5 片、像屏（十字分划板）、物屏以及一体式免调节支架。

四、实验内容

1. 自组显微镜

（1）将物屏、透镜 5、像屏、透镜 4 按顺序依次安装在导轨上，调节透镜 4 与像屏间的距离，使眼睛透过透镜 4 能够清晰地观察到像屏上的十字线。

（2）调节物屏位置，使物屏与像屏的间距大于 16.00cm。

（3）调节透镜 5 的位置，使眼睛通过透镜 4 能够清晰地观察到物屏上的像。由于该像被放大了，因此透镜 4 与透镜 5 便达到了显微镜的效果。

（4）增大物屏与像屏间的距离并调节透镜 5 的位置，可以改变显微镜的放大倍率。

2. 自组望远镜

由于望远镜要求目镜的焦点与物镜的焦点位置重合，因此首先需要知道物镜的焦距。本实验中用透镜 1 作为物镜，其焦距为 20.00cm。

（1）将像屏安装在导轨上的 100.00cm 位置处，透镜 4 安装在像屏位置后。调节透镜 4 与像屏间的距离，使眼睛透过透镜 4 能够清晰地观察到像屏上的十字线。

（2）将透镜 1 安装在导轨上的 80.00cm 位置处，这样便完成了望远镜的组装。利用组装后的望远镜可以清晰地观察到远处的景物。

3. 用自组的望远镜测量凸透镜和凹透镜的焦距

（1）测量凸透镜的焦距。保持望远镜的位置不变（即透镜 1、像屏及透镜 4 的位置），将物屏安装在导轨的 20.00cm 位置处，将透镜 2 安装在物屏与透镜 1 之间，调节透镜 2 的位置，使眼睛透过透镜 4 能够清晰地观察到物屏上的像，用多次测量（至少 5 次）记录下透镜 2 的位置，并将数据记录在表 4-31 中，此时透镜 2 与物屏间的距离即是透镜 2 的焦距。

表 4-31　　　　　　　　　　　　　　透镜 2 焦距测量原始数据记录表　　　　　　　　　　　　　　cm

测量次数 i	1	2	3	4	5	平均
透镜 2 位置 L_i						
物屏位置 O			20.00			20.00

（2）测量凹透镜的焦距。保持望远镜的位置不变，将物屏安装在导轨的 1.80cm 位置处，将透镜 2 安装在导轨的 35.50cm 位置处，将透镜 3 安装在透镜 2 与透镜 1 之间，调节透镜 3 的位置，使眼睛透过透镜 4 能够清晰地观察到物屏上的像，用多次测量（至少 5 次）记录下透镜 3 的位置，并将数据记录在表 4-32 中，利用以下公式计算出透镜 3 的焦距

$$S' = \frac{Sf_2}{S - f_2}, \quad f_3 = S' - d$$

其中 S 代表物屏经透镜 2 成像时的物距，即物屏与透镜 2 间的距离，S' 代表物屏经透镜 2 成像时的像距，d 代表透镜 2 与透镜 3 之间的距离。

焦距计算公式：$\overline{L}=\dfrac{1}{n}\sum\limits_{i=1}^{n}L_i$，$f_2=\overline{L}-O$。

表 4-32　　　　　　　　　　透镜 3 焦距测量原始数据记录表　　　　　　　　　　cm

测量次数 i	1	2	3	4	5	平均
透镜 3 位置 L_{3i}						
透镜 2 位置 L_2			35.50			35.50
物屏位置 O			1.80			1.80

焦距计算公式：$S=L_2-O$，$S'=\dfrac{Sf_2}{S-f_2}$，$\overline{L_3}=\dfrac{1}{n}\sum\limits_{i=1}^{n}L_{3i}$，$d=\overline{L_3}-L_2$，$f_3=S'-d$。

凹透镜不确定度计算公式

$$f_3=S'-d，\quad U_{f_3}=\sqrt{U_{S'}^2+U_d^2}$$

$$U_{S'}=-\dfrac{f_2^2}{(S-f_2)^2}U_S，\quad U_S=\sqrt{U_{L_2}^2+U_O^2}，\quad U_{L_2}=U_O=\dfrac{1}{3}\varDelta，\quad \varDelta=0.1\text{cm}$$

$$U_d=\sqrt{{U_{L_3}}^2+{U_{L_2}}^2}，\quad U_{L_3}=\sqrt{\dfrac{\sum\limits_{i=1}^{n}(L_{3i}-\overline{L_3})^2}{n(n-1)}}，\quad U_{L_2}=\dfrac{1}{3}\varDelta$$

五、注意事项

（1）透镜要轻拿轻放，尽量避免用手触摸透镜表面，严禁用任何物体划透镜。

（2）安装透镜时必须小心，确保透镜被牢固地安装在导轨上，切勿将透镜掉在地上。

实验 37　用分光计测定三棱镜的折射率

一、实验目的

（1）加深对分光计结构、作用及工作原理的了解，熟练掌握分光计的调节方法。

（2）掌握用最小偏向角法测定三棱镜玻璃折射率的方法。

（3）掌握用布儒斯特定律测定三棱镜玻璃折射率的方法。

二、实验原理

分光计的结构、调节方法及工作原理，见实验 21 "分光计的调节和使用"。

1. 用最小偏向角法测棱镜玻璃的折射率

将待测的光学玻璃制成三棱镜，测量原理见图 4-131。一束单色平行光 a 以入射角 i_1 投射到棱镜面 AB 上，经棱镜两次折射后以 i_4 角从 AC 面射出，成为光线 b，则入射光 a 与出射光 b 的夹角 δ 称为偏向角。其大小为

$$\delta=(i_1-i_2)+(i_4-i_3)$$

即

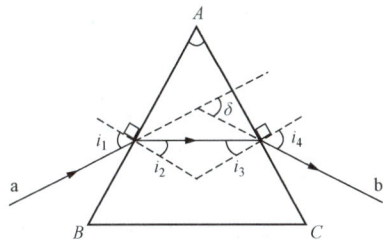

图 4-131　最小偏向角法原理图

$$\delta = i_1 + i_4 - A$$

因为棱镜已经给定，所以顶角 A 和折射率 n 已确定不变，偏向角 δ 是 i_1 的函数，随入射角 i_1 而变。转动三棱镜，改变入射光对光学面 AB 的入射角 i_1，出射光线的方向也随之改变，即偏向角 δ 发生变化。沿偏向角减小的方向继续缓慢转动三棱镜，使偏向角逐渐减小；当转到某个位置时，若再继续沿此方向转动，偏向角又将逐渐增大，偏向角在此位置达到最小值，称为最小偏向角，用 δ_{min} 表示。用微商算法可以证明，当 $i_1 = i_4$（或 $i_2 = i_3$）时，偏向角有最小值，此时有 $i_1 = \dfrac{A + \delta_{min}}{2}$，$i_2 = \dfrac{A}{2}$，根据折射定律，三棱镜的折射率为

$$n = \frac{\sin \dfrac{(A + \delta_{min})}{2}}{\sin \dfrac{A}{2}} \tag{4-124}$$

实验中，利用分光计测出三棱镜的顶角 A 及最小偏向角 δ_{min}，即可由式（4-124）算出棱镜材料的折射率 n。

2. 用布儒斯特定律测棱镜玻璃的折射率

自然光在两种媒质的界面上反射和折射时，反射光和折射光都将成为部分偏振光（参见实验 22）。当逐渐增大入射角，达到某一特定值 φ_b 时，反射光将成为完全偏振光，其振动面垂直于入射面。这里角 φ_b 称为起偏振角，也叫做布儒斯特角。由布儒斯特定律，得

$$\tan \varphi_b = \frac{n_2}{n_1} \tag{4-125}$$

一般媒质在空气中的起偏振角在 53°～58°之间（例如，当光由空气 $n_1 = 1$ 射向 $n_2 = 1.54$ 的玻璃板时，$\varphi_b = 57°$）。只要利用光的偏振，测出自然光在棱镜玻璃表面反射时的布儒斯特角 φ_b，就可以由布儒斯特定律式（4-125）求得棱镜玻璃的折射率 n_2。

三、实验仪器

实验仪器包括分光计、玻璃三棱镜、钠光灯、偏振片、平面反射镜等。

四、实验要求

（1）要求同学们在掌握实验原理的基础上自行设计实验步骤和实验方法，预习报告要求写出实验原理和实验步骤，并设计出原始数据记录表。

（2）要测量出三棱镜的顶角 A（见实验 21 "分光计的调节和使用"）、最小偏向角 δ_{min} 和布儒斯特角 φ_b，并用两种方法求出棱镜的折射率。

（3）写出完整的实验报告。

实验 38　用牛顿环测透镜的曲率半径

一、实验目的

（1）观察和研究等厚干涉现象。

（2）学习用干涉方法测量平凸透镜的曲率半径。

二、实验原理

利用透明薄膜上、下两表面对入射光的依次反射，入射的振幅将分解成有一定光程差的几部分。这是一种获得相干光的方法，它被多种干涉仪所采用。若两束光在相遇时的光程差

仅取决于产生这两束光的薄膜的厚度，则同一干涉条纹所对应的薄膜厚度相同，这就是等厚干涉。

1. 牛顿环

如图 4-132 所示，在精磨的玻璃平板 DE 上放置一个曲率半径很大的平凸透镜 ACB，其凸面与平板平面 DE 相切于 C 点，因而它们之间形成一个以 C 点为中心，向四周逐渐增厚的空气薄膜。如果有单色光从上面垂直照射这个薄膜，则从空气薄膜上表面和下表面反射的光线在 ACB 球面上的 T 点相遇，两部分光线之间有确定的光程差，满足相干条件，因而在 T 点处产生干涉，其光程差为

$$\Delta = 2\delta_k + \frac{\lambda}{2} \tag{4-126}$$

式中，δ_k 是半径为 r_k 处空气膜的厚度，λ 为入射光的波长，$\lambda/2$ 是附加光程差，它是由光从光疏媒质射入光密媒质的交界面上产生反射时发生半波损失引起的。

根据相干条件，当

$$\Delta = 2\delta_k + \frac{\lambda}{2} = (2k+1)\frac{\lambda}{2} \qquad k=1，2，3$$

时出现暗条纹。

由于 Δ 与 δ_k 有关，所以干涉条纹是一组等厚线，同一级明（暗）条纹对应于相同的厚度，因为 ACB 是一球面，所以在 ACB 面上产生一组以 C 为中心的明暗相间的同心圆环，称为牛顿环。由图 4-132 的几何关系可知

$$\frac{\delta_k}{r_k} = \frac{r_k}{2R - \delta_k}，\quad r_k^2 = \delta_k(2R - \delta_k)$$

式中，R 是球面 ACB 的半径，因为 R 一般在数十厘米乃至数米，而 δ_k 最大也不超过几毫米，故可以近似地认为 $2R - \delta_k \approx 2R$，于是得到

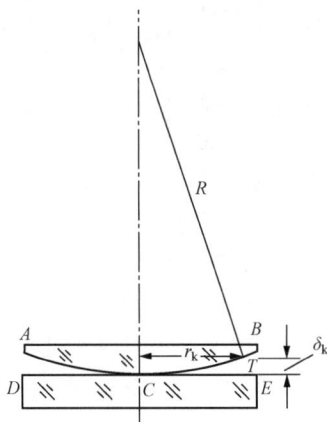

图 4-132　牛顿环的产生

$$\delta_k = \frac{r_k^2}{2R} \tag{4-127}$$

对于暗条纹，由式（4-126）和式（4-127）有

$$\Delta = \frac{r_k^2}{R} + \frac{\lambda}{2} = (2k+1)\frac{\lambda}{2}$$

$$r_k = \sqrt{kR\lambda}$$

由此可见 r_k 与 k 和 R 的平方根成正比。因此圈纹越往外越密，条纹也越细。若测出第 k 级暗环半径 r_k 且单色光波长为已知，就可以算出球面的曲率半径。但在实验中由于机械压力引起的玻璃变形，以及镜面接触处 C 点有微小尘埃等原因，使得凸面和平面接触处，不是一个理想的点，而是不很规则的圆斑，因此很难测准 r_k 和 k。在实际实验时，通常取两个暗环的直径的平方差计算 R。如第 m 条暗环和第 n 条暗环的直径分别为 D_m 和 D_n，则可得到测量公式

$$R = \frac{D_\mathrm{m}^2 - D_\mathrm{n}^2}{4(m-n)\lambda}$$

这样在实验中就不必确定某一暗环的准确级数，也不必准确确定同心圆环的中心，只要测出 D_m、D_n 和 $m-n$，就可算出曲率半径 R。经过上述的变换和处理，避开了难测的 r_k 及 k，从而提高了测量的精确度，减少了测量误差。这是物理实验中常用到的一种方法，在设计实验方案或考虑测量方法时，应该注意加以应用。

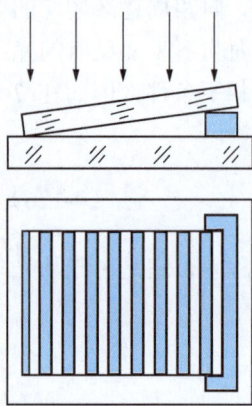

2. 劈尖干涉

取两块光学平面玻璃板（又称平晶），使其一端接触，另一端夹一薄纸片或细丝，这样在两板之间形成一个空气劈尖，如图 4-133 所示。当用单色平行光垂直照射玻璃板时，由劈尖上表面反射的光束和下表面反射的光束就有一定的光程差，当此两束光在劈尖上表面相遇发生干涉时，就呈现出一组与两板交接线平行、间隔相等、明暗相间的干涉条纹，这也是一种等厚干涉现象。

图 4-133　劈尖干涉

利用劈尖干涉条纹可测量某些微小长度，如纸片厚度或细丝的直径等。这部分可作为设计性实验内容，要求同学们自行说明实验原理，并设计实验方法及步骤。

三、实验仪器

实验仪器包括钠光灯、牛顿环装置、读数显微镜、光学平面玻璃板两块。

四、实验内容

1. 测量平凸透镜的曲率半径

（1）观察牛顿环装置的干涉条纹，调节牛顿环装置的三个螺丝，使干涉条纹处于中央位置。

（2）将牛顿环装置放在读数显微镜的载物台上，调整钠光灯和牛顿环装置的位置，使从牛顿环装置反射的光线进入显微镜的物镜中，牛顿环实验光路图如图 4-134 所示。

（3）调节读数显微镜使叉丝交点与牛顿环心大致重合，使一条十字丝与标尺平行并看清楚牛顿环。

（4）测牛顿环的直径。将读数显微镜镜筒向左移动，顺序从里向外数到第 34 暗环，再反向转回到第 30 环，使叉丝的竖线与该环相切，记下该读数，然后沿同一方向转动鼓轮，使竖丝依次切到第 29、28、27、26、10、9、8、7、6 的位置上，顺次记下相应读数，填入表格内，然后仍沿同一方向旋转鼓轮，让读数显微镜竖丝移过牛顿环中心的右侧，并使竖丝依次与右侧的第 6、7、8、9、10、

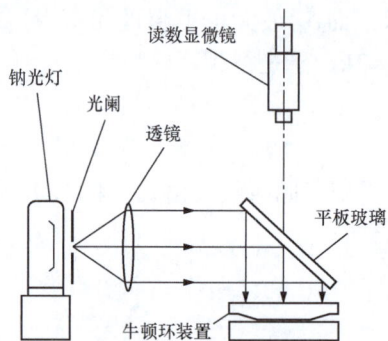

图 4-134　牛顿环实验光路图

26、27、28、29、30 环相切，顺次记下相应读数。注意测量前调好显微镜位置，否则可能在测量时，从左 30 环边缘走不到右 30 环边缘。此外在测量中途不得使鼓轮反转，以免引起螺旋空程误差。表 4-33 为测量曲率半径的记录表格。

2*. 测量薄片的厚度或细丝的直径

这部分作为设计性实验内容，要求同学们自行说明实验原理，并设计实验方法及步骤。

实验方法、步骤、记录表格自拟，并写在报告中。

表 4-33 测量曲率半径的记录表格

组	m	S_L	S_R	$D_m=\|S_L-S_R\|$	n	S_L	S_R	$D_n=\|S_L-S_R\|$
1	30				10			
2	29				9			
3	28				8			
4	27				7			
5	26				6			

五、注意事项

（1）左边第 6 环与右边第 6 环是同一圈条纹，注意不要弄错。从第 6 环到第 30 环的环数，要认真仔细地数，以免出错。

（2）调节显微镜镜筒时，须从下向上移动，切不可由上向下移动，以保护显微镜物镜不被损坏。

（3）测量过程中，除了转动测微鼓轮外，其他各部件不允许再动。

（4）计算透镜曲率半径时，将所测的 10 个数据分成 5 组，用下面的公式计算 R 和 U_R。

$$R=\frac{\overline{D_m^2-D_n^2}}{4\lambda(m-n)}$$

$$U_R=\frac{U_{(D_m^2-D_n^2)}}{4\lambda(m-n)}$$

钠光灯的黄光波长取 $\lambda=589.3$nm。

实验 39 衍 射 光 栅

衍射光栅是利用多缝衍射原理使光波发生色散的光学元件，由大量相互平行、等宽、等距的狭缝（或刻痕）所组成。光栅具有较大的色散率和较高的分辨本领，被广泛地装配在各种光谱仪器中，是光学仪器的重要元件。本实验利用分光计测量平面透射光栅的光栅常数和角色散率。

一、实验目的

（1）掌握测量光栅常数的原理及方法。

（2）进一步巩固分光计的调整和使用方法。

（3）观察光的衍射及光谱。

二、实验原理

1. 光栅常数

光栅由一系列的密集平行狭缝构成，如图 4-135 所示，设透光狭缝宽为 a，缝间不透光部分宽为 b，则 $d=a+b$ 称为光栅常数，单位为条/m。

由准直管形成的平行光束经光栅各缝衍射后，将在望远镜的焦平面上叠加，形成锐细的亮线衍射条纹，称为光谱线，光栅衍射条纹及光强分布如图 4-136 所示。

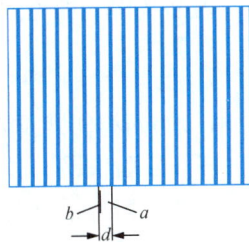

图 4-135 光栅及光栅常数

亮线所对应的衍射角应满足下列条件

$$d\sin\varphi_k=k\lambda \qquad (k=0，\pm1，\pm2，\cdots) \qquad (4\text{-}128)$$

式中，d 为光栅常数，λ 为光波长，k 是光谱线的级次。在 $\varphi_0=0$ 的方向上，可以观察到中央极大条纹，称为 0 级谱线。若光源是复色光，则其他级次的同级谱线按不同波长在 0 级谱线的两侧，从短波向长波散开（衍射角增大），形成光栅光谱。

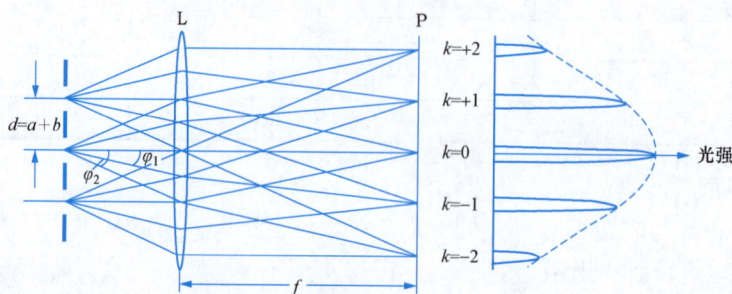

图 4-136　光栅衍射条纹及光强分布

本实验光源波长为已知，利用分光计测出各级光谱线的衍射角，根据式（4-128）即可计算出光栅常数 d。

2*. 光栅的角色散率

由式（4-128）可知，衍射角 φ 是波长 λ 的函数，这说明光栅有色散的作用。对式（4-128）微分，有

$$d\cos\varphi\Delta\varphi=k\Delta\lambda$$

即

$$\frac{\Delta\varphi}{\Delta\lambda}=\frac{k}{d\cos\varphi}$$

定义 $\dfrac{\Delta\varphi}{\Delta\lambda}$ 为光栅的角色散率，即

$$D=\frac{\Delta\varphi}{\Delta\lambda}$$

式中，$\Delta\varphi$ 为两条能被分辨的谱线所对应的衍射角差，$\Delta\lambda$ 为两条能分辨谱线的波长差，它表示单位波长间隔内两单色谱线之间的角间距。若相邻波长为已知，用分光计测量出 $\Delta\varphi$，便可求出角色散率。角色散率是光栅、棱镜等分光元件的重要参数。

3*. 分辨本领

若 $\Delta\lambda$ 为经光栅色散后刚好能分辨的两谱线的波长差，则光栅的分辨本领定义为

$$R=\frac{\lambda}{\Delta\lambda}$$

式中，λ 为两相邻谱线的平均波长。从给定的波长值中便可确定 R。

三、实验仪器

实验仪器包括分光计、光栅、钠光灯、水准仪、小平面镜。

四、实验内容

（1）调整分光计。可按"实验 21 分光计的调节和使用"实验内容调节。

（2）轻轻转动准直管的狭缝，使在望远镜内所观察到的谱线均与叉丝的竖线平行，并适

当地调整缝宽，使谱线锐细、明亮。

（3）按照放平面镜的方法放置光栅，光栅刻痕应与仪器转轴平行。要求在目镜中观察到的十字反射像与分划板调节叉线的中心重合。若不重合，要以望远镜为标准，调节载物平台，直到重合为止，同时所有光谱线的高度应该相同。

（4）用多次测量测出 $k=\pm 1$，± 2，…级时谱线的衍射角 φ_{-1}，$\varphi_{-1'}$，φ_{+1}，$\varphi_{+1'}$，…

（5）用白炽灯代替钠光灯观察衍射光谱，并记录光谱特点。

五、思考题

（1）若不用平面镜而使用光栅直接调节分光计需满足哪些条件？有什么优点？

（2）调节中发现光谱线倾斜，是什么原因？如何解决？

（3）如果光栅平面与仪器转轴平行，但光栅刻痕与转轴不平行，光谱分布有什么变化？对测量结果有什么影响？

（4）观察白光光谱有什么特点。

实验 40　光　电　效　应

爱因斯坦于 1905 年成功地应用并发展了普朗克的量子理论，首次提出"光量子"的概念，用光电子理论成功地解释了光电效应的全部规律。光电效应实验和光电子理论在物理学的发展中，对于揭示光具有波粒二象性有着极其重要的意义。利用光电效应制成的光电管等许多光电器件，由于将光和电结合在一起，在科学技术各领域中都有很广泛的应用。本实验采用零电流法测量普朗克常数 h，以及测绘光电管的伏安特性曲线。

一、实验目的

（1）研究光电效应规律，从而深刻认识爱因斯坦的光电子理论。

（2）绘制光电管的伏安特性曲线。

（3）测定普朗克常数。

二、实验原理

当光照在物体上时，光中仅一部分的能量以热的形式被物体吸收，而另一部分则转化为物体中某些电子的能量，使电子逸出物体表面，这种现象称为光电效应，逸出的电子称为光电子，光电效应实验原理图见图 4-137。如果电子脱离金属表面耗费的能量为 A，则由于光电效应，逸出金属表面的电子的初动能为

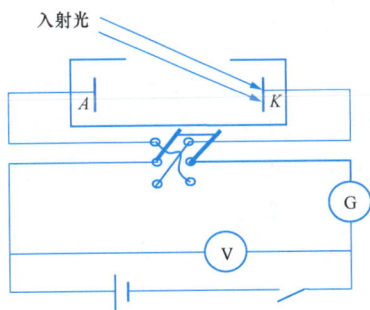

图 4-137　光电效应实验原理图

$$E_k = \frac{1}{2}mv^2 = h\nu - A \tag{4-129}$$

式中，m 为电子的质量，v 为逸出金属表面的光电子的初速度，ν 为入射光的频率，A 为光照射的金属材料的逸出功。式（4-129）中 $1/2mv^2$ 是没有受到空间电荷阻止，从金属中逸出的光电子的初动能。由此可见，入射到金属表面的光的频率越高，逸出电子的初动能就越大。正因为光电子具有初动能，所以即使在加速电压 U 等于零时，仍然有光电子落到阳极而形成光电流，甚至当阳极的电位低于阴极的电位时也会有光电子落到阳极，直至加速电压为某一负值 U_s 时，所有光电子都不能到达阳极，光电流才为零。

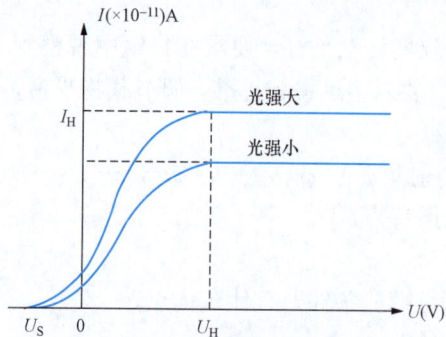

图 4-138　光电管的伏安特性曲线

光电管的伏安特性曲线如图 4-138 所示，图中 I_H 为饱和光电流，U_H 为产生饱和光电流时的极限电压。改变入射光强 I，饱和光电流 I_H 随入射光强 I 的增加线性地增大。当光强一定时，改变极间电压 U，则光电流的变化规律如图 4-138 的曲线所示。图中，U_S 被称为光电效应的截止电压，是光电流为零时外加电压的绝对值。这时

$$eU_S - \frac{1}{2}mv^2 = 0 \qquad (4\text{-}130)$$

实际上，由于其他干扰的存在，光电管的伏安特性曲线比图 4-138 中所示的理论曲线要复杂一些，其中暗电流的存在就是原因之一。所谓暗电流是指光电管不受光照而极间加有电压时产生的微弱电流，其值随外加电压而变化。这种电流是由于阴极材料的热电子发射、管壳漏电等因素引起的。

由式（4-129）和式（4-130）可得

$$eU_S = h\nu - A$$

由于金属材料的逸出功 A 是金属的固有属性，对于给定的金属材料，A 是一个定值，它与入射光的频率无关。具有阈频率 ν_0 的光子的能量恰等于逸出功 A，即

$$A = h\nu_0$$

所以

$$U_S = \frac{h\nu}{e} - \frac{A}{e} = \frac{h}{e}(\nu - \nu_0) \qquad (4\text{-}131)$$

式（4-131）表明，截止电压 U_S 是入射光频率 ν 的线性函数。当入射光的频率 $\nu = \nu_0$ 时，截止电压 $U_S = 0$，没有光电子逸出，上式的斜率 $k = h/e$ 是一个常数。可见，只要用实验方法作出不同频率下的截止电压 U_S 与入射光频率 ν 的关系曲线——直线，并求出此直线的斜率 k，就可以通过式 $k = h/e$ 求出普朗克常数 h 的数值。

三、实验仪器

实验仪器包括光源、滤光片、光电管暗盒、微电流测量仪、光电管工作电源。

1. 光源

用高压汞灯作光源，配以专用镇流器，光谱范围为 320.3～872.0nm，可用谱线为 365.0、404.7、435.8、546.1、578.0nm 共五条强谱线。

2. 滤光片

滤光片的主要指标是半宽度和透过率。透过某种谱线的滤光片不允许其附近的谱线透过。高压汞灯发出的可见光中，强度较大的谱线有 5 条，仪器配以相应的 5 种滤光片。

3. 光电管暗盒

采用测 h 专用光电管，由于采用了特殊结构，使光不能直接照射到阳极，由阴极反射照到阳极的光也很少，加上采用新型的阴、阳极材料及制造工艺，使得阳极反向电流大大降低，暗电流也很低。

4. 微电流测量仪

在微电流测量中采用了高精度集成电路构成电流放大器,对测量回路而言,放大器近似于理想电流表,对测量回路无影响,使测量仪具有高灵敏度和高稳定性,从而使测量精度和准确度大大提高。测量结果由三位半 LED 数显。

5. 光电管工作电源

普朗克常数测试仪提供了两组光电管工作电源(-2～+2V,-2～+30V)连续可调,精度为 0.1%,最小分辨率为 0.01V,电压值由三位半 LED 数显。

四、实验内容

(1)将汞灯电源打开,按图 4-139 进行仪器连接。设备要预热 20min,做好准备工作。

(2)测光电管的伏安特性曲线。

1)将电压按键置于-2～-30V;将"电流量程"选择开关置于 10^{-11} A 挡。仪器使用前要先进行调零,调零时将信号输入端拔下,调节微电流测试仪的调零旋钮,使其示数为零。将直径 2mm 的光阑及 435.8nm 的滤色片装在光电管暗箱光输入口上。

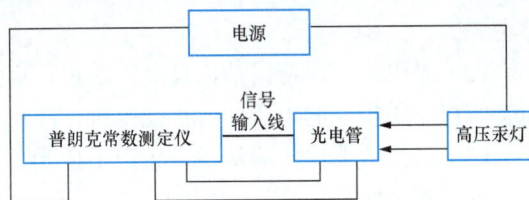
图 4-139 实验设备连接图

2)从低到高调节电压,记录电流从零到非零点所对应的电压值作为第一组数据,以后电压每变化一定值记录一组数据,记录在表 4-34 中。

3)将 4mm 的光阑和 546.0nm 的滤光片换上,重复以上两步。

(3)测普朗克常数。

1)将电压选择按键置于-2～+2V 挡;将"电流量程"选择开关置于 10^{-13} A 挡,将测试仪电流输入电缆断开,调零后重新接上;将直径 4mm 的光阑及 365.0nm 的滤色片装在光电管暗箱光输入口上。

2)从低到高调节电压,用"零电流法"测量该波长对应的 U_S,并将数据记于表 4-35 中。

(4)用线性回归理论计算 $U_S - \nu$ 直线的斜率 K,公式为

$$K = \frac{\bar{\nu}\,\overline{U_S} - \overline{\nu U_S}}{\bar{\nu}^2 - \overline{\nu^2}} \quad (4\text{-}132)$$

其中,$\bar{\nu} = \frac{1}{n}\sum_{i=1}^{n} \nu_i$,$\overline{\nu^2} = \frac{1}{n}\sum_{i=1}^{n} \nu_i^2$,$\overline{U_S} = \frac{1}{n}\sum_{i=1}^{n} U_{Si}$,$\overline{\nu U_S} = \frac{1}{n}\sum_{i=1}^{n} \nu_i U_{Si}$。求出斜率 K 后,可用 $h=eK$ 求出普朗克常数,并与 h 的公认值 h_0 比较求出百分差 $\delta = \dfrac{h - h_0}{h_0}$,式中 $e = 1.602 \times 10^{-19}$C,$h_0 = 6.626 \times 10^{-34}$J·S。

表 4-34　　　　　　　　　　　光电管伏安特性数据记录表格

滤光片波长 435.8nm 直径 2mm	电压 U_{AK}(V)							
	光电流 $I(\times 10^{-11}$A)							
滤光片波长 546.1nm 直径 4mm	电压 U_{AK}(V)							
	光电流 $I(\times 10^{-11}$A)							

表 4-35 普朗克常数测量数据记录表格

波长 λ（nm）	365.0	404.7	435.8	546.1	578.0
频率 ν（$\times 10^{14}$Hz）	8.216	7.410	6.882	5.492	5.196
截止电压 U_S（V）					

五、注意事项

（1）汞灯关闭后，不要立即开启电源。必须待灯丝冷却后再开启，否则会影响汞灯寿命，甚至烧毁。

（2）光电管应保持清洁，避免用手摸，而且应放置在遮光罩内，不用时要切断施加在光电管阳极与阴极间的电压，保护光电管，防止外面的光线照射。

（3）滤光片要保持清洁，禁止用手摸光学面。

六、思考题

（1）微电流测量仪电流调零的时候，应该注意的问题是什么？

（2）在作光电管伏安特性曲线的时候，其截止电压应该怎么调，调的时候应该注意的问题有哪些？

（3）计算普朗克常量的时候为什么不用作图法？可否用作图法计算普朗克常量？

实验41　全息照相

全息照相原理是 1948 年由英国的伽伯（D.Gabir）提出的。直至 1960 年激光器问世后，全息照相才受到人们的重视并迅速发展起来。目前全息照相技术应用领域日益扩大，在信息处理、精密测量、无损检测、遥感技术和生物医学等方面都得到了广泛的应用。

一、实验目的

（1）了解全息照相的记录及再现原理。

（2）学习全息照相的基本技术。

二、实验原理

全息照相与普通照相的根本区别在于，普通照相只是记录从物体表面反射出的光或本身发出的光的强弱（即振幅的大小）分布，故得到的像是平面像。全息照相不仅能记录物体反射光或自身发光的强弱分布，同时还记录光位相的分布，即记录了物光的全部信息，再现后得到的是物体的立体像。全息照相分为两个过程：记录过程和再现过程。

（1）记录过程。如图 4-140 所示，用相干光照射物体，从物体反射的光波投射到全息干板上，同时用另一束相干光作参考光也投射到全息干板上，于是两束光的干涉条纹被记录下来。经过显影定影处理就得到全息照片。

（2）再现过程。从记录过程可知，全息干板上记录的是干涉条纹，所以看不到物体的形象，要看到物体的像必须将全息干板放回原照相位置，并让参考光以同样的角度照射干板，如图 4-141 所示，则在干板的另一侧就会看到物体的立体像。

下面以点物为例，介绍一下记录过程和再现过程的原理。

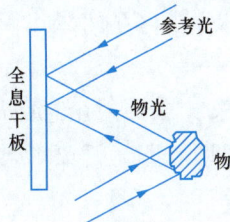

图 4-140　全息照相的记录

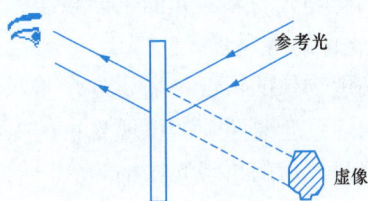

图 4-141　全息照相的再现

1. 全息照相的记录过程

如图 4-142（a）所示，HH' 为一全息干板，垂直纸面放置，P 为物点。为简单起见设 P 距 HH' 的距离大于 HH' 的限度，以至于 HH' 对 P 所张开的立体角很小，认为从 P 点发出的光波到达 HH' 上任一小区域 SS' 都可以简化为一平面波处理。参考光 R 垂直射到干板上。

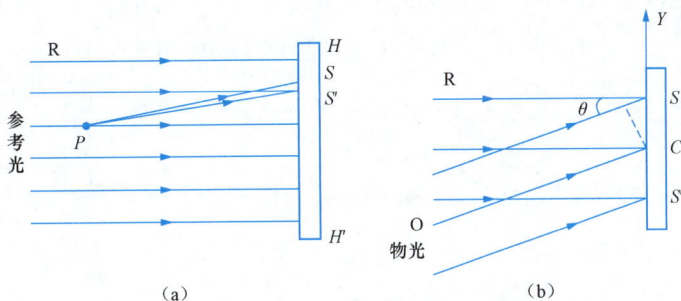

（a）　　　　　　　　　　　（b）

图 4-142　记录过程原理图

如图 4-142（b）所示，在干板上取 C 作原点，作出 X 轴、Y 轴。X 轴垂直纸面，P 点的物光的一部分以 θ 角投射到干板上，如通过原点物光 O 在原点 C 处的初位相为 ϕ_0，则物光在干板 SS' 小区域上 Y 处的振动方程为

$$E_0 = A_0 \cos\left(\omega t + \phi_0 - \frac{2\pi y \sin\theta}{\lambda}\right)$$

如参考光照到干板上各点的初位相为 ϕ_R，则参考光在干板上任何点上的振动方程为

$$E_R = A_R \cos(\omega t + \phi_R)$$

式中，A_0、A_R 分别为物光及参考光的振幅，ω 为圆频率，λ 为波长。由于物光和参考光的相干叠加，因而在 SS' 小区域内某点合成振动振幅平方为

$$A^2(x,y) = A_0^2 + A_R^2 + 2A_0 A_R \cos(\Delta\phi)$$

$\Delta\phi$ 为物光和参考光在干板上小区域 SS' 内任一点的位相差，公式为

$$\Delta\phi = \phi_0 - \phi_R - \frac{2\pi y \sin\theta}{\lambda}$$

如果 θ 一定，$\Delta\phi$ 只随 Y 而变。因而干涉条纹是随 Y 而变的平行于 X 轴的直条纹。条纹的间距 $\Delta = y_{k+1} - y_k = \dfrac{\lambda}{\sin\theta}$。由此可见，干涉条纹的疏密与物光的入射角 θ 有关。这就是说干涉条纹的疏密分布情况反映了物光位相的分布情况。而干涉条纹的强度分布反映了物光的振幅

分布，因此物光与参考光的干涉条纹就记录了物光的振幅和位相的全部信息。

2. 物像的再现过程

要实现物像的再现，需要一个与原参考光相同的再现光束 E' 去照射全息照片。

设未通过全息照片的再现光束的振幅为 $A'_R(x, y)$，全息照片的振幅透过率为 $\tau(x, y)$，则透过全息片后的再现光振幅为

$$A_R(x,y) = A'_R(x,y)\tau(x,y)$$

式中，$\tau(x,y) = 1 - D(x,y)$，D 为底片上某点的黑度，$D=\gamma E$，γ 为一常数，与底片感光特性及显影有关；E 为曝光量 $E = A^2 t$，t 为曝光时间，于是有

$$\tau = 1 - \gamma\, t(A_0^2 + A_R^2 - 2A_0 A_R \cos\Delta\phi)$$

透过全息照片后，在全息照片上该小区域内各处的振动方程为

$$V(x,y) = A_R(x,y)\cos(\omega t + \phi'_R)$$

ϕ'_R 为再现光透过全息底片后在全息底片上小区域内各处的位相。经过运算得

$$V(x,y) = [1 - \gamma\, t(A_0^2 + A_R^2)]A'_R(x,y)\cos(\omega t + \phi'_R)$$

$$-\gamma\, t A'_R(x,y) A_R A_0 \cos\left(\omega t + \phi'_R - \phi_0 - \phi_R - \frac{2\pi y \sin\theta}{\lambda}\right)$$

$$-\gamma\, t A'_R(x,y) A_R A_0 \cos\left(\omega t + \phi'_R - \phi_0 + \phi_R + \frac{2\pi y \sin\theta}{\lambda}\right) \quad (4\text{-}133)$$

分析式（4-133）：

第一项显而易见，为振幅改变了的再现光。

第二项为振幅改变了的物光，如再现光即为原参考光，即 $A_R = A'_R$，ϕ'_R 与 ϕ_R 相等，则此项为

$$-\gamma\, t A_R^2 A_0 \cos\left(\omega t - \phi_0 - \frac{2\pi y \sin\theta}{\lambda}\right)$$

第三项为振幅改变了的物光的共轭光。同样可化为

$$-\gamma\, t A_R^2 A_0 \cos\left(\omega t + 2\phi_R - \phi_0 + \frac{2\pi y \sin\theta}{\lambda}\right)$$

这三项说明，再现光经过底片后，在底面的每一处都衍射为三个衍射波。第一项为零级，第二项为+1 级，第三项为–1 级。+1、–1 级的衍射角为 ±θ，如图 4-143 所示。由于全息底片各处的透过率非常不均匀，因此它相当于一块非常复杂的透射光栅，当再现光照到全息图后，就要发生衍射。

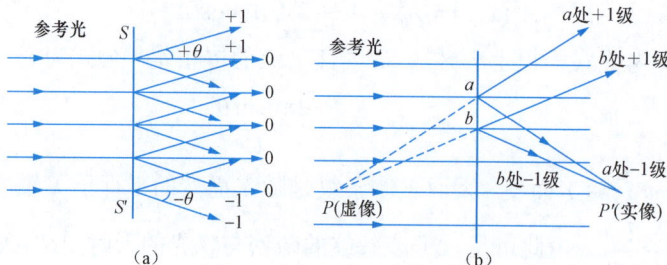

图 4-143　再现过程原理图

当+1 级衍射光波被人眼所接受时，就能观察到与原物一样的虚像；当−1 级衍射光波被屏所接收时，就能在屏上现出原物的实像，该像通常都有些畸变。

三、实验仪器

实验仪器包括全息隔震台、He-Ne 激光器、快门及定时器、分束镜、扩束镜、反射镜、记录干板、显影定影设备、光强计及米尺等。

四、实验内容

全息照相是用干涉的方法，借助于参考光的作用，记录下物光波前的振幅和位相，因而参考光束与物光光束必须是好的相干光。同时由于通常物光与参考光经由不同路径到达感光底片，往往光程较大，这就要求光源有较长的相干长度，这是保证照相有足够景深所必需的。光源的相干长度定义为

$$L = \frac{\lambda^2}{\Delta\lambda}$$

本实验采用 He-Ne 激光器，He-Ne 激光的波长为 632.8nm，$\Delta\lambda \approx 0.002$nm，其相干长度约为 20cm，为了保证物光与参考光发生干涉，两束光的光程差应小于相干长度 L。实验时应尽可能保持两光路的光程相等。

一张全息照片就是一组精细的干涉条纹，极小的振动和位移都可以使干涉条纹变模糊，甚至根本无法记录。设物光与参考光夹角为 θ，则干涉条纹的间距为 $d = \lambda / \sin\theta$。对于 $\lambda = 632.8$nm 和 $\theta = 30°$，则 $d \approx 10^{-3}$mm，这样在曝光过程中，应控制由于各种原因引起条纹移动且振动应不大于 10^{-4}mm 量级。因而所有的光学元件均置于钢板面的隔振台上。光路布置完后，所有的光学元件以磁力座紧固。曝光过程中应避免走动、高声说话等可能引起空气扰动的动作。

普通底板的银盐颗粒较大，底板的分辨率为 50～100 线/mm，不能用来记录全息照相中极细的干涉条纹。全息照相中必须使用特制的银盐颗粒极细的高分辨率底板，分辨率约达到 3000 线／mm（如国产天津Ⅰ型全息干板）。

为了得到质量较高的全息图片，还应正确选择物光与参考光在全息底板处的照度比和曝光时间，以使全息底片在其感光工作曲线的直线部分曝光，通常参考光与物光强度比为 2:1～5:1。

曝光后的全息底片需要经过显影、定影等处理。整个处理过程应避免产生乳胶膜的明显变形和不均匀收缩。具体实验内容包括拍静物的全息照片和观察全息照片的再现像。

1. 拍静物的全息照片

（1）打开激光器，设计和安排光路（可参考图 4-144）。光路布置应满足以下要求：

1）物光和参考光的光程大致相等。

2）放入扩束镜 L_1、L_2 使照到被摄物的光束扩展到一定程度，以保证被照物各部分光照均匀。被扩束的参考光直接射到底片上。

3）关闭照明灯（可开暗绿色的安全灯），用

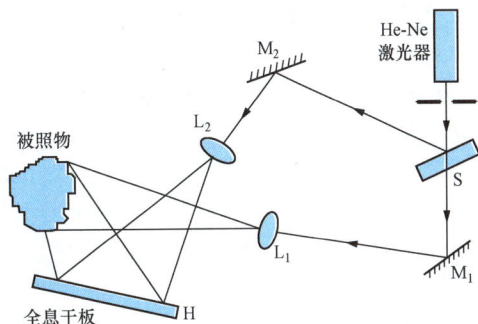

图 4-144　静物全息照相光路图

光电池光强计分别测量底片处物光和参考光的强度，检查是否符合要求，然后根据总光强确

定曝光时间（由实验室给出参考值）。

（2）关闭快门挡住激光束，将底片装在底片夹上，乳胶面面向射来的物光和参考光，然后静置数分钟后进行曝光。

（3）显影用 D-19，定影用 F-5。处理过程与普通感光板相同。仍可在暗绿灯下操作。经水洗、甩干、吹干，即可准备再现观察。

2. 观察全息照片的再现像

（1）观察虚像。再现光与底片的相对方向与原来拍摄时一样，这时用眼睛透过底片可观察到与原物一样的逼真的虚像，移动小孔在全息照片的不同位置继续观察。记下观察的结果。

（2）观察实像。可用未经扩散的再现光，沿拍摄方向，投向全息底片上，即可在虚像的共轭位置上用毛玻璃接收到实像。

五、思考题

（1）感光底片对光波的相位是否敏感？是否能直接记录？全息照相是如何记录物光位相的？

（2）将全息底片打碎，为何每一碎片仍可再现物体的全貌？

实验 42　热机效率综合测试实验

一、实验目的

（1）验证热机的实际效率和卡诺效率是运行温度的函数。

（2）测量热机的实际效率和卡诺效率。

（3）测量热泵的制冷系数。

二、实验原理

1. 热机

热机是利用一个高温热源和一个低温热源的温差来做功。对于热效率实验仪，热机是利用电流通过一个负载电阻来做功，做功最终产生的热量，被负载电阻所消耗(焦耳热)。

热机原理如图 4-145 所示，根据能量守恒定律(热力学第一定律)得出

$$Q_H = W + Q_C$$

即输入热机的热量等于热机所做的功加上向低温热源的排热量。

热机的实际效率定义为 $e = \dfrac{W}{Q_H}$，如果把所有的热量输入转换成有用功，热机的效率就会为 1，因此热机的效率总是小于 1 的。

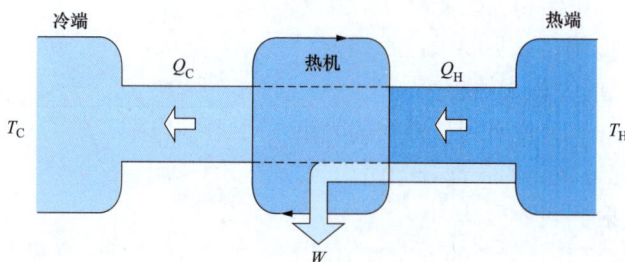

图 4-145　热机工作原理图

用热机效率仪测量热量转化率，测量的是功率而不是能量。由式 $P_H = dQ_H / dt$ ， $Q_H = W + Q_C$ 得出 $P_H = P_W + P_C$ ，热机的实际效率公式可表达为 $e_{actual} = \dfrac{P_W}{P_H}$ 。对于本实验中使用的热效率实验仪 $P_W = \dfrac{V_W{}^2}{R}$ ， $P_H = I_H V_H$ 。

卡诺指出，热机的最大效率仅与热源的温度有关，而与热机的型号无关。

卡诺效率
$$e_{carnot} = \frac{T_H - T_C}{T_H} \tag{4-134}$$

式（4-134）中的温度为开尔文温度。效率能够达到100%的只是运作在 T_H 和绝对零度之间的热机。假设没有由于摩擦、热传导，热辐射以及装置内部电阻的焦耳热量而引起的能量损失，卡诺效率是对于给定的两个温度效率最高的热机。

利用热效率实验仪，可以将损失的能量添加回功率 P_W 和 P_H ，最终的调整效率接近卡诺效率。计算调整效率时，需要考虑热机的两种运行状态，即正常工作时的闭路态与不工作时的开路态，开路态可以用来测量热源的热散失。热机的实际做功为 $P_W' = P_W + I_w{}^2 r = \dfrac{V_W{}^2}{R} + \left(\dfrac{V_W}{R}\right)^2 r$ ，其中 $r = \dfrac{V_S V_W}{V_W} \cdot R$ ，而原来的 $P_W = \dfrac{V_W{}^2}{R}$ 只是有用功。因为 $P_{H(开路)}$ 为在任何情况下都存在的热散失，所以高温热源实际提供的热量为 $P_H' = P_H - P_{H(开路)}$ 。这样热效率实验仪作为热机使用时，其调整效率 $e_{adjusted} = \dfrac{P_W'}{P_H'} = \dfrac{P_W + I_w{}^2 r}{P_H - P_{H(开路)}}$ 。

2. 热泵（制冷机）

热泵是热机的逆向运行，原理如图 4-146 所示。热泵工作时，是将热量从低温热源抽到高温热源，就像一台冰箱将热量从冷藏室抽到温室，或者像冬天里将热量从寒冷的户外抽到温暖的室内。图 4-146 中的热量箭头相比图 4-145 中的是逆向的，满足能量守恒 $Q_C+W=Q$ 或者功率守恒 $P_C+P_W=P_H$ 。

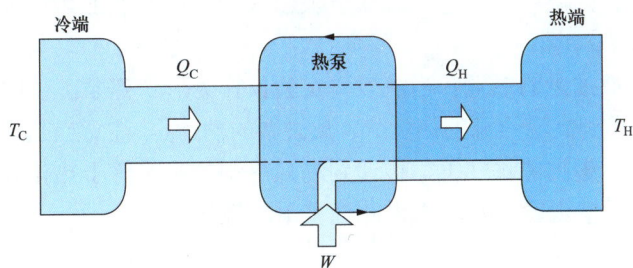

图 4-146　热泵工作原理图

实际制冷系数是从低温热源抽出的热量 P_C 与消耗的功率 P_W 之比。

$$COP_{actual} = \frac{P_C}{P_W} = \frac{P_H - P_W}{P_W} = \frac{P_H - I_w V_w}{I_w V_w}$$

制冷系数总是大于 1 的。

热泵的最大制冷系数只取决于热源的温度

$$COP_{max} = \frac{T_C}{T_H - T_C}$$

这里的温度是开尔文温度。

如果所有的损失都是摩擦、热传导、热辐射和焦耳加热导致的，实际的制冷系数是可以调整的，调整后的制冷系数接近最大制冷系数。调整制冷系数 $COP_{adjusted} = \dfrac{P_H - I_W V_W}{I_W V_W - I_W^2 r}$。

三、实验仪器

仪器由热效率实验仪和工作电源构成。

1．能够通过热效率实验仪直接测量的量有三个：温度、传递到热机的功率和负载电阻所消耗的功率。

（1）温度。冷、热源的温度由仪器面板直接显示出来。

（2）高温热源的功率（P_H）。高温热源是利用电流通过电阻使其保持在一个恒定的温度，由于电阻随温度变化，所以必须测量电流和电压来获得输入功率，$P_H = I_H V_H$。

（3）负载电阻消耗的功率（P_W）。负载电阻随温度的变化不明显，消耗的功率通过测量已知负载电阻的电压求得：

$$P_W = \frac{V^2}{R}$$

当热效率实验仪作为一个热泵而不是一个热机来操作时，不能使用负载电阻。外加电源可显示电流和电压，输入功率可用公式 $P_W = I_W V_W$ 计算得出。

2．间接测量的量有：热机的内阻、导热和辐射的热量和从低温热源抽走的热量。

（1）内阻。内阻计算公式为

$$r = \frac{V_S - V_W}{V_W} \cdot R$$

（2）热传导和热辐射。高温热源的热量一部分被热机所利用做功，而其他部分从高温热源辐射掉，或通过热机传到冷端。假设热辐射与热传导在工作与不工作时一样，即没有负载时，高温热源保持在相同温度下，通过加热电阻输入到高温热源的热量等于从高温热源中辐射和传导的能量，即 $P_{H（开路）}$。

（3）从低温热源被抽走的热量。当热效率实验仪作为一个热泵工作时，从低温热源被抽出的热量 P_C 等于传递到高温热源的热量 P_H 减去做的功 P_W。注意当热泵工作时，如果高温热源的温度保持不变，根据能量守恒，传递到高温热源的热量等于热传导和辐射的热量。可以通过测量无负载时的热源输入功率求得此温差下的散热。

四、实验内容

1．确定热机的实际效率和卡诺效率是运行温度的函数

（1）打开热效率实验仪电源开关，仪器自动制冷。按图 4-147 示意，在热效率实验仪右端接线柱上接上工作电源，调节电压，使热端温度达到实验要求。注意：不应在超过 75℃ 时连续运行 5min 以上。

（2）任选下方一个负载电阻，用导线插接。

（3）将工作电源电压调至 4.00V，等待冷端与热端平衡（约 5～10min）。

（4）测量热端温度 T_H、电压 V_H、电流 I_H 以及冷端温度 T_C 和加在负载上的电压 V_W。

（5）重复内容（3）和（4），电源电压从 4.00V 调至 14.00V，每次增加 2.00V，将 6 组数据记录在表 4-36 中。

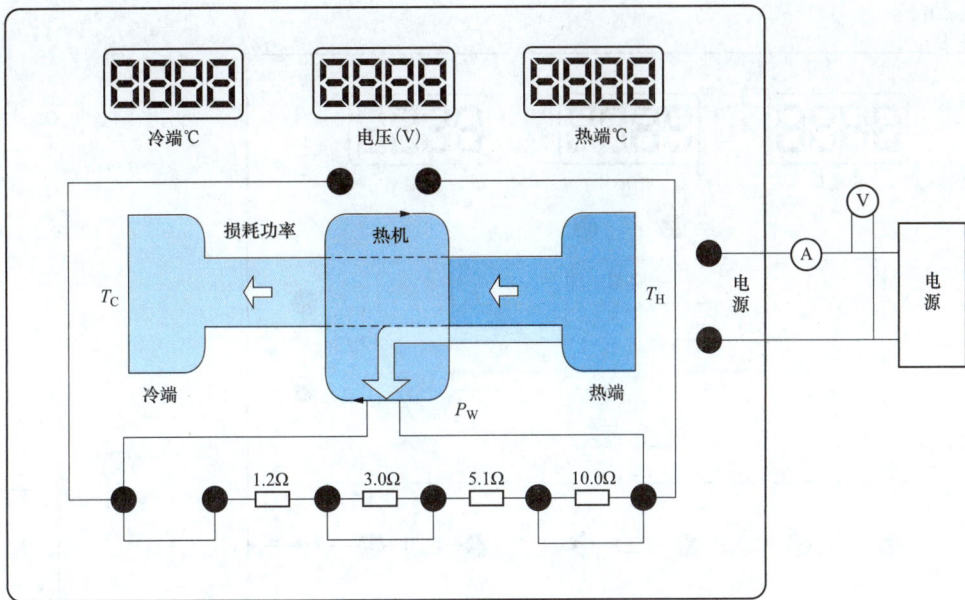

图 4-147　测量热机效率接线图

表 4-36　　　　　　　　　　　　　　热机效率与温度数据

序号	R（Ω）	T_H（K）	T_C（K）	ΔT（K）	V_H（V）	I_H（A）	V_W（V）	P_H（W）	P_W（W）	e_{actual}	e_{carnot}
1											
2											
3											
4											
5											
6											

注　1. $P_W = \dfrac{V^2}{R}$，$P_H = I_H V_H$。

2. 实际效率 $e_{actual} = \dfrac{P_W}{P_H}$，卡诺效率 $e_{carnot} = \dfrac{T_H - T_C}{T_H}$。

2. 确定热机的实际效率和卡诺效率

（1）闭路态。操作同实验内容 1。可在实验内容 1 的 6 组数据中任选一组使用；

（2）开路态

1）断开负载电阻。

2）降低热源电压，使其在原温度平衡，将 T_H、T_C、V_H、I_H、V_S 记录在表 4-37 中，再将计算数据及结果填在表 4-38 中。

3. 测量热泵的制冷效率

（1）按图 4-148 在热效率实验仪上连接电源，输入功率恒定，工作制冷，待热源平衡；

（2）测出输入功率 $P_w = I_w V_w$ 及冷、热源温度 T_H、T_C；

（3）使热效率实验仪处于开路状态，调节高温热源的加热电压，至前一热源温度，测出散热量 P_H。

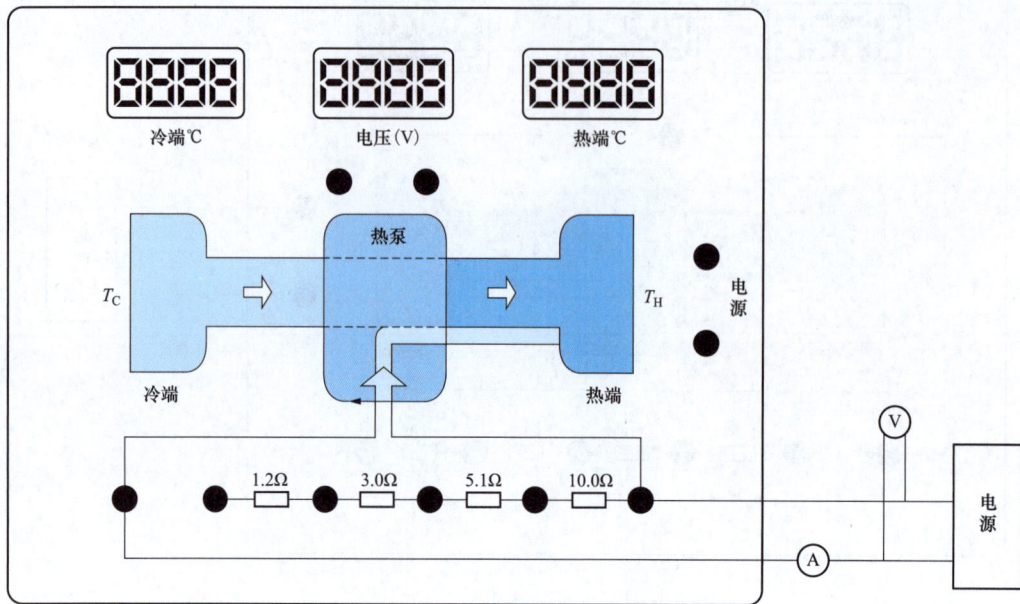

图 4-148　测量热泵制冷效率接线图

表 4-37　　　　　　　　　　　　　　热机效率比较数据

项目	R（Ω）	T_H（K）	T_C（K）	ΔT（K）	V_H（V）	I_H（A）	V_W（V）	V_s（V）
闭路态								----------
开路态							----------	

表 4-38　　　　　　　　　　　　　　由表 4-37 数据计算出的结果

P_H（W）	P_W（W）	I_W（A）	r（Ω）	e_{actual}	e_{carnot}	$e_{adjusted}$	$D\%$

注　1. 实际效率：$e_{actuot} = \dfrac{P_W}{P_H}$，$P_W = \dfrac{V_W^2}{R}$，$P_H = I_H V_H$。

2. 卡诺效率：$e_{carnot} = \dfrac{T_H - T_C}{T_H}$。

3. 调整效率：$e_{adjusted} = \dfrac{P'_W}{P'_H} = \dfrac{P_W + I_W^2 r}{P_H - P_{H(开路)}}$，实际做功 $P'_W = P_W + I_W^2 r = \dfrac{V_W^2}{R} + \left(\dfrac{V_W}{R}\right)^2 r$，其中 $r = \dfrac{V_s - V_W}{V_W} \cdot R$，高温热源实际提供的热量为 $P'_H = P_H - P_{H(开路)}$。

4. 调整后百分误差 $D\% = \dfrac{e_{carnot} - e_{adjuxted}}{e_{carnot}} \times 100\%$。

（4）将计算数据及结果填在表 4-39 中。

表 4-39　　　　　　　　　　　　热 泵 数 据 表

T_H（K）	T_C（K）	ΔT（K）	V_H（V）	I_H（A）	V_W（V）	I_W（A）

P_H（W）	P_W（W）	COP_{actual}	COP_{max}	$COP_{adjusted}$	$D\%$	—
						—

注 1. 实际制冷系数 $COP_{actual} = \dfrac{P_C}{P_W} = \dfrac{P_H - P_W}{P_W} = \dfrac{P_H - I_W V_W}{I_W V_W}$。

2. 最大制冷系数 $COP_{max} = \dfrac{T_C}{T_H - T_C}$。

3. 调整制冷系数 $COP_{adjusted} = \dfrac{P_H - I_W V_W}{I_W V_W - I_W{}^2 r}$。

实验 43　毕–萨实验仪测磁场

一、实验目的

（1）测定直导体和圆形导体环路激发的磁感应强度与导体电流的关系。

（2）测定直导体激发的磁感应强度与距导体轴线距离的关系。

（3）测定圆形导体环路激发的磁感应强度与环路半径以及与环路距离的关系。

二、实验原理

毕奥-萨伐尔定律是讨论磁场性质和计算任意载流体系磁场的基础。由于毕奥-萨伐尔定律中表述的电流元不可能单独存在，所以毕奥-萨伐尔定律不可能用直接的实验方法进行验证。但由它计算得出的各种载流体系的磁场都与测量结果相符，从而使该定律得到了间接的证明。

根据毕奥-萨伐尔定律，导体所载电流强度为 I 时，在空间 P 点处，由导体线元产生的磁感应强度 B 为：

$$\mathrm{d}\boldsymbol{B} = \frac{\mu_0}{4\pi} \cdot \frac{I}{r^2} \cdot \mathrm{d}\boldsymbol{s} \times \frac{\boldsymbol{r}}{r} \tag{4-135}$$

$\mu_0 = 4\pi \cdot 10^{-7} \dfrac{W_b}{A \cdot m}$ 真空磁导率。

其中线元长度、方向由矢量 $\mathrm{d}\boldsymbol{s}$ 表示；从线元到空间 P 点的方向矢量由 $\boldsymbol{r}$ 表示。

计算总磁感应强度意味着积分运算。只有当导体具有确定的几何形状，才能得到相应的解析解。一根无限长导体，在距轴线 r 的空间产生的磁场大小为

$$B = \frac{\mu_0}{4\pi} \cdot I \cdot \frac{2}{r} \tag{4-136}$$

其磁力线为同轴圆柱状分布。

半径为 R 的圆形导体回路在沿圆环轴线距圆心 x 处产生的磁场大小为

$$B = \frac{\mu_0}{4\pi} \cdot I \cdot 2\pi \cdot \frac{R^2}{(R^2 + x^2)^{\frac{3}{2}}} \tag{4-137}$$

其磁力线平行于轴线。

三、实验仪器

毕萨-实验仪包括，恒流源，毕-萨实验仪，待测圆环，待测直导线，黑色铝合金槽式导轨及支架等。

（1）恒流源。恒流源的操作面板如图 4-149 所示，在没有负载的情况下将电压表示数调到 2V 以下。关闭电源接上负载，保持电压旋钮位置不变，正常调节电流旋钮。

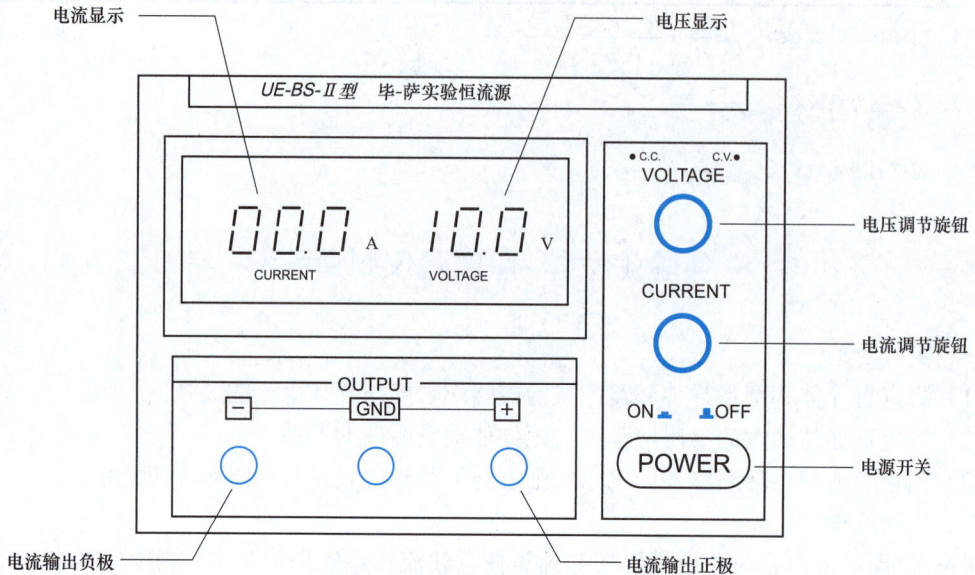

图 4-149　恒流源的操作面板

（2）毕-萨实验仪。毕-萨实验仪操作面板如图 4-150 所示，将电源开关按键按下，显示屏会显示磁场大小。水平方向和竖直方向磁场的显示切换可通过按方向切换按键实现。

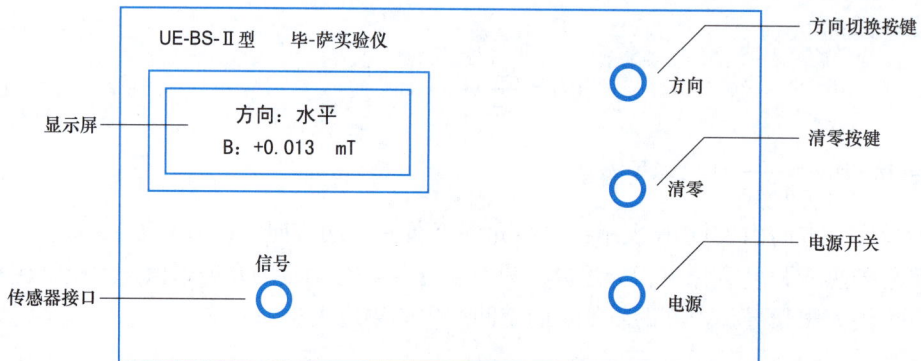

图 4-150　毕-萨实验仪操作面板

（3）传感器被封装在探测杆内部，如图 4-151 所示，探测点 C_1 在距离探测杆最前端 3.7mm 的黑点处，测量时黑点必须朝上放置。

四、实验内容

1. 长直导体激发的磁场

（1）长直导体激发的磁场 B 与电流 I 的关系。

1）将直导线插到支座上，然后接至恒流源；

2）将磁感应强度探测器与毕-萨实验仪连接，方向切换为垂直方向，并调零；

3）将磁感应强度探测器与直导体中心对准；

4）向探测器方向移动直导体，尽可能使其接近探测器，此时探测器与直导线轴线的距离为 5.2mm；

5）从 0 开始逐渐增加电流强度 I，每次增加 1A，记录磁感应强度 B 的值，直至 $I=8A$。

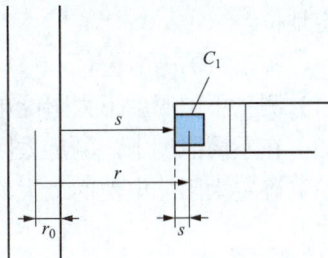

图 4-151　探测点与直导体轴线距离示意图

（2）长直导体激发的磁场 B 与距离 r 的关系。令 $I=8A$，逐步向右移动磁感应强度探测器，每次移动 2mm，测量磁感应强度 B 的值，直至 $r=55.2mm$。

2. 圆形导体环路激发的磁场

（1）圆形导体环路激发的磁场 B 与电流 I 的关系。

1）将支座上的直导体换为 $R=40mm$ 的圆环导体；

2）将磁感应强度探测器方向切换为水平方向，并调零；

3）调节磁感应强度探测器的位置至导体环中心；

4）从 0 开始逐渐增加电流强度 I，每次增加 1A，记录磁感应强度 B 的值，直至 $I=8A$。

（2）圆形导体环路激发的磁场 B 与坐标 x 的关系。令 $I=8A$，将磁感应强度探测器从 $x=-10cm$ 开始逐步向右移动，每次移动 1cm，测量磁感应强度 B 的值，直至 $x=10cm$。

（3）不同半径的圆形导体环路激发的磁场 B 与坐标 x 的关系。将 40mm 导体环替换为 80mm 及 120mm 导体环，分别按上一步的操作方法测量磁感应强度 B 与坐标 x 的关系。

注 意

（1）电流调节旋钮逆时针调到最小后再开关电源。

（2）磁场探测器的导线请勿用力拽。

（3）最大电流最好不要超过 8A。

（4）禁止带电插拔待测导体。

实验 44　太阳能电池特性测量及应用

太阳能电池也称为光伏电池，是将太阳光辐射能直接转换为电能的器件。由这种器件封装成太阳电池组件，再按需要将一块以上的组件组合成一定功率的太阳电池方阵，经与储能装置、测量控制装置及直流-交流变换装置等相配套，即构成太阳电池发电系统，也称为光伏发电系统。它具有不消耗常规能源、寿命长、维护简单、使用方便、功率大小可任意组合、无噪声、无污染等优点。目前，太阳电池已成为空间卫星的基本电源和地面无电、少电地区及某些特殊领域(通信设备、气象台站、航标灯等）的重要电源。随着太阳电池制造成本的不断降低，太阳能光伏发电将逐步地部分替代常规发电。有专家预言，在 21 世纪中叶，太阳能光伏发电将占世界总发电量的 15%～20%，成为人类的基础能源之一，在世界能源构成中占有一定地位。

一、实验目的

（1）测量不同照度下太阳能电池的伏安特性、开路电压 U_0 和短路电流 I_s。

（2）在不同照度下，测定太阳能电池的输出功率 P 和负载电阻 R 的函数关系。

（3）确定太阳能电池的最大输出功率 P_{max} 以及相应的负载电阻 R_{max} 和填充因数 F。

二、实验原理

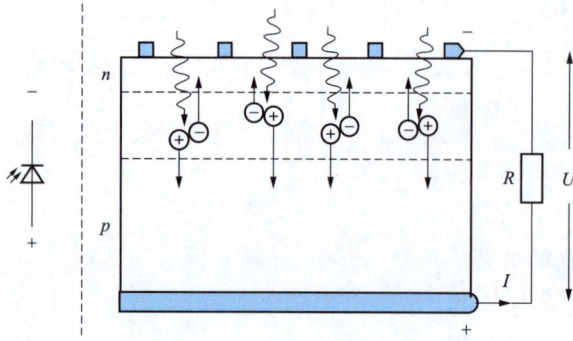

图 4-152 太阳能电池的工作原理

当光照射在距太阳能电池表面很近的 pn 结时，只要入射光子的能量大于半导体材料的禁带宽度 Eg，光子就会被吸收并产生电子-空穴对，如图 4-152 所示。那些在 pn 结附近 n 区中产生的少数载流子由于存在浓度梯度而要扩散。只要少数载流子离 pn 结的距离小于它的扩散长度，总有一定几率的载流子扩散到结界面处。在 p 区与 n 区交界面的两侧即结区，存在一空间电荷区，也称为耗尽区。在耗尽区中，正负电荷间形成一电场，电场方向由 n 区指向 p 区，这个电场称为内建电场。这些扩散到结界面处的少数载流子（空穴）在内电场的作用下被拉向 p 区。同样，在结附近 p 区中产生的少数载流子（电子）扩散到结界面处，也会被内建电场迅速拉向 n 区。结区内产生的电子-空穴对在内电场的作用下分别移向 n 区和 p 区。这导致在 n 区边界附近有光生电子积累，在 p 区边界附近有光生空穴积累。它们产生一个与 pn 结的内建电场方向相反的光生电场，在 pn 结上产生一个光生电动势，其方向由 p 区指向 n 区。这一现象称为光伏效应。

太阳能电池的工作原理是基于光伏效应的。当光照射太阳电池时，将产生一个由 n 区到 p 区的光生电流 I_s。同时，由于 pn 结二极管的特性，存在正向二极管电流 I，此电流方向从 p 区到 n 区，与光生电流相反。因此，实际获得的电流 I 为两个电流之差

$$I = I_s(\varnothing) - I_D(U) \tag{4-138}$$

如果连接一个负载电阻 R，电流 I 可以被认为是两个电流之差，即取决于辐照度 Φ 的负方向电流 I_s，以及取决于端电压 U 的正方向电流 I_D（U）。由此可以得到太阳能电池伏安特性的典型曲线，如图 4-153 所示。在负载电阻小的情况下，太阳能电池可以看成一个恒流源，因为正向电流 I_D（U）可以被忽略。在负载电阻大的情况下，太阳能电池相当于一个恒压源，因为如果电压变化略有下降那么电流 I_D（U）迅速增加。

当太阳电池的输出端短路时，可以得到短路电流，它等于光生电流 I_s。当太阳电池

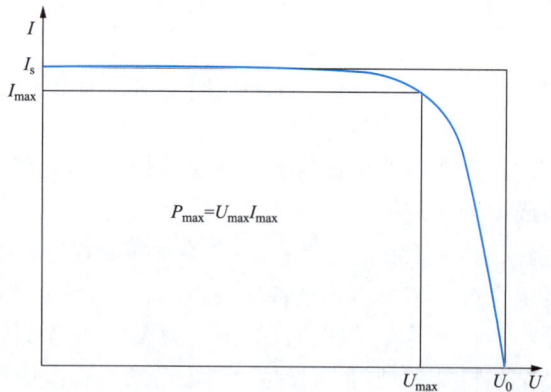

图 4-153 在一定光照条件下太阳能电池的伏安特性

的输出端开路时，可以得到开路电压 U_0。

在固定的光照强度下，光电池的输出功率 P 取决于负载电阻 R。太阳能电池的输出功率

$$P = U \cdot I \tag{4-139}$$

是负载电阻

$$R = \frac{U}{I} \tag{4-140}$$

的函数。

在固定的光照强度下，太阳能电池的输出功率达到最大功率 P_{max} 时，对应的负载电阻为 R_{max}，近似等于太阳能电池的内阻 R_i。

$$R_i = \frac{U_0}{I_s} \tag{4-141}$$

这个最大的功率比开路电压和短路电流的乘积小（见图 4-153），它们之比为

$$F = \frac{P_{max}}{U_0 \cdot I_s} \tag{4-142}$$

F 称为填充因数。

我们经常用几个太阳能电池组合成一个太阳能电池。串联会产生更大的开路电压 U_0，而并联会产生更大的短路电流 I_s。在本实验中，把两个太阳能电池串联，分别记录在 4 个不同的光照强度时电流和电压特性。光照强度通过改变光源的距离和电源的功率来实现。

三、实验仪器

实验仪器包括太阳能电池、插件板、测试仪、光源，可变电阻，应用设计模块等。

四、实验内容

（1）连接电路，准备光源，做测量准备。

1）把太阳能电池插到插件板上，用两个桥接插头把上边的负极和下面的正极连接起来，串联起两个太阳能电池。

2）插上电位器作为一个可变电阻，然后用桥接插头把它连接到太阳能电池上。

3）连接电流表，使它和电池、可变电阻串联。

4）连接电压表使之与电池并联。

5）连接光源与电源，使灯与电池成一线，以使电池均匀受光。

（2）接通电路，将可变电阻器阻值调为最小以实现短路，并改变光源的距离和调节电源输出功率，使短路电流大约为 45mA。

（3）逐步改变负载电阻值，分别读取电流和电压值，记入表 4-40。

（4）断开电路，测量并记录开路电压 U_0。

（5）调节电源功率，分别使短路电流约为 35mA，25mA 和 15mA，并重复上述测量。

（6）根据表 1，用坐标纸绘出 U-I 曲线 P-R 曲线。

（7）计算对应于最大功率的负载电阻值 R_{max}，根据式（4-141）计算内阻值 R_i。

（8）计算填充因数的平均值。

表 4-40　　测量太阳能电池的端电压 U 和通过负载的电流 I（短路电流 I_s 开路电压 U_0）

第一组		第二组		第三组		第四组	
$I_s=$	$U_0=$	$I_s=$	$U_0=$	$I_s=$	$U_0=$	$I_s=$	$U_0=$
I/mA	U/V	I/mA	U/V	I/mA	U/V	I/mA	U/V

注 意

（1）保持光源散热，不要覆盖光源。

（2）开启和关闭光源之前，先把光源电源调节旋钮逆时针调到最小。

（3）不要触摸光源灯罩，以免烫伤。

实验 45　数字称量器的设计与制作

一、实验目的

（1）了解非平衡电桥在传感技术中的应用。

（2）掌握压力传感器压力-电压变换特性。

（3）设计、组装、调试一台数字称量器。

二、实验原理

1. 压力传感器的结构及工作原理

（1）电阻应变片。电阻应变片的结构如图 4-154 所示，是由金属电阻敏感栅、基底、黏合剂、引线、盖片等组成的电阻元件。其电阻值随着它所受机械变形的大小而发生变化。因

为，电阻元件的阻值与其材料的电阻率和几何
尺寸有关。应变片在承受机械变形过程中，其
电阻率、长度和截面都要发生变化，从而导致
其电阻发生变化。因此，如果把电阻应变片紧
密地黏贴在某一机械装置设定的表面上，就能
将机械构件上应力的变化转换为电阻的变化。
敏感栅由直径约 0.01～0.05mm 高电阻系数的
细丝弯曲成栅状，是电阻应变片感受构件应变

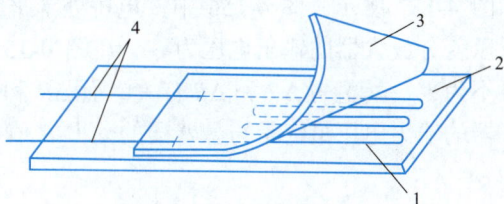

图 4-154　电阻应变片结构示意图
1—电阻敏感栅；2—基底；3—盖片；4—引线

的敏感部分。敏感栅用黏合剂将其固定在基片上。基底应保证将构件上的应变准确地传递到敏
感栅上去。因此基底必须做得很薄，一般为 0.03～0.06mm，使它能与测试件即敏感栅牢固地黏
结在一起，另外它还应有良好的绝缘性、抗潮性和耐热性。基底材料有纸、角胶膜和玻璃纤维
布等。引出线的作用是将敏感栅电阻元件与测量电路相连接，一般由 0.1～0.2mm 低阻镀锡铜
丝制成，并与敏感栅两输出端相焊接，盖片起保护作用。

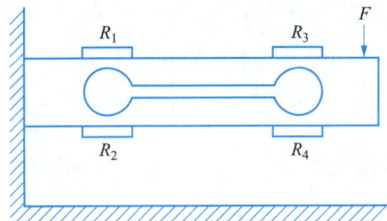

图 4-155　压力传感器机械结构图

（2）压力传感器的机械结构。本实验所用的压力传感
器的机械结构如图 4-155 所示，它是将四片电阻应变片分
别黏贴在悬臂梁 A 的上、下表面适当的位置，悬臂梁的一
端固定，另一端处于自由状态，以便加载外力 F。悬臂梁
受力 F 作用而弯曲，悬臂梁的上表面受拉，电阻片 R_1、R_3
亦受拉伸作用，电阻值增大；悬臂梁的下表面受压，R_2、
R_4 电阻值减小。

（3）压力传感器的电路结构。压力传感器的电路如图 4-156 所示，粘贴在悬臂梁同一表
面的应变电阻元件在电路上应放置在电桥的相对位置。加载时 R_1、R_3 电阻增加，R_2、R_4
电阻减少，从而导致电桥输出对角线 A 点的电位升高，B 点电位下降。所以，电桥输出对
角线 A 点应接到差分放大器的同相输入端，而电桥输出对角线 B 点就应接到放大器的反相输
入端。

（4）压力传感器压力-电压变换特性。图 4-156 所示的变换电路，四个桥臂都采用的是敏
感元器件，变换灵敏度和变换线性度两个方面都很好。电路采用 5V 电源适配器供电，通过一
个外部电阻 R_G 的调节可以实现增益倍数 G 从 1～10000 的变化。通过调节偏置电压 V_{ref} 可以改
变输出偏置电压，其计算公式为

$$V_0 = (V_A - V_B) \times G + V_{ref}$$

$$G = \frac{49.4k\Omega + R_G}{R_G}$$

假设未加载时 R_1、R_2、R_3 和 R_4 的阻值均为 R。加载时，悬臂梁受力 F 作用而弯曲，悬臂
梁的上表面受拉，电阻应变片 R_1、R_3 电阻增大，悬臂梁的下表面受压，电阻应变片 R_2、R_4
电阻减小。加载后：$R_1=R+\Delta R_1$；$R_2=R-\Delta R_2$；$R_3=R+\Delta R_3$；$R_4=R-\Delta R_4$。

由于应变片 R_1 和 R_2 离悬臂梁受力点的横向距离与应变片 R_3 和 R_4 离悬臂梁受力点的横向
距离不一样，加载时它们所处位置的悬臂梁表面的应力状态也不完全一样，所以各桥臂电阻
的变化量稍有不同。假设：$\Delta R_1=\Delta R_2=\Delta R$，$\Delta R_3=\Delta R_4=\Delta R'$，则加载前后电桥的电路参数如图 4-156

和图 4-157 所示。图 4-156 中，电桥处于平衡状态，差分放大电路的电路参数也是对称的，所以差分放大器的输出电压为零。在图 4-157 中，电桥处于非平衡状态，差分放大器输出电压不为零，其值与 ΔR 和 $\Delta R'$ 有关。而 ΔR 和 $\Delta R'$ 的大小又与悬臂梁受力 F 值有关。所以，放大器的输出电压最终是与悬臂梁的受力 F 值有关。

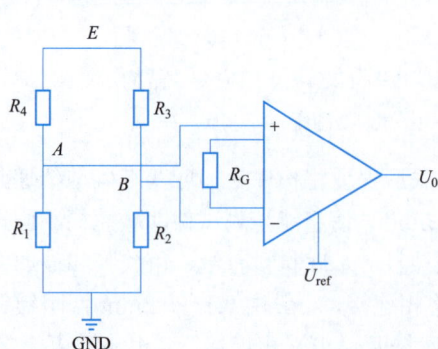

图 4-156　压力传感器电路图　　　　图 4-157　压力传感器加载后的电路参数图

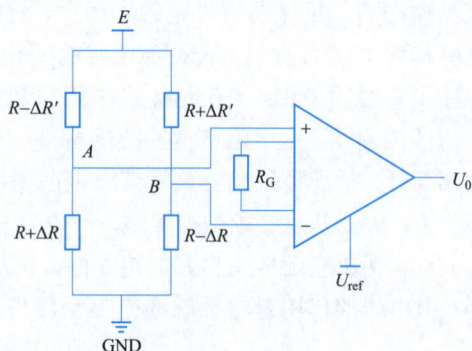

在图 4-157 中

$$U_A=[(R+\Delta R)/(2R+\Delta R-\Delta R')]E=(R+\Delta R)E/2R \tag{4-143}$$
$$U_B=[(R-\Delta R)/(2R+\Delta R'-\Delta R)]E=(R-\Delta R)E/2R \tag{4-144}$$

根据线性电路理论中的叠加原理，差分放大器输电压 U_0 可表示为

$$U_0=(U_A-U_B+U_初)G+U_{ref} \tag{4-145}$$

其中 $U_初$ 为初始状态下传感器本身结构或桥臂四个电阻误差产生的输出误差。

G 为 AD620 的增益倍数，计算公式：

$$G=(49.4\text{k}\Omega+R_G)/R_G \tag{4-146}$$

由式（4-143）～式（4-145）可得：

$$U_0=(E\Delta R/R+U_初)G+U_{ref} \tag{4-147}$$

在悬臂梁的弹性形变范围内，（$\Delta R/R$）与托盘内物体质量 M 成正比，即

$$\Delta R/R =(KR/L)M \tag{4-148}$$

将式（4-148）代入式（4-147），可得：

$$U_0= G[(KR/L)ME +U_初]+U_{ref} \tag{4-149}$$

其中 KR 是压力传感器的灵敏度（单位 mV/V），其值只与悬臂梁的材料和电阻应变片本身的性能有关，与放大电路的参数无关。L 为传感器的量程。本实验装置的量程为 1000g，灵敏度 KR 的标称值为 1mV/V，其意义为：当传感器的激励电源为 1V，传感器上被施加满量程大小的力时，产生的电压信号的大小为 1mV。由于本传感器激励电源 E 为 5V，传感器上被施加 1000g 的力时，产生的电压信号的大小为 5mV。

式（4-149）就是电路结构如图 4-157 所示的压力传感器压力—电压变换特性的理论表达式。应该指出的是，由于在悬臂梁同一表面的两个电阻应变片所处横向距离不同，它们的 KR 值也应不完全相同。所以式（4-149）中的 KR 只是表征四个应变片压力—电阻变换的平均值效应。

2. 压力-电阻变换灵敏度 KR 的实验测定

压力传感器电阻应变片的阻值 R 和其机械装置的压力-电阻变换灵敏度 KR 是两个表征压

力传感器性能的重要参数，是设计后续电路的基础。但 KR 值很小，用普通的仪器很难直接测定。利用图 4-157 所示的电路结构，在电路参数已知情况下，测出差分放大电路输出电压 U_0 随质量 M 的线性变化关系后，利用式（4-149）便可间接地算出 KR 值。

三、实验仪器

PEC-DIY 数字称量器由压力传感器、放大模块（见图 4-158）、显示模块（见图 4-159）、砝码、九孔插件板、数字万用表和电源适配器组成。

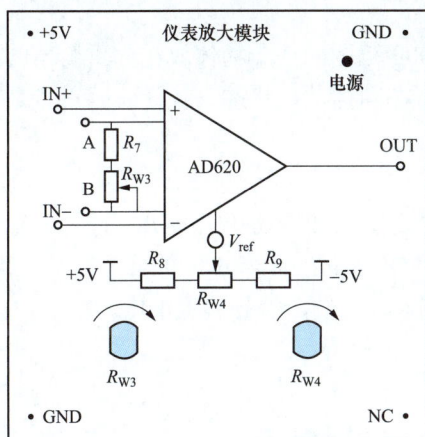

图 4-158　放大模块　　　　　　　图 4-159　显示模块

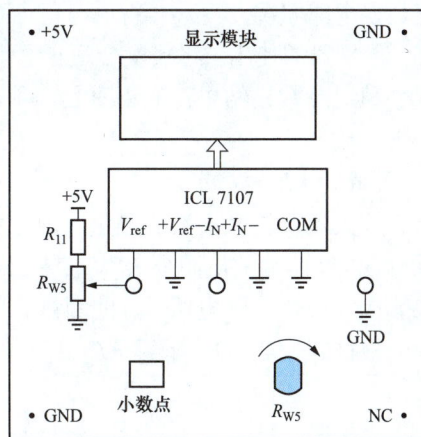

四、实验内容

1. 显示模块的校准

（1）用电源适配器给仪表放大模块和显示模块供电。

（2）将仪表放大模块的 U_{ref} 连接到显示模块的输入端 IN+。

（3）用万用表测量显示模块的输入电压，调节电位器 R_{W4}，使电压值为 1V 左右。

（4）通过旋转 R_{W5} 调节显示模块的基准电压，直到显示的值与万用表的读数一致，并将相应的小数点点亮。

（5）记录输入电压，基准电压。

（6）分析显示数据、输入电压和基准电压的关系。显示模块校准成功后，方可做数字式称量器。

2. 数字式称量器的设计

（1）压力传感器上的电源正负分别连接 5V 电源适配器的正负极，信号的正极连接仪表放大模块的 IN+，负极连接仪表放大模块的 IN−。

（2）零点调节及量程校准。在 $M=0g$ 时，调节输出偏置调节电位器 R_{W4}，使显示模块读数为零；在 $M=1000g$ 时，调节放大倍数调节电位器 R_{W3}，使显示模块的读数为 1.000 或 1000。

（3）重复步骤（2）直至当传感器上没有砝码时显示模块读数为 0.00V，同时在传感器上有 1000g 砝码时，显示模块读数为 1.000 或 1000 为止。

（4）从 0g 开始，每增加 100g，记录一次显示模块电压 U。并把结果记录在表 4-41 内。

表 4-41　　　　　　　　　压力传感器压力-电压变化特性的测量

M（g）	0	100	200	300	400	500	600	700	800	900	1000
U_0（mV）											

（5）最小分辨重量的确定。当显示模块显示数值为 0.001 或 0001 时，加载重量即最小分辨重量。由于砝码最小只有 10g，因此，调整好零点和满量程后，从 $M=10g$ 起逐渐增加砝码，并观察数显电路状况。

（6）称量器的使用。将尺度合适、重量在 0～1000g 范围的任一物体放在称重衡器的托盘上，观察和记录数显结果；取下重物，用砝码加载，在同样数显状态下统计砝码重量是否与数显结果一致。

3. 灵敏度 KR 的测定

（1）放大模块放大倍数的测量。放大倍数通过固定电阻和滑动变阻器 R_{W3} 进行设置，用万用表测量 AB 两端的电阻值 R_G，代入公式 $G=(49.4k\Omega+R_G)/R_G$ 计算 G。

（2）放大模块偏置电压 U_{ref} 的测量。用万用表测量 U_{ref} 端，得到偏置电压。

（3）根据式（4-149）求解 KR。

✦ **注 意**

（1）称重盘上的重物不要超量程。

（2）传感器的激励电源不要超过 5V。

（3）通电前应该检查电源接线和信号接线是否正确。

实验 46　温度报警器的设计与制作

一、实验目的

（1）测定负温度系数热敏电阻的电阻-温度特性，利用直线拟合的数据处理方法，求其材料常数。

（2）学习惠斯登电桥的工作原理及非平衡电桥的应用。

（3）设计温度报警器，掌握温度报警值设置方法。

二、实验原理

热敏电阻工作原理。具有负温度系数的热敏电阻广泛地应用于温度测量和温度控制技术中。这类热敏电阻大多数是由一些过渡金属氧化物（主要有 Mn、Co、Ni、Fe 等元素的氧化物）在一定烧结条件下形成的半导体金属氧化物作为基本材料制作而成，它们具有 P 型半导体的特性。对于一般半导体材料，电阻率随温度变化主要依赖于载流子浓度，而迁移率随温度的变化相对来说可以忽略。但对上述过渡金属氧化物则有所不同，在室温范围内基本上已全部电离，即载流子浓度基本与温度无关，此时主要考虑迁移率与温度的关系，随着温度升高，迁移率增加，所以这类金属氧化物半导体的电阻率下降，其电阻—温度特性的数学表达式通常可以表示为

$$R_t=R_{25}\exp[B_n(1/T-1/298)]　　　　　　（4-150）$$

其中 R_{25} 和 R_t 分别表示环境温度为 25℃ 和 t℃ 时热敏电阻的阻值；$T=273+t$；B_n 为材料常数，其大小随制作热敏电阻时选用的材料和配方而异，对于某一确定的热敏电阻元件，它是一个常数并可由实验测得的电阻—温度曲线求得。

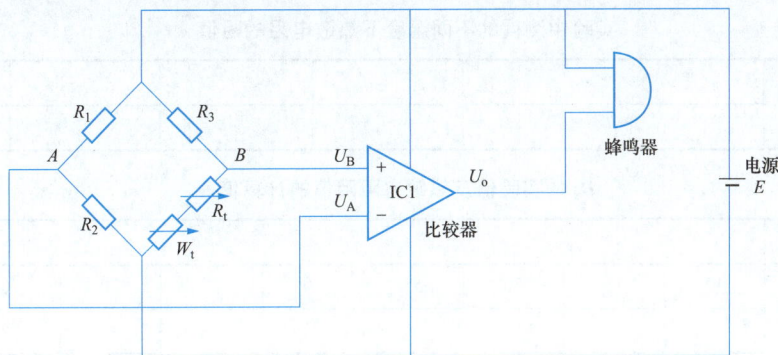

图 4-160　报警电路工作原理

电路结构如图 4-160 所示，由含 R_t 温度传感器的惠斯登电桥、比较器、蜂鸣器、电源组成。R_1、R_2、R_3 阻值相等，构成电桥的三个桥臂，电桥的另一个桥臂由温度传感器 R_t 和电位器 W_t 组成。电路中比较器的输入电压为

$$U_A = \frac{R_1}{R_1+R_2}E, \quad U_A = \frac{R_1+W_t}{R_1+R_2+W_t}E \quad （4-151）$$

由式（4-151）可知 U_A 是固定不变的电压值，U_B 的电压值随温度的变化而变化，温度越高，电压值小。W_t 电位器的作用是设置报警点。当 $U_B>U_A$ 时，比较器输出 U_0 接近电源电压，蜂鸣器两端的电压差不足以使蜂鸣器工作；当 $U_B<U_A$ 时，比较器输出 U_0 接近 0V，蜂鸣器两端的电压差足够大，蜂鸣器正常工作。

三、实验仪器

实验仪器包括九孔插件板、温度传感器、比较器、电阻模块、电位器、蜂鸣器、5V 电源适配器、磁力搅拌加热器、烧杯、水银温度计、数字万用表、磁珠等。

四、实验内容

1. 热敏电阻温度特性的测定

把水银温度计及热敏元件放入盛有水的烧杯中，并用磁力搅拌电加热器加热。室温开始，每隔 10℃ 用数字万用表测量热敏电阻的阻值，直到 80℃ 止，将测得的阻值填写到表 4-42 中。为了使测量结果更为准确，升温过程要缓慢并不断搅拌水。该项测定完成后，采用直线拟合方法处理实验数据，求出式（4-150）所表示的热敏电阻电阻—温度特性中的材料常数 B_n 的实验值。把 B_n 的实验值代入式（4-150），并根据该式计算出室温至 80℃ 范围内不同温度下（从室温开始，每隔 5℃ 选一个计算点）热敏电阻的阻值，填写到表 4-43 中。

2. 温度报警器的设计

（1）用电阻箱代替温度传感器。

（2）用万用表测量 U_A，记录到表 4-44 中。

（3）根据表 4-43 数据，调节电阻箱的阻值使其与 40℃ 下的温度传感器阻值一致，微调电位器 W_t 使电路刚好报警，记录 U_B 和 W_t。

（4）重复步骤（3），每隔 5℃，记录一组实验数据填写到表 4-44 中。

（5）温度报警验证：将变阻箱换成温度传感器，然后将温度传感器放置烧杯中，电位器 W_t 调至 60℃ 对应的阻值。缓慢加热，记录实际的报警温度值。

表 4-42　　　　　　　　　　实验中测得的不同温度下热敏电阻的阻值

温度（℃）						
阻值（kΩ）						

表 4-43　　　　　　　　　　B_n 的实验值及热敏电阻阻值的计算值

B_n 的实验值									
温度（℃）	40	45	50	55	60	65	70	75	80
阻值（kΩ）									

表 4-44　　　　　　　　　　温度报警参数测定表

温度（℃）	40	45	50	55	60	65	70	75	80
W_t（kΩ）									
U_A（V）									
U_B（V）									

注 意

（1）电源电压不要超过 6V。

（2）通电前应该检查电源接线和信号接线是否正确。

实验 47　霍尔效应的应用设计

一、实验目的

（1）掌握霍尔效应原理和应用。

（2）利用霍尔传感器测量转速以及磁感应强度。

（3）进一步学习示波器的使用。

二、实验原理

置于磁场中的载流体，如果电流方向与磁场垂直，则会在垂直于电流和磁场的方向产生一附加的横向电场，这个现象是霍普斯金大学研究生霍尔于 1879 年发现的，后被称为霍尔效应。如今，霍尔效应不但是测定半导体材料电学参数的主要手段，而且利用该效应制成的霍尔器件已广泛应用于非电量电测、自动控制和信息处理等方面。霍尔元件是一种基于霍尔效应的磁传感器。用它们可以检测磁场及其变化，可在各种与磁场有关的场合中使用。霍尔元件具有许多优点，它们的结构牢固，体积小，重量轻，寿命长，安装方便，功耗小，频率高，耐震动，不怕灰尘、油污、水汽及盐雾等的污染或腐蚀。在工业生产要求自动检测和控制的今天，作为敏感元件之一的霍尔器件，将有更广阔的应用前景。

霍尔效应从本质上讲是运动的带电粒子在磁场中受洛伦兹力作用而引起的偏转。当带电粒子（电子或空穴）被束缚在固体材料中，这种偏转就导致在垂直电流和磁场方向上产生正负电荷的积聚，从而形成附加的横向电场。

如图 4-161 所示，把一块长为 a、宽为 b，厚度为 d 的半导体薄片放在磁场中，并且让薄片表面的法线与磁场方向一致。沿片长 3、4 方向通以电流，则在薄片两侧面 1、2 间产生电位差 $U_H=U_1-U_2$，这里的 U_H 称为霍尔电压。这个半导体薄片就称为霍尔片。

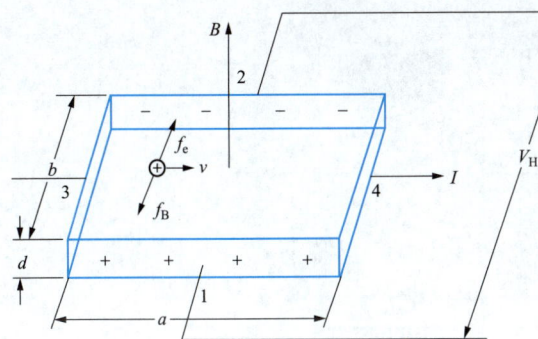

图 4-161　霍尔效应原理图

霍尔电压的出现是由于当电流沿 3、4 方向通过半导体薄片时，薄片内定向移动的载流子（假定是空穴）要受到洛伦兹力 f_B 的作用而偏转。洛伦兹力为

$$f_B = q_v \times B \tag{4-152}$$

式中 q、v 分别是载流子的电量和移动速度，B 为磁感应强度。当 v 与 B 垂直时，则

$$f_B = q_v B \tag{4-153}$$

载流子在 f_B 的作用下发生偏转，结果使电荷在 1、2 两个侧面积聚而形成静电场，这个静电场又给载流子一个与 f_B 方向相反的电场力

$$f_E = qE \tag{4-154}$$

开始时，$f_B > f_E$，电荷可继续在侧面上积累，但随着积累的电荷不断增多，f_E 也逐渐增大，直到载流子受到的电场力与洛伦兹力相等，$f_E = -f_B$ 达到动态平衡。此时 1、2 间形成稳定的霍尔电场 E_H，有

$$f_E = qE_H = q\frac{U_H}{b} \tag{4-155}$$

由于 $f_E = f_B$，把式（4-153）、式（4-154）代入，可得

$$U_H = bvB \tag{4-156}$$

若载流子的浓度（单位体积中的载流子个数）用 n 表示，则电流强度 I 与运动速度 v 的关系为

$$I_s = qnvba \tag{4-157}$$

代入式（4-156）可得

$$U_H = \frac{I_s B}{qnd} = K_H I_s B \tag{4-158}$$

这里 $K_H = \dfrac{1}{qnd}$ 称为霍尔元件的灵敏度，其大小与材料性质（种类、载流子浓度等）及霍尔片的尺寸（厚度）有关。每个霍尔片都有各自的灵敏度，一般需用实验方法测得，本实验中 $K_H=165\text{V}\cdot\text{A-1T-1}$。

三、实验仪器

霍尔效应应用设计实验装置如图 4-162 所示，包括：电源模块、I_s 模块、霍尔元件模块、

U_H 测量模块、九孔板。使用时按照适当位置将各部位模块安插在九孔板上，并利用专用跳线按照对应接口进行连接从而完成实验仪器的系统搭接。

图 4-162　实验装置

1. 霍尔元件模块

该模块如图 4-163 所示，包括圆形转盘、霍尔探头、电机电源接口、I_s 输入接口、U_H 输出接口。转盘上安装有极性相反的两块磁铁。转盘转动过程中波形如图 4-164 所示，当 S 极经过霍尔器件正下方时产生 A 峰，N 极磁铁在霍尔器件正下方经过时产生 B 峰，转盘转动一周的时间为 T。

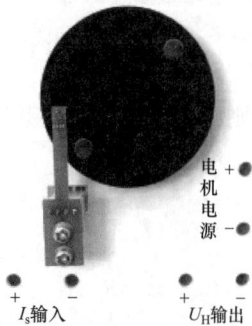

图 4-163　霍尔元件模块

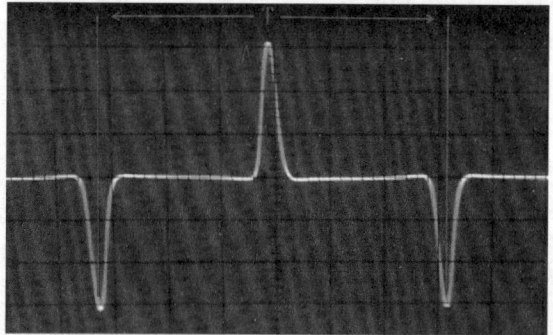

图 4-164　转盘旋转过程中的波形

2. 电源模块

电源模块如图 4-165 所示，有电源输入端口、U_H 测量模块电源接口、I_s 模块电源接口、电机电源接口，通过调节 R_{W2} 电阻的阻值实现输出电压值的调节。通过调节加到电机上的电压大小实现转盘转速的控制。

3. I_s 模块

I_s 模块如图 4-166 所示，采用恒流源设计，以保证输出的电流恒定，通过调节 R_{W3} 电阻的阻值改变输出的电流值。

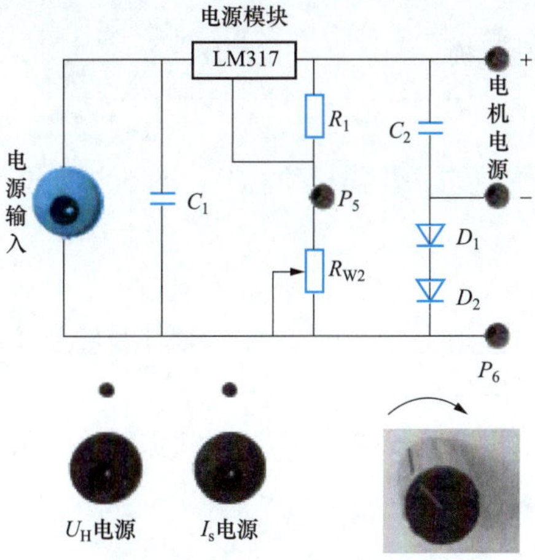

图 4-165　电源模块

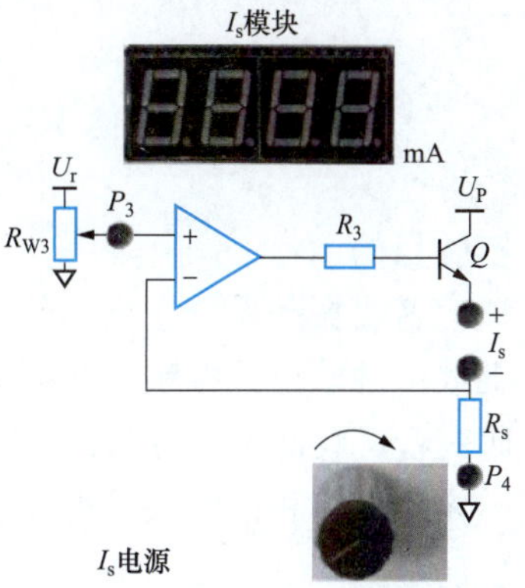

图 4-166　IS 模块

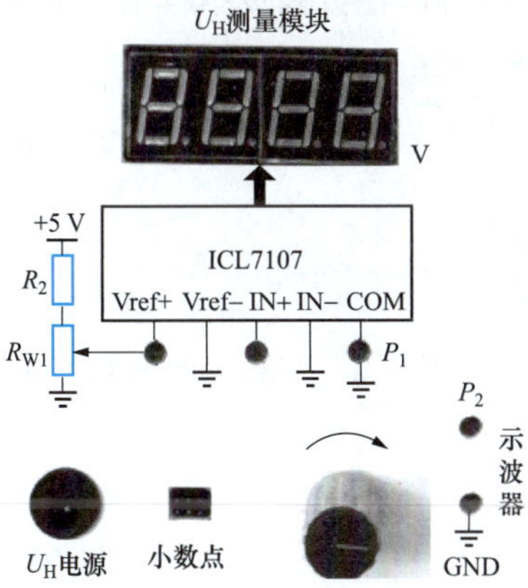

图 4-167　U_H 测量模块

4. U_H 测量模块

U_H 测量模块如图 4-167 所示，包括四位数码管，设有参考电压、独立模拟开关、逻辑控制、显示驱动、自动调零功能等。

四、实验内容

1. 采用提供的模块搭建电路，测量电机的最大转速

（1）利用示波器本身的标准信号校准示波器（模拟示波器需要校准）。

（2）从屏幕上读出一个周期的时间。

（3）计算电机的转速。

2. 测量磁感应强度

（1）保持电机的最大转速，并调节示波器得到清晰稳定地输出霍尔电压脉冲信号。

（2）根据表 4-45 改变霍尔电流 I_s，从示波器上读取霍尔电压峰值，记录到表 4-45 中。

（3）用作图法求最大磁感应强度。

表 4-45　　　　　　　　　　不同霍尔电流对应的霍尔电压峰值数据

霍尔电流 I_H（mA）	1.00	2.00	3.00	4.00	5.00	6.00	7.00	8.00	9.00
霍尔电压格数									
mV/每格									
霍尔电压 U_H（mA）									

注 意

（1）仪器一定要采用自带的 18V 电源适配器。

（2）转盘在转动过程中，不能有遮挡。

（3）通电前应该检查电源接线和信号接线是否正确。

实验 48　受迫振动与共振实验

一、实验目的

（1）研究音叉振动系统在周期外力作用下振幅与强迫力频率的关系，学习测量及绘制它们的关系曲线，并求出共振频率和振动系统振动的锐度（Q 值）。

（2）研究音叉双臂振动与对称双臂质量的关系，求音叉振动频率 f（即共振频率）与附在音叉双臂一定位置上相同物块质量 m 的关系公式。

二、实验原理

1. 简谐振动与阻尼振动

许多振动系统如弹簧振子的振动、单摆的振动、扭摆的振动等，在振幅较小且空气阻尼可以忽视的情况下，都可看作简谐振动，满足简谐振动方程

$$\frac{d^2x}{dt^2} + \omega_0^2 x = 0 \tag{4-159}$$

式（4-159）的解为

$$x = A\cos(\omega_0 t + \phi) \tag{4-160}$$

对于弹簧振子，振动圆频率 $\omega_0 = \sqrt{\dfrac{K}{m+m_0}}$，$K$ 为弹簧劲度系数，m 为振子的质量，m_0 为弹簧的等效质量。弹簧振子的振动周期 T 满足

$$T^2 = \frac{4\pi^2}{K}(m+m_0) \tag{4-161}$$

但实际的振动系统存在各种阻尼因素，因此式（4-159）左边须增加阻尼项。在小阻尼情况下，阻尼与速度成正比，表示为 $2\beta\dfrac{dx}{dt}$，则相应的阻尼振动方程为

$$\frac{d^2x}{dt^2} + 2\beta\frac{dx}{dt} + \omega_0^2 x = 0 \tag{4-162}$$

式中 β 为阻尼系数。

2. 受迫振动与共振

阻尼振动的振幅随时间会衰减，最后会停止振动。为了使振动持续下去，外界必须给系统一个周期变化的强迫力。一般采用的是随时间作正弦函数或余弦函数变化的强迫力，在强迫力作用下，振动系统的运动满足下列方程

$$\frac{d^2x}{dt^2} + 2\beta\frac{dx}{dt} + \omega_0^2 x = \frac{F}{m}\cos\omega t \tag{4-163}$$

式中 $m' = m + m_0$ 为振动系统的质量，F 为强迫力的振幅，ω 为强迫力的圆频率。

式（4-163）为振动系统作受迫振动的方程，它的解包括两项，第一项为瞬态振动，由于阻尼存在，振动开始后振幅不断衰减，最后较快地变为零；而后一项为稳态振动的解，其为

$$x=A\cos(\omega t+\phi) \tag{4-164}$$

$$A = \frac{\dfrac{F}{m}}{\sqrt{(\omega_0^2 - \omega^2) + 4\beta 2\omega^2}}$$

式中，当强迫力的圆频率 $\omega=\omega_0$ 时，振幅 A 出现极大值，此时称为共振。显然 β 越小，$x\sim\omega$ 关系曲线的极值越大。描述曲线陡峭程度的物理量为锐度，其值等于品质因素

$$Q = \frac{\omega_0}{\omega_2 - \omega_1} = \frac{f_0}{f_2 - f_1} \tag{4-165}$$

其中 f_1、f_2 分别是两个半功率点对应的频率。

3. 可调频率音叉的振动周期

一个可调频率音叉一旦起振，它将是某一基频振动而无谐频振动。音叉的二臂是对称的以至二臂的振动是完全反向的，从而在任一瞬间对中心杆都有等值反向的作用力。中心杆的净受力为零而不振动，从而紧紧握住它是不会引起振动衰减的。同样的道理音叉的两臂不能同向运动，因为同向运动将对中心杆产生震荡力，这个力将使振动很快衰减掉。

可以通过将相同质量的物块对称地加在两臂上来减小音叉的基频（音叉两臂所载的物块必须对称）。对于这种加载的音叉的振动周期 T 与式（4-161）相似，由下式给出

$$T^2 = B(m + m_0) \tag{4-166}$$

其中 B 为常数，它依赖于音叉材料的力学性质、大小及形状。m_0 是与振动臂的有效质量相关的常数。利用式（4-166）可以制成各种音叉传感器，如液体密度传感器、液位传感器等，通过测量音叉的共振频率可求得音叉管内液体密度或液位高度。

三、实验仪器

电磁激振线圈、音叉、电磁线圈传感器、阻尼片、加载质量块（成对）、支座、音频信号发生器、交流数字电压表、示波器、电子天平。

实验主要装置如图 4-168 所示。

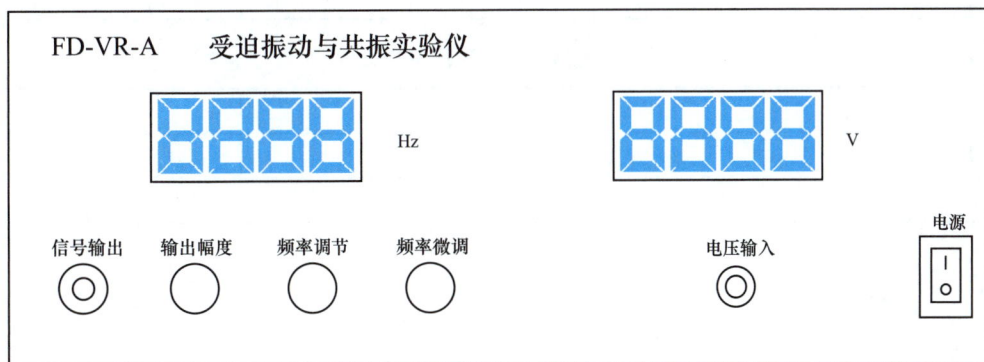

图 4-168　受迫振动与共振实验仪

四、实验内容

1. 研究强迫力频率与音叉振幅的关系

（1）接通电子仪器的电源，仪器预热 10min。

（2）用屏蔽导线把低频信号发生器的输出端与激振线圈的电压输入端相接；用另一根屏蔽线将电磁激振线圈的信号输出端与交流数字电压表的输入端连接。

（3）测定共振频率 f_0 和振幅 A_0。将低频信号发生器的输出信号频率，由低到高缓慢调节（240～255Hz 左右），仔细观察交流数字电压表的读数，当交流电压表读数达最大值时，记录音叉共振时的频率 f_0 和共振时交流电压表的读数 A_0。

（4）在信号发生器输出信号保持不变的情况下，频率由低到高，测量数字电压表示值 A 与驱动力的频率 f 之间的关系，注意在共振频率附近应多测几点，共测量 30 个数据，记录在表 4-46 中。

（5）绘制 A-f 关系曲线。在图上求出两个半功率点的频率 f_2 和 f_1，计算音叉的锐度（Q 值）。

2. 研究音叉的共振频率与双臂质量的关系

（1）在电子天平上称出不同质量块的质量值 m，并记录测量结果。

（2）在音叉双臂指定位置上对称加装相同质量的物块，并把固定螺丝旋紧，然后测量对应的共振频率 f。

（3）将加装在音叉双臂指定位置上物块更换为其他质量的物块，并测量对应的共振频率 f。（以上三个操作的数据均记录在表 4-47 中）

（4）做 T_2-m 的关系图，求出直线的斜率 B 和截距 C，并根据式（4-166）计算与音叉振动臂的有效质量相关的常数 m_0。

3. 用示波器观测激振线圈的输入信号和电磁线圈传感器的输出信号，观察它们的相位关系

表 4-46   强迫力频率与音叉振幅的关系

f（Hz）									
U（V）									
f（Hz）									
U（V）									
f（Hz）									
U（V）									

表 4-47   音叉的共振频率与双臂质量的关系

m（g）						
f（Hz）						
$T^2 \times 10^{-5}$（s²）						

注 意

（1）请勿随意用工具将固定螺丝拧松，以避免电磁线圈引线断裂。

（2）传感器是敏感元件，外面有保护罩防护，使用者不可以将保护罩拆去，或用工具伸入保护罩内，以免损坏电磁线圈传感器及引线。

附　　　录

附录A　法定计量单位

　　1984年2月27日国务院颁布了《关于在我国统一实行法定计量单位的命令》。决定采用国际单位制，统一我国的计量单位。

　　我国的法定计量单位包括：

　　（1）国际单位制的基本单位（见附表1）。

　　（2）国际单位制的辅助单位（见附表2）。

　　（3）国际单位制中具有专门名称的导出单位（见附表3）。

　　（4）国家选定的非国际单位制单位（见附表4）。

　　（5）由以上单位构成的组合形式的单位，具体见附表5国际单位制中的其他导出单位。

　　（6）由词头和以上单位构成的十进倍数和分数单位（词头见附表6）。

附表1　　　　　　　　　　　　　　　　　国际单位制的基本单位

量的名称	单位名称	单位符号	量的名称	单位名称	单位符号
长度	米	m	热力学温度	开［尔文］	K
质量	千克（公斤）	kg	物质的量	摩［尔］	mol
时间	秒	s	发光强度	坎［德拉］	cd
电流	安［培］	A			

附表2　　　　　　　　　　　　　　　　　国际单位制的辅助单位

量的名称	单位名称	单位符号
平面角	弧度	rad
立体角	球面度	sr

附表3　　　　　　　　　　　　　　国际单位制中具有专门名称的导出单位

量的名称	单位名称	单位符号	基本单位表示式	其他SI单位表示式
频率	赫［兹］	Hz	s^{-1}	
力；重力	牛［顿］	N	$Kg \cdot m \cdot s^{-2}$	
压力；压强；应力	帕［斯卡］	Pa	$m^{-1} \cdot kg \cdot s^{-2}$	N/m^2
能量；功；热量	焦［耳］	J	$m^2 \cdot kg \cdot s^{-2}$	$N \cdot m$
功率；辐射通量	瓦［特］	W	$m^2 \cdot kg \cdot s^{-3}$	J/s
电量；电荷	库［仑］	C	$s \cdot A$	
电位；电压；电动势；电势	伏［特］	V	$m^2 \cdot kg \cdot s^{-3} \cdot A^{-1}$	W/A

续表

量的名称	单位名称	单位符号	基本单位表示式	其他 SI 单位表示式
电容	法［拉］	F	$m^{-2} \cdot kg^{-1} \cdot s^4 \cdot A^2$	C/V
电阻	欧［姆］	Ω	$m^2 \cdot kg \cdot s^{-3} \cdot A^{-2}$	V/A
电导	西［门子］	S	$m^{-2} \cdot kg^{-1} \cdot s^3 \cdot A^2$	A/V
磁通［量］	韦［伯］	Wb	$m^2 \cdot kg \cdot s^{-2} \cdot A^{-1}$	V · s
磁感应［强度］；磁通密度	特［斯拉］	T	$kg \cdot s^{-2} \cdot A^{-1}$	Wb/m^2
电感	亨［利］	H	$m^2 \cdot kg \cdot s^{-2} \cdot A^{-2}$	Wb/A
摄氏温度	摄氏度	℃	K	
光通［量］	流［明］	lm	cd · sr	
［光］照度	勒［克斯］	lx	$m^{-2} \cdot cd \cdot sr$	lm/m^2
［放射性］活度（放射性强度）	贝可［勒尔］	Bq	s^{-1}	
吸收剂量	戈［瑞］	Gy	$m^2 \cdot s^{-2}$	J/kg
剂量当量	希［沃特］	Sv	$m^2 \cdot s^{-2}$	J/kg

附表 4　　　　　　　　　　国际单位制中的其他导出单位

量的名称	单位名称	其他表示式	量的名称	单位名称	其他表示式
密度	千克每立方米	$kg \cdot m^{-3}$	电场强度	伏特每米	$V \cdot m^{-1}$
表面张力系数	牛顿每米	$N \cdot m^{-1}$	磁场强度	安培每米	$A \cdot m^{-1}$
力矩	牛顿米	N · m	亮度	坎德拉每平方米	$cd \cdot m^{-2}$
转动惯量	千克平方米	$kg \cdot m^2$	发光度	流明每平方米	$lm \cdot m^{-2}$
杨氏模量	牛顿每平方米	$N \cdot m^{-2}$	发光效率	流明每瓦	$lm \cdot W^{-1}$
比热容	焦耳每千克开尔文	$J \cdot kg^{-1} \cdot K^{-1}$	辐射强度	瓦特每球面度	$W \cdot sr^{-1}$
导热系数	瓦特每米开尔文	$W \cdot m^{-1} \cdot K^{-1}$			

附表 5　　　　　　　　　　国家选定的非国际单位制单位

量 的 名 称	单位名称	单位符号	换 算 关 系
时间	分	min	1min=60s
	小［时］	h	1h=60min=3600s
	日［天］	d	1d=24h=86400s
平面角	［角］秒	(″)	$1″=(\pi/648000)$ rad
	［角］分	(′)	$1′=60″=(\pi/10800)$ rad
	度	(°)	$1°=60′=(\pi/180)$ rad
旋转速度	转每分	$r \cdot min^{-1}$	$1r \cdot min^{-1}=(1/60) s^{-1}$
速度（适用于航行）	节	kn	$1kn=1nmile \cdot h^{-1}$

量 的 名 称	单位名称	单位符号	换 算 关 系
长度（适用于航程）	海里	nmile	$1nmile=1825m$
质量	吨	t	$1t=10^3kg$
	原子质量单位	u	$1u \approx 1.6605655 \times 10^{-27}kg$
体积	升	L（1）	$1L=1dm^3=10^{-3}m^3$
能量	电子伏	eV	$1eV \approx 1.6021892 \times 10^{-19}J$
级差	分贝	dB	
线密度	特［克斯］	tex	$1tex=10^{-6}kg \cdot m^{-1}$

注　圆括号中的名称是它前面名称的同义词；方括号中的字，在不致起混淆、误解的情况下，可以省略；角度单位度、分、秒的符号不处于数字后时，用括弧。

附表6　　　　　　　　　**用于构成十进倍数和分数单位的词头**

所表示的因数	词头名称	词头符号	所表示的因数	词头名称	词头符号
10^{18}	艾［可萨］	E	10^{-1}	分	d
10^{15}	拍［它］	P	10^{-2}	厘	c
10^{12}	太［拉］	T	10^{-3}	毫	m
10^9	吉［咖］	G	10^{-6}	微	μ
10^6	兆	M	10^{-9}	纳［诺］	n
10^3	千	k	10^{-12}	皮［可］	p
10^2	百	h	10^{-15}	飞母［托］	f
10^1	十	da	10^{-18}	阿［托］	a

附录 B 常用物理数据

常用物理数据见附表 7～附表 26。

附表 7   基本和重要的物理常数表

名　　称	符　号	数　　值	单位符号
真空中的光速	c	2.99792458×10^8	$m \cdot s^{-1}$
基本电荷	e	$1.60217733（49） \times 10^{-19}$	C
电子的静止质量	m_e	$9.1093897（54） \times 10^{-31}$	kg
中子质量	m_m	$1.6749286（10） \times 10^{-27}$	kg
质子质量	m_p	$1.6726231（10） \times 10^{-27}$	kg
原子质量单位	u	$1.6605655（10） \times 10^{-27}$	kg
普朗克常数	h	$6.6260755（40） \times 10^{-34}$	$J \cdot s$
阿伏伽德罗常数	N_o	$6.0221367（36） \times 10^{23}$	mol^{-1}
摩尔气体常数	R	$8.314510（70）$	$J \cdot mol^{-1} \cdot K^{-1}$
玻尔兹曼常数	k	$1.380658（12） \times 10^{-23}$	$J \cdot K^{-1}$
万有引力常数	G	$6.67259（85） \times 10^{-11}$	$m^3 \cdot kg^{-1} \cdot s^{-2}$
法拉第常数	F	$9.6485309（29） \times 10^4$	$C \cdot mol^{-1}$
热功当量	J	4.186	$J \cdot Cal^{-1}$
里德伯常数	R_∞	$1.0973731534（13） \times 10^7$	m^{-1}
洛喜密德常数	n	$2.686763（23） \times 10^{25}$	m^{-3}
库仑常数	$e^2/4\pi\varepsilon_0$	14.42	$C \cdot Vm^{-19}$
电子荷质比	e/m_e	$-1.75881962（53） \times 10^{11}$	$C \cdot kg^{-1}$
标准大气压	P_0	1.01325×10^5	Pa
冰点绝对温度	T_0	273.15	K
标准状态下空气中的声速	$\eta_{声}$	331.46	$m \cdot s^{-1}$
标准状态下干燥空气的密度	$\rho_{空气}$	1.293	$kg \cdot m^{-3}$
标准状态下水银的密度	$\rho_{水银}$	13595.04	$kg \cdot m^{-3}$
标准状态下理想气体的摩尔体积	V_m	$22.41310（19） \times 10^{-3}$	$m^3 \cdot mol^{-1}$
真空中的介电常数（电容率）	ε_0	$8.854187817 \times 10^{-12}$	$F \cdot m^{-1}$
真空中的磁导率	μ_0	$12.56370614 \times 10^{-7}$	$H \cdot m^{-1}$

附表 8　　　　　　　　　　　　在海平面上不同纬度处的重力加速度

纬度 φ（°）	重力加速度 g（·s^{-2}）	纬度 φ（°）	重力加速度 g（m·s^{-2}）
0	9.78049	50	9.81079
5	9.78088	55	9.81515
10	9.78204	60	9.81924
15	9.78394	65	9.82294
20	9.78652	70	9.82614
25	9.78969	75	9.82873
30	9.79338	80	9.83065
35	9.79746	85	9.83182
40	9.80180	90	9.83221
45	9.80629		

注　表中数据是根据公式 $g=9.78049（1+0.005288\sin^2\varphi-0.000006\sin^2 2\varphi）$ 算出的，φ 为纬度。

附表 9　　　　　　　　　　　　我国部分城市的重力加速度

城市	纬度（北）	重力加速度（m/s^2）	城市	纬度（北）	重力加速度（m/s^2）
北京	39°56′	9.80122	汉口	30°33′	9.79359
哈尔滨	45°37′	9.80647	安庆	30°31′	9.79357
张家口	40°48′	9.79985	杭州	30°16′	9.79300
天津	39°09′	9.80094	重庆	29°24′	9.79152
太原	37°47′	9.79684	南昌	28°40′	9.79208
济南	36°41′	9.79858	长沙	28°12′	9.79163
郑州	34°45′	9.79665	福州	26°06′	9.79144
徐州	34°18′	9.79664	厦门	24°27′	9.78917
西安	34°16′	9.79659	广州	23°06′	9.78831
南京	32°04′	9.79442	南宁	22°48′	9.78793
上海	31°12′	9.79436	香港	22°18′	9.78769
宜昌	30°42′	9.79312			

附表 10　　　　　　　　　　　　在 20℃时常用固体和液体的密度

物质	密度 ρ（g·m^{-3}）	物质	密度 ρ（kg·m^{-3}）
铝	2698.9	水晶玻璃	2900~3000
铜	8960	玻璃	2400~2700
铁	7874	冰（0℃）	880~920
银	10500	甲醇	792
金	19320	乙醇	789.4
钨	19300	乙醚	714
铂	21450	汽油	710~720

物质	密度 ρ（g·m^{-3}）	物质	密度 ρ（g·m^{-3}）
铅	11350	弗利昂-12	1329
锡	7298	（氟氯烷-12）	
水银	13546.2	变压器油	840～890
钢	7600～7900	甘油	1260
石英	2500～2800	蜂蜜	1435
石蜡	890	煤油	800
蓖麻油	957	钟表油	981
松节油	855		

附表 11　　　　　　　　　　在标准大气压下不同温度的水的密度

温度 t（℃）	密度 ρ（g·m^{-3}）	温度 t（℃）	密度 ρ（g·m^{-3}）	温度 t（℃）	密度 ρ（kg·m^{-3}）
0	999.841	17	998.774	34	994.371
1	999.900	18	998.595	35	994.031
2	999.941	19	998.405	36	993.68
3	999.965	20	998.203	37	993.33
4	999.973	21	997.992	38	992.96
5	999.965	22	997.770	39	992.59
6	999.941	23	997.538	40	992.21
7	999.902	24	997.296	41	991.83
8	999.849	25	997.044	42	991.44
9	999.781	26	996.783	50	998.04
10	999.700	27	996.512	60	993.21
11	999.605	28	996.232	70	997.78
12	999.498	29	995.944	80	991.80
13	999.377	30	995.646	90	965.31
14	999.244	31	995.340	100	958.35
15	999.099	32	995.025		
16	999.943	33	994.702		

附表 12　　　　　　　　　　在 20℃时一些材料的杨氏模量

物质名称	杨氏模量 E（×10^{10}N·m^{-2}）	物质名称	杨氏模量 E（×10^{10}N·m^{-2}）
金	8.1	铁	20.1～21.6
银	8.27	铝	7.03
铂	16.8	锌	10.5
铜	12.9	锡	5.0
铁（软）	21.2	镍	21.4
铁（铸）	15.2	铅	1.6

物质名称	杨氏模量 E（$\times 10^{10}$N·m^{-2}）	物质名称	杨氏模量 E（$\times 10^{10}$N·m^{-2}）
硬铝	7.14	橡胶（弹性）	（1.5～5）$\times 10^{-4}$
磷青铜	12.0	尼龙	0.35
不锈钢	19.7	聚乙烯	0.077
合金钢	21.0～22.0	聚苯乙烯	0.36
碳钢	20.0～21.0	熔融石英	7.31
黄铜	10.5	玻璃（冕牌）	7.1
康铜	16.2	玻璃（火石）	8.0

注　杨氏模量的值与材料的结构、化学成分及其加工制造方法有关，因此在某些情况下，E 的值可能与表中所列值不同。

附表 13　　　　　　　　**在 20℃时与空气接触的液体的表面张力系数**

液体名称	σ（$\times 10^{-3}$N·m^{-1}）	液体名称	σ（$\times 10^{-3}$N·m^{-1}）
航空汽油	21	甘油	63
石油	30	水银	513
煤油	24	甲醇	22.6
松节油	28.8	甲醇（在 0℃时）	24.5
肥皂溶液	40	乙醇	22.0
弗利昂-12	9.0	乙醇（在 60℃时）	18.4
蓖麻油	36.4	乙醇（在 0℃时）	24.1

附表 14　　　　　　　　**不同温度下与空气接触的水的表面张力系数**

温度 t（℃）	σ（$\times 10^{-3}$N·m^{-1}）	温度 t（℃）	σ（$\times 10^{-3}$N·m^{-1}）	温度 t（℃）	σ（$\times 10^{-3}$N·m^{-1}）
0	75.62	16	73.34	30	71.15
5	74.90	17	73.20	40	69.55
6	74.76	18	73.05	50	67.90
8	74.48	19	72.89	60	66.17
10	74.20	20	72.75	70	64.41
11	74.07	21	72.60	80	62.60
12	73.92	22	72.44	90	60.74
13	73.78	23	72.28	100	58.84
14	73.64	24	72.12		
15	73.48	25	71.96		

附表 15 液体的黏滞系数

液体名称	温度 t（℃）	η（×10^{-3}Pa·s）	液体名称	温度 t（℃）	η（×10^{-3}Pa·s）
汽油	0	1.788	甘油	−20	$1.34×10^5$
	18	0.503		0	$1.21×10^4$
乙醇	−20	2.780		20	$1.50×10^3$
	0	1.780		100	12.9
	20	1.190	蓖麻油	0	$5.30×10^3$
甲醇	0	0.817		5	$3.76×10^3$
	20	0.584		10	$2.42×10^3$
乙醚	0	0.296		15	$1.51×10^3$
	20	0.243		20	$0.986×10^3$
水银	−20	1.855		25	$0.621×10^3$
	0	1.685		30	$0.451×10^3$
	20	1.554		35	$0.312×10^3$
	100	1.240		40	$0.230×10^3$
蜂蜜	20	$6.50×10^3$		100	$0.169×10^3$
变压器油	20	19.8	鱼肝油	20	45.6
葵花子油				80	4.60

附表 16 不同温度下水的黏滞系数

温度 t（℃）	黏滞系数 η（×10^{-3}Pa·s）	温度 t（℃）	黏滞系数 η（×10^{-3}Pa·s）
0	1.7878	60	0.4697
10	1.3053	70	0.4060
20	1.0042	80	0.3550
30	0.8012	90	0.3148
40	0.6531	100	0.2825
50	0.5492		

附表 17 电阻和合金的电阻率及其温度系数

物质名称	电阻率（10^{-6}Ω·m）	温度系数（×10^{-3}℃$^{-1}$）	物质名称	电阻率（10^{-6}Ω·m）	温度系数（×10^{-3}℃$^{-1}$）
铝	0.028	4.2	锌	0.059	4.2
铜	0.0172	4.3	锡	0.12	4.4
银	0.016	4.0	水银	0.958	1.0
金	0.024	4.0	武德合金	0.52	3.7
铁	0.098	6.0	钢（0.10%～0.15%碳）	0.10～0.14	6.0
铅	0.205	3.7	康铜	0.47～0.51	−0.04～+0.01
铂	0.105	3.9	铜锰镍合金	0.34～1.00	−0.03～+0.02
钨	0.055	4.8	镍铬合金	0.98～1.10	0.03～0.4

注 电阻率跟金属中的杂质有关，表中列出的数据只是20℃时电阻率的平均值。

附表 18　　　　　　　　　　　　固体的线膨胀系数

物质名称	温度范围	α（$\times10^{-6}\text{℃}^{-1}$）	物质名称	温度范围	α（$\times10^{-6}\text{℃}^{-1}$）
铝	0～100	23.8	锌	0～100	32
铜	0～100	17.1	铂	0～100	9.1
铁	0～100	12.2	钨	0～100	4.5
金	0～100	14.3	石英玻璃	20～200	0.5
银	0～100	19.6	窗玻璃	20～200	9.5
钢（0.05%碳）	0～100	12.0	花岗石	20	6～9
康铜	0～100	15.2	瓷器	20～700	3.3～4.1
铅	0～100	29.2			

附表 19　　　　　　　　　　几种常用的温差电偶的温差电动势

电偶	mV ℃ ℃	0	10	20	30	40	50	60	70	80	90	100
铂铑（87%铂，13%铑）-铂	0	0.000	0.054	0.111	0.170	0.231	0.295	0.361	0.429	0.499	0.571	0.645
	100	0.645	0.720	0.797	0.875	0.956	1.037	1.120	1.204	1.290	1.376	1.464
	200	1.464	1.553	1.643	1.734	1.825	1.918	2.012	2.106	2.202	2.298	2.395
	300	2.395	2.492	2.591	2.690	2.789	2.890	2.990	3.092	3.194	3.296	3.400
	400	3.400	3.503	3.608	3.712	3.817	3.932	4.029	4.136	4.243	4.351	4.459
镍铬-镍铝	0	0.00	0.40	0.80	1.20	1.61	2.02	2.43	2.84	3.26	3.68	4.10
	100	4.10	4.51	4.92	5.33	5.73	6.13	6.53	6.93	7.33	7.73	8.13
	200	8.13	8.53	8.93	9.33	9.74	10.15	10.56	10.97	11.38	11.80	12.21
	300	12.21	12.62	13.04	13.45	13.87	14.29	14.71	15.13	15.56	15.98	16.40
	400	16.40	16.83	17.25	17.67	18.09	18.51	18.94	19.37	19.79	20.22	20.65
铜-康铜	0	0.000	0.389	0.787	1.194	1.610	2.035	2.468	2.909	3.357	3.813	4.277
	100	4.277	4.749	5.227	5.712	6.204	6.702	7.207	7.719	8.236	8.759	9.288
	200	9.288	9.823	10.363	10.909	11.459	12.014	12.575	13.140	13.710	14.285	14.864
	300	14.864	15.488	16.035	16.627	17.222	17.821	18.424	18.031	19.642	20.256	20.873

附表 20　　　　　　　　　　　　常见物质的比热容

物质	温度（℃）	比热容（$\times10^{3}\text{J}\cdot\text{kg}^{-1}\cdot\text{℃}^{-1}$）	物质	温度（℃）	比热容（$\times10^{3}\text{J}\cdot\text{kg}^{-1}\cdot\text{℃}^{-1}$）
铝	25	0.905	水	25	4.182
银	25	0.237	乙醇	25	2.421
金	25	0.128	石英玻璃	20～100	0.788
石墨	25	0.708	黄铜	0	0.370
铜	25	0.3854	康铜	18	0.409
铁	25	0.448	石棉	0～100	0.80
镍	25	0.440	玻璃	20	0.59～0.92
铅	25	0.128	云母	20	0.42

物质	温度（℃）	比热容（×10³J·kg⁻¹·℃⁻¹）	物质	温度（℃）	比热容（×10³J·kg⁻¹·℃⁻¹）
铂	25	0.1364	橡胶	15～100	1.1～2.0
硅	25	0.7131	石蜡	0～20	0.291
白锡	25	0.222	木材	20	约1.26
锌	25	0.389	陶瓷	20～200	0.71～0.88

附表 21　　　　　　　　水和冰在不同温度下的比热容

温度（℃）	比热容（×10³J·kg⁻¹·℃⁻¹）	温度（℃）	比热容（×10³J·kg⁻¹·℃⁻¹）
0	4.2290	0	2.60
10	4.1980	−20	1.94
14.5～15.5	4.1900	−40	1.82
20	4.1850	−60	1.68
30	4.1795	−80	1.54
40	4.1787	−100	1.39
50	4.1808	−150	1.03
60	4.1846	−200	0.654
70	4.1900	−250	0.151
80	4.1971		
90	4.2051		
100	4.2139		

附表 22　　　　　　　　某些物质中的声速

物质	声速（m·s⁻¹）	物质	声速（m·s⁻¹）	物质	声速（m·s⁻¹）
铝	5000	铂	2800	水蒸气（110℃）	404.8
硬铝	5150	铅	1210	空气（0℃）	331.45
铜	3750	锡	2730	一氧化碳（0℃）	337.1
黄铜	3480	锌	3850	二氧化碳（0℃）	259.0
金	2030	钨	4320	氧气（0℃）	317.2
银	2680	电解铁	5120	氩气（0℃）	319
镍	4900	水（20℃）	1482.9	氢气（0℃）	1279.5
不锈钢	5000	酒精（20℃）	1168	氮气（0℃）	337
镁	4940	甘油（20℃）	1923	氯气（0℃）	970

附表 23　　　　　　　　某些物质的介电系数

物质	温度t（℃）	介电系数ε	物质	温度t（℃）	介电系数ε
金刚石	18	16.5	蓖麻油	10.9	4.6
瓷	18	6	煤油	21	2.1
大理石	18	8.3	甲醇	13.4	35.4

物质	温度 t（℃）	介电系数 ε	物质	温度 t（℃）	介电系数 ε
金刚石	18	7～9	乙醇	14.7	26.8
云母	18	5.7～7.0	乙醚	20	4.34
普通玻璃	18	5～7	空气	0	1.000590
光学玻璃	18	7～10	氢	0	1.000264
石英玻璃	18	3.5～4.1	氧	0	1.000524
石蜡	20	2.0～2.5	氦	0	1.000064
硬橡胶	18	2.5～2.8	氮	0	1.000606
电木	18	3～5	氩	0	1.00056
松节油	20	2.2	硫化氢	0	0.004
苯	18	2.3	氯化氢	0	0.0046
柏油	18	2.7	氨	0	1.00837
变压器油	18	2.2～2.5	一氧化碳	0	1.000690
丙酮	20	21.5	二氧化碳	0	1.000946
水	18	80.4	溴	180	1.0128
甘油	18	39.1	甲烷	0	1.000953

注　气体的介电系数是在标准大气压下测得的。

附表 24　　　　　　　　　　在常温下某些物质相对于空气的折射率

物质名称	折射率 n_D	物质名称	折射率 n_D	物质名称	折射率 n_D
水（20℃）	1.3330	石蜡（20℃）	1.4704	钾盐（18℃）	1.4904
甲醇（20℃）	1.3292	松节油（20℃）	1.4711	冕玻璃（轻）	1.5153
乙醇（20℃）	1.3617	苯胺（20℃）	1.5863	冕玻璃（重）	1.6152
乙醚（20℃）	1.3525	棕色醛（20℃）	1.6195	火石玻璃（轻）	1.6055
丙酮（20℃）	1.3591	单溴苯（20℃）	1.6588	火石玻璃（重）	1.6475
二硫化碳（18℃）	1.6255	萤石	1.4339	方解石（寻常光）	1.6585
三氯化碳（20℃）	1.4453	有机玻璃	1.492	方解石（非常光）	1.4864
四氯化碳（20℃）	1.4617	熔凝石英	1.45845	水晶（寻常光）	1.5442
加拿大树脂胶（20℃）	1.530	金刚石	2.4175	水晶（非常光）	1.5533
苯（20℃）	1.5044	琥珀	1.546	石英（寻常光）（18℃）	1.54968
甘油（20℃）	1.4675	岩盐（18℃）	1.5443	石英（非常光）（18℃）	1.55898

注　表中数据如没有标出温度值的，是在室温条件下测得的；n_D 是通用的标准折射率，是指波长为 589.3nm（钠黄光）时的折射率。

附表 25　　　　　　　　　常用光源的谱线波长表　　　　　　　　　　　nm

H（氢）		447.15 蓝	589.592（D₁）黄
656.28 红		402.62 蓝紫	589.995（D₂）黄
486.13 绿蓝		388.87 紫	Hg（汞）
434.05 蓝		Ne（氖）	623.44 橙
410.17 紫蓝		650.65 红	579.07 黄
397.01 紫		640.23 橙	576.96 黄
He（氦）		638.30 橙	546.07 绿
706.52 红		626.65 橙	491.60 绿蓝
667.82 红		621.73 橙	435.83 蓝
587.56 黄		614.31 橙	407.78 蓝紫
501.57 绿		588.19 黄	404.66 蓝紫
492.19 绿蓝		585.25 黄	He–Ne 激光
471.31 蓝		Na（钠）	632.8 橙

表中 D_1、D_2 的处理见上表。

附表 26　　　　　　　　某些金属的逸出功和极限频率

金属	逸出功 W（eV）	极限频率 ν_0（$\times 10^{14}$Hz）	金属	逸出功 W（eV）	极限频率 ν_0（$\times 10^{14}$Hz）
铯 Cs	2.14	5.17	铝 Al	4.28	10.3
铷 Rb	2.16	5.22	钒 V	4.3	10.4
钾 K	2.30	5.56	铌 Nb	4.3	10.4
钐 Sm	2.7	6.5	钛 Ti	4.33	10.4
钠 Na	2.75	6.65	锌 Zn	4.33	10.4
钙 Ca	2.87	6.94	汞 Hg	4.49	10.8
铈 Ce	2.9	7.01	铬 Cr	4.5	10.9
钕 Nd	3.2	7.73	铁 Fe	4.5	10.9
镧 La	3.5	8.46	钼 Mo	4.6	11.1
铀 U	3.63	8.77	铜 Cu	4.65	11.2
镁 Mg	3.66	8.85	钌 Ru	4.71	11.4
铪 Hf	3.9	9.43	铑 Rh	4.98	12.0
锆 Zr	4.05	9.79	铍 Be	4.98	12.0
锰 Mn	4.1	9.91	钴 Co	5.0	12.1
铟 In	4.12	9.96	金 Au	5.1	12.3
铋 Bi	4.22	10.2	钯 Pd	5.12	12.4
铅 Pb	4.25	10.2	镍 Ni	5.15	12.4
银 Ag	4.26	10.3	铂 Rt	5.65	13.6

附录 C　重要物理实验年表

1583　伽利略（G.Galileo，意大利，1564~1642）做单摆实验。

1620　斯涅耳（W.Snell，荷兰，1591~1626）由实验归纳出光的反射和折射定律。

1638　伽利略《两种新科学的对话》一书出版，书内载有斜面实验的详细记述，与开普勒（J.Kepler，德国，1571~1630）于 1609~1618 年间根据天文观测总结得出的开普勒三定律，同为牛顿力学的基础。

1643　托利拆利（E.Torricelli，意大利，1608~1647）做大气压实验，设计发明水银气压计。

1646　巴斯噶（B.Pasecl，法国，1623~1662）实验验证大气压的存在。

1650　格里开（O.Guerike，德国，1602~1686）设计发明空气泵，获得真空。

1662　玻义耳（E.Boyle，英国，1627~1697）实验发现玻意耳定律。

1663　格里开做马德堡半球实验。

1666　牛顿（I.Newton，英国，1643~1727）用三棱镜做色散实验。

1669　巴塞林那斯（E.Bathoinus，英国）发现光经过方解石有双折射现象。

1675　牛顿做牛顿环实验，这是光的等厚干涉现象，但牛顿用光的微粒说解释。

1752　富兰克林（B.Franklin，美国，1706~1790）做风筝实验，引天电到地面。

1767　普列斯特勒（J.Priestley，美国，1733~1804）依据富兰克林导体内不存在静电荷的实验，推出静电力的平方反比定律。

1775　伏打（A.Volta，意大利，1745~1827）设计发明起电盘。

1784　库仑（C.A.Coulomb，法国，1736~1806）设计发明扭秤，次年从实验得到静电力的平方反比定律。

1787　查理（J.A.C.Charles，法国，1746~1823）发现气体膨胀的查理定律。

1790　皮克泰特（M.A.Pictet，瑞士，1752~1825）做热辐射实验。

1798　卡文迪许（H.Cavendish，英国，1731~1810）用扭秤实验测定万有引力常数 G。

1800　伏打发明伏打电池。

1800　赫休尔（F.W.Herschel，英国，1738~1822）通过热辐射效应发现红外线。

1801　李特耳（J.W.Ritter，德国，1776~1810）通过太阳光谱的化学作用发现紫外线。

1801　杨（T.Young，英国，1773~1829）用干涉法测光波波长。

1802　盖·吕萨克（G.Lussac，法国，1778~1850）由实验得盖·吕萨克定律。

1802　沃拉斯顿（W.H.Wollsaton，英国，1766~1828）发现太阳光谱中有暗线。

1808　马吕斯（E.L.Melus，英国，1775~1812）发现光的偏振现象。

1811　布儒斯特（D.Brewster，英国，1781~1868）发现偏振光的布儒斯特定律。

1815　夫朗和费（J.V.Freunhofer，德国，1787~1826）利用分光镜研究太阳光谱中的暗线。

1819　杜隆（P.L.Dulong，法国，1785~1838）与珀替（A.T.Petit，法国，1791~1820）发现克分子固体比热是一常数，约 bcal/gmol℃，称杜隆-珀替定律。

1820　奥斯特（H.C.Oersted，丹麦，1777~1851）发现线圈通电产生磁效应。

1820　毕奥（J.B.Biot，法国，1774~1862）和沙伐尔（F.Savart，法国，1791~1841）由实

验归纳出电流元的磁场作用定律。

1820 安培（A.M.Amper，法国，1775～1836）由实验发现电流元之间的相互作用，1822 年提出安培定律。

1821 塞贝克（T.J.Seebeok，爱沙尼亚，1770～1831）发现温差电效应，即塞贝克效应。

1826 欧姆（G.S.Ohm，德国，1787～1854）确立欧姆定律。

1827 布朗（R.Brown，英国，1773～1858）发现悬浮在液体中的细微颗粒作不规则运动，为分子运动论提供了有力证据。

1828 尼科尔（W.Nicol，英国）发明能产生偏振光的尼科尔棱镜。

1830 诺比利（L.Nobili，意大利，1784～1835）发明温差电池。

1831 法拉第（M.Faraday，英国，1791～1867）发现电磁感应现象。

1832 亨利（J.Henry，美国，1799～1878）发现自感现象。

1833 法拉第提出电解定律。

1834 楞次（F.E.Lenz，俄罗斯，1804～1865）建立楞次定律。

1834 珀耳帖（J.C.A.Peltier，法国，1785～1845）发现电流可以制冷的珀耳帖效应。

1840 焦耳（J.P.Joule，英国，1818～1889）从电流的热效应发现所产生的热量与电功成正比，称焦耳-楞次定律（楞次也独立地发现了这一定律）。其后，焦耳历经 40 年，进行 400 多次实验，测量热功当量。

1841 勒诺尔（H.V.Regnault，法国，1810～1878）从实验测定实际气体的性质，发现与玻意耳定律及盖·吕萨克定律有偏离。

1843 法拉第用实验证明电荷守恒定律。

1845 法拉第发现强磁场使光的偏振面旋转，称为法拉第效应。

1849 斐索（A.H.Fizeau，法国，1819～1896）首次在地面上测光速。

1851 傅科（J.L.Foucault，法国，1819～1868）做傅科摆实验，证明地球自转。

1852 焦耳与威廉·汤姆森（W.Thomson，英国，1824～1907）发现气体的焦耳-汤姆森效应，即气体通过狭窄通道后急剧膨胀引起的制冷效应。

1856 韦伯（W.Weber，德国，1804～1891）等人由实验证明电量的电磁单位和静电单位的比值是光速。

1858 普吕克尔（J.Plucker，德国，1801～1868）在放电管中发现阴极射线。

1859 基尔霍夫（G.R.W.Kirchhoff，德国，1824～1887）开创光谱分析，其后通过光谱分析发现铯、铷等多种新元素，还发现发射光谱和吸收光谱之间的联系，建立了辐射定律。

1866 孔特（A.A.E.Kundt，德国，1839～1894）做孔特管实验，测量气体或固体中的声速。

1875 克尔（J.Kerr，英国，1824～1907）发现在强电场的作用下，某些各向同性的透明介质会变为各向异性，从而使光产生双折射现象，称克尔电光效应。

1879 斯特藩（J.Setfan，奥地利，1835～1893）发现黑体辐射经验公式。

1879 霍尔（E.H.Hall，美国，1855～1938）发现在磁场作用下，电流通过金属产生横向电动势的霍尔效应。

1880 居里（P.Curie，法国，1859～1906）发现晶体的压电效应。

1881 迈克尔逊（A.A.Michelson，美国，1852～1931）首次做以太漂移实验，由此产生迈克尔逊干涉仪。

1885　迈克尔逊与莫雷（E.W.Morley，美国，1838～1923）改进斐索运动流体中光速的测量。

1887　赫兹（H.Hertz，德国，1857～1894）做电磁波实验，证实麦克斯韦（J.C.Maxwell，英国，1831～1879）电磁场理论，并发现光电效应。

1890　厄沃（B.R.Eotvos，匈牙利）由实验证明惯性质量与引力质量相等。

1890　斯托列托夫（俄罗斯，1839～1896）用紫外线照射锌片，产生连续的光电流。

1895　P·居里发现居里点和居里定律。

1895　伦琴*（W.K.Rontgen，德国，1845～1923）发现 X 射线。

1896　贝克勒尔*（A.H.Becgmerel，法国，1852～1908）发现放射性。

1896　塞曼*（P.Zeeman，荷兰，1865～1943）发现磁场使光谱线分裂，即塞曼效应，证实了洛仑兹（H.A.Lorentz，荷兰，1853～1928）"电子"论的推测。

1897　汤姆森*（J.J.Thomson，英国，1856～1938）证实电子的存在，测出荷质比和电子电荷。

1898　居里夫妇*合作发现放射性元素铀和镭。

1899　列别捷夫（俄罗斯，1866～1911）实验证实光压的存在。

1899　卢瑟福*（F.Rutherfod，新西兰－英国，1871～1937）发现 α、β 射线。

1899　埃尔舍（J.F.J.Elster，德国，1854～1920）由实验得出放射性衰变定律。

1899　卢梅尔（O.Lummer，德国，1860～1925）做空腔辐射实验，得到辐射能量分布曲线，为量子假说提供了重要的实验依据。

1900　维拉尔德（P.Villard，法国，1860～1934）发现 γ 射线。

1901　考夫曼（W.Kaufmann，德国，1871～1947）发现电子质量随速度变化，得到质量-速度曲线，实验所得早于爱因斯坦（A.Einstein，德国，1879～1955）的狭义相对论的理论结果（1905）。

1902　理查森*（O.W.Richardson，英国，1879～1959）发现灼热金属表面发射电子规律。

1902　伦纳德*（P.E.A.Lenard，德国，1862～1947）由光电效应实验得到光电效应经验公式，为光量子假说提供了实验基础。

1906　密立根*（R.A.Millikan，美国，1868～1953）测单个电子电荷值，前后历经 11 年，上千次实验。

1908　佩兰*（J.B.Perrin，法国，1870～1942）由实验证实布朗运动方程，求出阿伏伽德罗常数。

1908　盖革（H.Geiger，德国，1882～1945）设计发明计数管。

1909　盖革与马斯登（E.Marsden，英国，1889～1970）由实验发现 α 粒子在金属箔上大角度散射，导致 1911 年卢瑟福提出有核原子模型理论。

1911　卡梅林与翁内斯（H.Kamnerlingh 和 Onnes，荷兰，1853～1926）发现低温下金属超导现象。

1911　威尔逊*（C.T.R.Wilson，英国，1869～1959）设计发明威尔逊云室。

1912　劳厄*（M.Laue，德国，1879～1960）证实了 X 射线是一种电磁波。

1913　斯塔克（J.Stark，德国，1874～1957）发现原子光谱在电场作用下的分裂现象，称斯塔克效应。

1913　布拉格父子*（W.H.Bragg，W.L.Bragg，英国，1862～1942，1890～1971）在晶体衍射实验中得出布拉格公式，算出晶格常数。

1914　弗朗克*（J.Franck，德国，1882～1964）与赫兹（G.Hertz，德国，1887～1976）测汞

的激发电位，测的结果是第一激发电位，为玻尔定态跃迁原子模型理论的极好证据。

1914 查德威克*（J.Chadwiek，英国，1891～1974）发现 β 能谱。

1915 爱因斯坦和德哈斯（W.J.Heas，荷兰，1878～1960）发现回转磁效应。

1916 德拜（P.J.W.Debye，荷兰，1884～1966）提出 α 射线粉末衍射法。

1919 阿斯顿*（F.W.Aston，英国，1877～1945）发明质谱仪，为同位素的研究提供重要手段。

1919 卢瑟福首次实现人工核反应。

1919 巴克豪森（H.G.Barkhausen，德国）发现磁畴。

1921 斯特恩*（O.Stern，德国，1888～1969）与盖拉赫（W.Gerlach，德国，1888～1969）使银原子束穿过非均匀磁场，证实空间量子化理论。

1922 康普顿*（A.H.Compton，美国，1892～1952）用光子和电子相互碰撞解释 α 射线散射中波长变长的实验结果，称康普顿效应。

1927 戴维森*（C.J.Davisson，美国，1881～1958）与革末（L.H.Germer，美国，1895～1971）用低速电子衍射实验，证实了电子衍射，同年，汤姆森用高速电子获电子衍射花样，他们为德布罗意（L.D.Broglie，法国，1892～1987）的物质波理论提供了实验证据。

1928 拉曼*（C.V.Raman，印度，1888～1970）发现散射光的频率变化，称拉曼效应。

1930 赵忠尧（中国，1902～1998）发现正电子的存在

1931 劳伦斯*（E.O.Lawrence，美国，1901～1958）等人建成第一台回旋加速器。

1932 考克拉夫特*（J.D.Cockcroft，英国，1897～1967）与沃尔顿（E.T.Walton，爱尔兰，1903～1995）发明高电压倍加器，加速质子，实现人工核蜕变。

1932 尤里*（H.C.Urey，美国，1893～1981）将天然液态氢蒸发浓缩后，发现氢的同位素——氘的存在。

1932 查德威克发现中子。

1932 安德森*（C.D.Anderson，美国，1905～1991）从宇宙线中发现正电子，证实狄拉克的预言。

1933 图夫（M.A.Tuve，美国）建立第一台静电加速器。

1933 布拉凯特（P.M.S.Blackett，英国，1897～1974）等人发现正负电子对。

1933 切仑柯夫*（俄罗斯，1904～1990）、弗兰克（俄罗斯，1908～1990）、达姆（俄罗斯，1895～1971）共同发现并解释液体在 γ 射线照射下发光的现象，称切仑柯夫辐射。

1934 伊伦娜·居里与约里奥·居里发现人工放射性。

1936 安德森发现 μ 介子。

1938 哈恩（Otto.Hahn，德国，1879～1968）与斯特拉斯曼（F.Strassmann，德国，1902～1980）发现铀裂变。

1938 卡皮查（K.L.Kapitza，俄罗斯，1894～1984）实验证实氦的超流动性。

1939 拉比*（I.I.Rabi，奥地利－美国，1898～1988）等人用分子束磁共振法测核磁矩。

1939 开尔斯特（D.W.Kerst，美国）建造电子回旋加速器。

1946 珀塞尔**（E.M.Pursell，美国，1912～1997）用共振吸收法测核磁矩；布洛赫*（F.Bloch，美国，1905～1983）用核感应法测核磁矩，两人从不同角度实现核磁共振。

1947 兰姆*（W.E.Lamb，美国，1913～2008）与雷瑟福（R.C.Retherford，美国，1912～1981）用微波方法测出氢原子能级的差值。发现狄拉克的量子力学仍有与实际不符之处，为

量子电动力学的发展提供了实验依据。

1948　肖克利*（W.Shockley，美国，1910～1989）、巴丁*（J.Bardeen，美国，1908～1991）和布拉顿*（W.Brattain，美国，1902～1987）三人发明晶体三极管，这项发明奠定了现代电子技术的基础。

1952　格拉塞*（D.A.Glaser，美国，1926～　　）发明气泡室，比威尔逊云室更灵敏。

1950　拉姆齐*（N. Ramsey，美国，1915～2011）发明分离振荡场方法及其在氢微波激射器和其他原子钟中的应用。

1954　汤斯*（C.H.Townes，美国，1915～2015）等人制成受激发辐射的微波放大器，脉塞。

1955　张伯伦*（O.Chamberlain，美国，1920～2006）与希格里*（E.G.Segre，意大利，1905～1989）发现反质子。

1956　吴健雄（中国－美国，1912～1997）等人实验验证了李政道*（中国－美国，1926～　　）、杨振宁*（中国－美国，1922～　　）提出的在弱相互作用下宇称不守恒的理论。

1956　莱茵斯*（F.Reines，美国，1918～1998）和科温（ C.Cowan，美国，1919～1974）发现中微子。

1958　基尔比*（J. Kilby，美国，1923～2005）研制出世界上第一块集成电路。

1958　穆斯堡尔*（R.L.Mossbauer，德国，1929～2011）实现 γ 射线的无反冲共振吸收，称穆斯堡尔效应。

1959　王淦昌（中国，1907～1998）、丁大钊、王祝翔等发现反西格马负超子。

1960　梅曼（T.H.Maiman，美国，1927～2007）制成红宝石激光器，实现了肖洛*（A.l.Shawlow，美国，1921～1999）和汤斯*1958 年的预言。

1961　约瑟夫森*（B.D.Josephson，英国，1940～　　）发现约瑟夫森效应。

1964　盖尔曼（M.Gell-Mann，美国，1929～2019）等提出强子结构的夸克模型。克洛宁*（J.W.Cronin，美国，1931～2016）等实验证实在弱相互作用中 CP 联合变换守恒被破坏。

1967　温伯格*（S.Weinberg，美国，1933～2021）、萨拉姆*（A.Salam，巴基斯坦，1926—1996）分别提出电弱统一理论标准模型。

1969　普里高津（I. Prigogine，比利时，1917～2003）首次明确提出耗散结构理论。

1969　波依尔*（W. Boyle，美国，1924～2011）和史密斯*（G. Smith，美国，1930～　　）发明半导体成像器件——CCD 传感器。

1973　哈塞尔特*（F.J.Hasert）等发现弱中性流，支持了电弱统一理论。丁肇中*（中国－美国，1936～　　）与里希特*（B.Richter，美国，1931～2018）分别发现 J/ψ粒子。

1980　克利青*（V.Klitzing，德国，1943～　　）发现量子霍尔效应。

1981　宾宁*（G.Binnig，德国，1947～　　）和罗雷尔*（H.Rohrer，瑞士，1933～2013 ）发明扫描隧道显微镜。

1983　鲁比亚*（C.Rubbia，意大利，1934～　　）和范德梅尔*（S.V.d.Meer，荷兰，1925～2011 ）等人在欧洲核子研究中心发现 W± 和 Z^0 粒子。

1986　阿什金*（A.Ashkin，美国，1922～2020）发明"光镊"。

1986　鲁斯卡*（E.Ruska，德国，1906～1988）表彰他在电子光学方面的基础性工作，设计出第一台电子显微镜。

1986　贝德诺尔茨*（J.Bednorz，德国，1950～　）和米勒*（ K.Müller，瑞士，1927～2023）在发现陶瓷材料超导电性方面取得重要突破。

1987　赵忠贤（中国，1941～　）团队发现液氮温区高温超导体。

1988　莱德曼*（L. Lederman，美国，1922～2018）、施瓦茨*（M.Schwartz，美国，1932～2006）和斯坦伯格*（J. Steinberger，美国，1921～2020）通过中微子束方法，发现μ子中微子，演示了轻子的二重态结构。

1989　德莫尔特*（H. Dehmelt，德国，1922～2017）和保罗*（W.Paul，德国，1913～1993）开发离子阱技术。

1990　弗里德曼*（J. Friedman，美国，1930～　）、肯德尔*（H. Kendall，美国，1926～1999）和泰勒*（R.Taylor，加拿大，1929～2018 ）对电子在质子和束缚中子上的深层非弹性散射作出开创性研究，促进粒子物理学中夸克模型的发展。

1991　饭岛澄男（S. Lijima，日本，1939～　）发现碳纳米管。

1992　夏帕克*（G.Charpak，法国，1924～2010）发明和开发了粒子探测器。

1994　沙尔*（C. Shull，美国，1915～2001）对中子衍射技术的发展，发展用于研究凝聚态物质的中子散射技术。

1995　佩尔*（M. Perl，美国，1927～2014）发现 τ 轻子。

1996　戴维·李*（D. Lee，美国，1931～　）、奥谢罗夫*（ D. Osheroff，美国，1945～　）和理查森*（R.Richardson，美国，1937～2013）发现氦-3 的超流动性。

1997　朱棣文*（S.Chu，美国，1948～　）、克洛德·柯昂—塔努吉*（C.Cohen-Tannoudji，法国，1933～　）和菲利普斯*（ W. Phillips，美国，1948～　）开发用激光冷却捕获原子的方法。

1998　劳富林*（R. Laughlin，美国，1950～　）、斯特默*（ H. Störmer，德国，1949～　）和崔琦*（C. Tsui，中国—美国，1939～　）发现电子在强磁场中的分数量子化霍尔效应。

2000　阿尔费罗夫*（Z. Alferov，俄罗斯，1930～2019）和科勒默*（ H.Kroemer，美国，1928～2024）开发用于高速和光电子学的半导体异质结构。

2001　康奈尔*（E. Cornell，美国，1961～　）、科特勒*（ W. Ketterle，德国，1957～　）和韦曼*（C. Wieman，美国，1951～　）在稀薄的碱金属气体中实现了玻色-爱因斯坦凝聚，并对凝聚态物质的早期属性进行研究。

2005　霍尔*（J. Hall，美国，1934～　）和亨施*（ T. Hänsch，德国，1941～　）发展基于激光的精密光谱学（包括光学频率梳技术）。

2006　马瑟*（J.Mather，美国，1945～　）和斯穆特*（ G. Smoot，美国，1945～　）发现了宇宙微波背景辐射的黑体形式和各向异性。

2007　费尔*（A.Fert，法国，1938～　）和格林贝格*（ P.Grünberg，美国，1939～2018）发现巨磁阻效应。

2010　海姆*（A.Geim，俄罗斯，1958～　）和诺沃肖洛夫*（K.Novoselov，俄罗斯，1974～　）关于二维石墨烯材料的突破性实验。

2012　阿罗什*（S.Haroche，法国，1943～　）和维因兰德*（D. Wineland，美国，1944～　）能够度量和操纵单个量子系统的突破性实验方法。

2012　王贻芳（中国，1963～　）团队在大亚湾中微子实验中发现第三种中微子振荡模式。

2012　欧洲核子研究中心（CERN）发现"上帝粒子"（希格斯玻色子）。

2013　薛其坤（中国，1962～　）团队从实验上首次观测到量子反常霍尔效应。

2014　赤崎勇*（I.Akasaki，日本，1929～2021）、天野浩*（H.Amano，日本，1960～　）和中村修二*（S.Nakamura，日本，1954～　）发明高效蓝色发光二极管，即蓝光 LED，实现了节能的白光源。

2015　梶田隆章*（T.Kajita，日本，1959～　）和麦克唐纳*（A. McDonald，加拿大，1943～　）发现中微子振荡，表明中微子具有质量。

2016　中国天眼 FAST 研制成功，成为全球单口径最大，灵敏度最高的射电天文望远镜。

2016　潘建伟（中国，1970～　）团队突破量子信息处理关键技术，研制成功国际上首颗量子科学实验卫星"墨子号"。

2017　韦思*（R.Weiss，美国，1932～　）、巴里什*（B. Barish，美国，1936～　）和索恩*（K. Thorne，美国，1940～　）对 LIGO 探测器和引力波观测做出决定性贡献。

2017　曹原（中国，1996～　）发现石墨烯"魔角"。

2018　莫罗*（G.Mourou，法国，1944～　）和斯特里克兰*（D.Strickland，加拿大，1959～　）开发高强度、超短光脉冲的方法。

2022　阿斯佩*（A.Aspect，法国，1947～　）、克劳泽*（J. Clauser，美国，1942～　）和蔡林格*（A.Zeilinger，奥地利，1945～　）因纠缠光子实验、违反贝尔不等式并开创量子信息科学。

2023　阿戈斯蒂尼*（P.Agostini，法国，1941～　）、克劳斯*（F.Krausz，匈牙利－奥地利，1962～　）和吕利耶*（A.L Huillier，法国－瑞典，1958～　）因产生阿秒光脉冲以研究物质中电子动力学的实验方法。

注：　打*号者为诺贝尔物理学奖获得者。